DIE ARBEITS-VERFASSUNG

DER

ENGLISCHEN KOLONIEN IN NORDAMERIKA.

DIE ARBEITS-VERFASSUNG DER ENGLISCHEN KOLONIEN IN NORDAMERIKA.

VON

A. SARTORIUS FREIHERRN VON WALTERSHAUSEN,
O. PROFESSOR DER NATIONALÖKONOMIE AN DER UNIVERSITÄT STRASSBURG.

STRASSBURG.
VERLAG VON KARL J. TRÜBNER.
1894.

G. Otto's Hof-Buchdruckerei in Darmstadt.

VORWORT.

In dem Wirtschaftsleben von Kolonien lassen sich stets zwei Richtungen der Entwickelung unterscheiden: die Fortsetzung der im Mutterlande entstandenen und geübten Produktions- und Verkehrsweise, soweit sie die Natur des Landes gestattet, und die Ausbildung der Technik, des Betriebes, der Güterzirkulation, welche der Eigenart der neuen Ansiedlungen entsprungen ist. Ob sich eine ungehinderte Bewegung beider nebeneinander, auch wohl gegen einander vollziehen kann, hängt wesentlich von der Art der vom Heimatstaate befolgten Kolonialpolitik ab. Aus beiden, wie sie sich durch dieselbe oder trotz derselben zu einer mannigfachen Kombination ihrer einzelnen Bestandteile vereinigen, wie sie in einander verwachsen, kann man allein das Gesamtbild des Wirtschafts-Systems begreifen, welches eine bestimmte Zeit darbietet.

In diesem Sinne möchte ich die nachfolgenden Ausführungen über die englischen Kolonien in Nordamerika verstanden wissen. Das dritte Viertel des achtzehnten Jahrhunderts, welches bei den Detailschilderungen meist gemeint ist, war der Höhepunkt der ökonomischen socialen Entwickelung der Niederlassungen unter englischer Herrschaft. Vorher war weder der Gegensatz von nördlicher und südlicher Betriebsweise zur vollen plastischen Klarheit ausgearbeitet worden, noch waren Bevölkerung und Vermögen so gross geworden, dass man von einer allgemeinen Besiedelung der Gebiete sprechen konnte. Nachher bringt der Unabhängigkeitskrieg den Einfluss Englands auf die amerikanische Güterproduktion in's Stocken und zerreisst schliesslich das rechtliche Band, mit dem dieselbe an das englische Handels- und Industrieinteresse gebunden war. Die Vereinigten Staaten gehen dann ihren eigenen Weg auf dem Gebiete der Industrie, des Verkehrswesens, der Zollgesetzgebung, des Arbeitsrechtes.

Wenn wir daher in der Zeit von 1750—1776 die vollste Ausbildung der eigenartigen Wirtschaftsweise in den Kolonien antreffen, so dürfen wir auch die nur im Anschluss daran verständliche Arbeits-Verfassung dieser Jahre als diejenige bezeichnen, in der das Typische und Specielle zum schärfsten und umfassendsten Ausdruck gelangt ist. Dienstbarkeit, Lohnarbeit, Sklaverei sind ihre drei Formen. Die erstere verschwindet als praktisch wichtige Einrichtung schon am Ende des vorigen Jahrhunderts, die beiden andern haben im 19. Jahrhundert ihre eigene, aber zugleich auch neue Geschichte gehabt. Alle drei haben in dem kolonialen Nordamerika ihre Besonderheit, aber auch ihre besondern Beziehungen zu einander ausgebildet, womit sie der Gesamt-Arbeits-Verfassung den Charakter eines in sich geschlossenen Ganzen verliehen haben.

Nach der ersten Revolution finden wir in England, wenn auch neben Gründungen älterer Art, schon die meisten Züge der modernen Volkswirtschaft: kapitalistische Unternehmung und Warenproduktion, Lohnarbeit, Zins und Pacht, Geldwirtschaft, Kreditwesen und einen von einer reichen Kaufmannschaft betriebenen auswärtigen Handel. Die Kenntnis aller dieser Einrichtungen nehmen die Auswanderer in die neu zu gründende Heimat mit, aber sie konnten sie nur zum Teil verwenden. Die Anlage von Manufakturen und Fabriken war ihnen verboten, den Import- und Exporthandel monopolisierte rechtlich oder thatsächlich das Mutterland. Die Verpachtung des Bodens konnte nur in der Nähe der wenigen Städte stattfinden, weil im Innern des Landes von jedem ernstlichen Anbauer Eigentum leicht erworben werden konnte. Im Norden, in der Mitte, zum Teil im Süden bestand auf dem Lande die Eigenproduktion für den grössten Teil der Verbrauchsgüter, zugleich aber der Verkauf transportfähiger Rohprodukte, welcher teils den Überschuss über die eigene Konsumtion, teils Ware, d. h. für den Absatz erzeugte Güter umfasste. Die Plantagenwirtschaft lieferte überwiegend Exportware. Alle feineren Fabrikate kamen nicht aus den Städten, sondern aus England, und das Handwerk hatte nur eine geringe Bedeutung, so dass etwas dem mittelalterlichen Verkehr von Stadt und Land ähnliches in den Kolonien niemals recht entstehen konnte. In Folge des fortgesetzten Handels mit dem Auslande blieb die Geldwirtschaft für die Exporteure in stetem Fluss und der Landwirt im Süden verfügte auch fortgesetzt über Geldkapital zum Kauf und zum Unterhalt seiner Sklaven. Der Farmer im Innern sah selten oder nie eine Gold- oder Silbermünze und führte seinen Tauschhandel mit dem Agenten des englischen Importeurs kaum anders als mit dem Indianer des Westens, dem er Pulver und Blei für Pelzwerk hingab.

Diese wenigen Beispiele mögen genügen zu zeigen, wie primitive Wirtschaftsformen neben ganz modernen hergegangen sind, wie beide sich ergänzt und zu einem Ganzen sich verschmolzen haben. Für das Studium der Wirtschaftsgeschichte überhaupt lässt sich hieraus entnehmen, dass man nur mit grösster Vorsicht von der originell individuellen Entwickelung eines Landes zu sprechen berechtigt ist, und dass erkannte Stufen bestimmter ökonomischer Ausbildung in einem Lande keineswegs immer in gleicher Weise in einem andern gedacht werden können.

Wenn neben diesem theoretischen Interesse die nachfolgenden Untersuchungen in einer Zeit, in welcher fast alle europäischen Völker Kolonialpolitik treiben und die Frage nach der zweckmässigsten Arbeitsverfassung eine Lebensfrage für viele Kolonien ist, auch ein praktisches erwecken sollten, so wäre hierbei doch stets zu beachten, dass wir wohl aus der Wirtschaftsgeschichte zu lernen vermögen, wie sich wirtschaftliche und sociale Dinge in ihrem Kausal-Zusammenhang zu einander verhalten, dass wir aber das, was wir thun sollen, nur aus den Faktoren und den Bedürfnissen unseres eigenen Wirtschaftslebens begreifen können.

INHALTS-VERZEICHNIS.

Seite

ERSTES KAPITEL. Der politische Zusammenhang der Kolonien mit England. Königliche, grundherrliche, freibriefliche Kolonien. — Die Handelspolitik. — Die englische Revolution 1

ZWEITES KAPITEL. Übersicht über die Kolonien und deren Einwanderung aus Europa. Neuengland und die angelsächsischen Puritaner. — Die neuen Niederlande und deren Eroberung durch England. — Neuschweden. — Maryland und die Katholiken. — Abenteurer und Adelige in Virginien. — Karolinas Idealverfassung und Wirklichkeit. — Die Armen-Freistätte Georgia. — Charakter der Nord- und Südländer. — Statistik der weissen Bevölkerung 4

DRITTES KAPITEL. Die sachliche Güterproduktion und die Verteilung des Grundbesitzes. Allgemein verbreitete Gewerbe. — Neuenglische Farmer. — Erbrecht und Kulturpioniertum. — Weizenbau in New-York. — Manors und reiche Kaufmannsfamilien. — New-Jersey, der Garten von Nordamerika. — Pennsylvanische Landwirtschaft. — Abgaben an die Familie Penn. — Manufakturen in Philadelphia. — Delawarischer Grossgrundbesitz. — Tabakbau in Maryland und Virginien. — Nordkarolinische Wald- und Viehwirtschaft. — Reisbau in Südkarolina und Georgia 13

VIERTES KAPITEL. Kolonisation und Arbeits-Verfassung. Soziale Rechte der Einwanderer. — Landgesetzgebung. — Drei Stufen der Kolonisation. — Bedürfnis nach dauernd abhängigen Arbeitern. — Übersicht über die Arbeits-Verfassung. — Keine Hörigkeit in Nordamerika 27

Seite

FÜNFTES KAPITEL. Die Dienstbarkeit in Recht und Sitte. — Begriff der Dienstbarkeit. — Rechtliche Konstruktion und Konsequenzen. — Kontraktbrüchige Flüchtlinge. — Eherecht. — Dienstzeit. — Arbeit und Lebensweise der Dienstbaren im Norden und im Süden . . . 35

SECHSTES KAPITEL. Dienstbarkeit und Einwanderungswesen. Drei Veranlassungen der Verschuldung. — Auswanderung aus der Pfalz. — Neuländer. — Die Seereise. — Ankunft in Amerika. — Englische Handelspolitik und koloniale Einwanderungsbeschränkungen. — Schutz der Einwanderer durch den Staat und das Vereinswesen . . 52

SIEBENTES KAPITEL. Die Beseitigung der Dienstbarkeit in Nordamerika. Ökonomische und rechtliche Lage der vom Dienst Befreiten. — Militärdienst der indented servants. — Der Unabhängigkeitskrieg. — Zunahme der Sklaverei im Süden, des Kapitalismus im Norden. Politischer Liberalismus 63

ACHTES KAPITEL. Die freien Lohnarbeiter. Die Lohnarbeit bei dem Beginn der Kolonisation. — Sinken des Lohnes mit Ausbildung der anderen Arbeitssysteme. — Drei Arten von Lohnarbeitern, landwirtschaftliche Jahresarbeiter, Handwerker, Tagelöhner 70

NEUNTES KAPITEL. Die Zwangsarbeit der Verbrecher. Englischer Fiskalismus und Sträflingsexport. — Verurteilte wegen gemeiner und politischer Verbrechen. — Abwehrmassregeln der Kolonisten gegen die Einfuhr von Sträflingen. — Behandlung derselben durch die Käufer 74

ZEHNTES KAPITEL. Die indianischen Sklaven. Stellung der englischen Kolonisten zu befreundeten und zu feindlichen Indianern. — Gesetzgebung über die rote Sklaverei. — Indianische Jäger und Sklavenhandel. — Verwendung der Eingeborenen als Arbeiter. — Beschränkung und Beseitigung der Indianersklaverei 80

ELFTES KAPITEL. Der afrikanische Menschenhandel und die Kolonien. Statistik der Negereinfuhr und der Negerbevölkerung. — Sklavenhandel der Holländer und der Engländer. — Kolonial- und Handelspolitik im 17. und 18. Jahrhundert. — Merkantilismus und Sklaverei. — Die Kolonisten als Verteidiger und Gegner des Sklavenimports. — Der Unabhängigkeitskrieg und das Ende des überseeischen Sklavenhandels 89

ZWÖLFTES KAPITEL. Die Sklaverei im nordamerikanischen Wirtschaftsleben. Sklaven in allen Kolonien. — Sonderstellung von Neu-Schweden, Rhode

Seite

Island, Georgia. — Klima und Negerarbeit. — Nördliche und südliche Betriebsweise verglichen. — Vermieten von Sklaven. — Manufakturen und Handwerk. — Politischer Gegensatz von Nord und Süd in der Union 109

DREIZEHNTES KAPITEL. Die Sklaverei in der Gesetzgebung. Rechtlicher Begriff der amerikanischen Sklaverei. — Christentum und Sklavenrecht. — Bekehrung und Religion der Neger. — Sonntagsruhe. — Eherecht. — Prozess- und Strafrecht. — Flüchtige Sklaven. — Peculium. — Verpflichtung der Herren durch ihre Sklaven. — Haftung für Sklavendelikte. — Freilassung und Freineger . 126

VIERZEHNTES KAPITEL. Die Behandlung der Negersklaven durch ihre Herren. Rassengegensatz, Rassenabneigung und Rassenverachtung. — Charakter und Temperaments-Verschiedenheit der Kolonisten. — Typische Behandlungsweise. — Haussklaverei. — Fabrikationssklaven auf Gütern mit Eigenproduktion und solchen mit Warenabsatz. — Unter der Konkurrenz leidender Kleinbetrieb und kapitalkräftiger, rationeller Grossbetrieb. — Lebensgeschichte eines Sklaven auf einem grossen Gute in Süd-Karolina 143

FÜNFZEHNTES KAPITEL. Die Beseitigung der Sklaverei in den nördlichen und mittleren Staaten. Zahl der Freien und Sklaven zur Zeit des Unabhängigkeitskrieges. — Aufschwung des Handels und der Manufaktur im Norden. — Freiheitsideen, Christentum und Abolition. — Die Sklavenbefreiung durch Gesetz. — Schlussbetrachtung über Arbeitsverfassung und Unternehmertum . . . 163

ANMERKUNGEN 177

ERSTES KAPITEL.

DER POLITISCHE ZUSAMMENHANG DER KOLONIEN MIT ENGLAND.

Die dreizehn älteren englischen Kolonien in Nordamerika, aus denen die Vereinigten Staaten hervorgegangen sind, haben ihren Ursprung nicht in einer planmässigen Thätigkeit der Regierung, sondern in der Initiative von Privatleuten gehabt, welche dabei entweder durch das Streben nach wirtschaftlichem Erwerb, oder durch den Wunsch nach religiöser und politischer Freiheit, die ihnen in ihrer Heimat versagt war, geleitet wurden. Der persönliche und der gesellschaftliche Unabhängigkeitssinn der Einwanderer brachte es von vornherein mit sich, dass der direkte politische Einfluss Englands auf die inneren Angelegenheiten der Ansiedelungen gering war, welcher Umstand noch dadurch unterstützt wurde, dass in dem erst urbar zu machenden grossen Reiche der weiteste und von dem Mutterland nicht zu beaufsichtigende Raum für die Entwickelung der individuellen und socialen Selbständigkeit gegeben war.

Der staatsrechtliche Ausdruck für diese Eigenart bewegte sich in drei Formen, deren Verschiedenheit ein Mass für die Abstufung der politischen Abhängigkeit von England war. Man kannte königliche, grundherrliche und freibriefliche Kolonien. Die ersteren, deren in der Mitte des achtzehnten Jahrhunderts sieben waren neben je drei von den beiden andern Arten, hatten eine vielfach durch das

Herkommen bestimmte und daher im Detail oft bestrittene Staatsverfassung, welche in den Hauptzügen der englischen entsprach. Die Gesetzgebung, der auch die Steuerauflegung unterstand, beruhte auf der Übereinstimmung des von der Krone ernannten Gouverneurs, des von der Krone oder von dem Gouverneur aus angesehenen Kolonisten ernannten Rates und der auf demokratischer Grundlage gewählten Volksvertretung. Die höheren Richter, die Militär- und staatlichen Civilbeamten wurden ebenfalls von England aus eingesetzt. Da aber die Zahl derselben nur gering war, vor dem Ausbruche des Unabhängigkeitskrieges immer nur wenige englische Truppen in Amerika gestanden haben und ein grosser Theil der Rechtspflege und der inneren Verwaltung in den Händen der vom Staate fast unabhängigen Grafschaft oder Gemeinde lagen, auch der Gouverneur bezüglich der Höhe seines Gehaltes von der Volksvertretung abhing, war die Einwirkung des Mutterlandes auf diese königlichen Kolonien weit geringfügiger, als man aus der Verfassung vermuten konnte.

In den grundherrlichen oder erbeigentümlichen Kolonien hatte die Krone zugleich mit der Gewährung des ganzen Landes zu Lehen an einzelne Familien auf ihre gesamten Hoheitsrechte, welche ihr in Bezug auf die innere Verwaltung der königlichen Kolonien zustanden, zu Gunsten der Belehnten verzichtet, sich nur vorbehalten die Gesetze, die mit den englischen in Widerspruch ständen, für ungültig erklären zu können und die Zollbeamten zu ernennen. Hier war also der unmittelbare Einfluss des Mutterlandes auf die Regierung der Pflanzung noch geringer als bei der zuerst genannten Gruppe, wozu noch kam, dass die Grundherren mehrfach einen Teil der eingeräumten öffentlichen Rechte aufgaben und denselben der Volksvertretung überliessen.

Noch unabhängiger standen die freibrieflichen oder privilegirten Kolonien. Ihre demokratische Verfassung hatten sie sich ihrem Freibriefe gemäss selbst gegeben. Sie betrachteten sich infolge eines Vertrages als freie Staaten unter englischem Schutze, während man freilich in England der Meinung war, dass die Privilegien, die durch die königliche Gnade gegeben worden seien, auch wieder genommen werden könnten. Das Recht auf die Führung der auswärtigen Politik ist dem Mutterlande niemals bestritten worden.

Wenn somit die heimatliche Regierung nur in sehr beschränkter Weise unmittelbar auf die inneren Angelegenheiten dieser Niederlassungen einwirken konnte, so blieb ihr doch eine Macht, auf welche sie sich indirekt und zwar, je mehr Nordamerika sich wirtschaftlich entwickelte, stützen konnte, um Vorteile aus den Pflanzungen für das eigene Land zu ziehen. Dies war die Handelspolitik, welche England nicht blos deshalb nach seinem Belieben einrichten konnte, weil ihm das gesamte Einfuhr- und Ausfuhrwesen in Nordamerika rechtlich unterstand, sondern weil ihm seit der Mitte des siebzehnten Jahrhunderts die Seeherrschaft auf dem atlantischen Ocean immer mehr zugefallen war. Die englische Revolution unter Cromwell bedeutete für die amerikanischen Pflanzungen eine Kräftigung des demokratischen Elements, weil dasselbe auch in dem Mutterlande einen grösseren Einfluss gewonnen hatte, lockerte damit das an sich schon schwache Band, welches sie mit England verknüpfte, stärkte aber dort zugleich die politische Macht des siegreichen Handels- und Gewerbestandes, so dass demselben die Möglichkeit gegeben wurde, den amerikanischen Handel und die Schiffahrt dauernd zu beherrschen.[1]

ZWEITES KAPITEL.

ÜBERSICHT ÜBER DIE KOLONIEN UND DIE EINWANDERUNG AUS EUROPA.

Wenn wir in geographischer Ordnung von Norden nach Süden die dreizehn älteren an der atlantischen Abdachung gelegenen, englischen Kolonien betrachten — von dem heutigen englischen Nordamerika wird bei den nachfolgenden Untersuchungen ganz abgesehen — so zeigen sich zuerst die vier, welche gemeinsam als Neuengland bezeichnet werden: Massachusetts, welches auch das spätere Maine umfasste, New Hampshire, von dem sich Vermont später loslöste, Connecticut und Rhode Island. Sie leiteten ihren Ursprung von den Puritanern ab, welche sich von der in England herrschenden anglikanischen Staatskirche bedrückt fühlten und — meist unbemittelt — ihr Vaterland zuerst im Jahre 1620 verliessen um die demokratisch christliche Volksgemeinde Calvins zu begründen, in der es keine Bischöfe, keine Pairs, keinen residirenden Souverän und keine überflüssigen Ämter, dagegen einfachen Gottesdienst, vom Volke gewählte Gesetzgeber, Richter und Prediger und ächt christliche Kirchenzucht geben sollte. Abgesehen von New-Hampshire, welches Land zuerst eine erbeigentümliche, dann eine königliche Kolonie gewesen ist, galt in Neuengland die freibriefliche Verfassung, welche jedoch in Massachusetts zu Gunsten der englischen Krone etwas modificirt worden war. Durch zahlreiche Einwanderungen der

Glaubens- und Gesinnungsgenossen verstärkt, bewahrte sich die rasch angewachsene, neuenglische Bevölkerung, welche angelsächsischen Blutes war, weder Nachkommen des normannischen Adels in sich barg, noch von Irland, Schottland oder dem kontinentalen Europa nennenswerten Zuzug erhalten hatte, während des siebzehnten und achtzehnten Jahrhunderts die streng religiösen Grundsätze und die Freiheitsliebe unvermindert und formte sich unabhängig vom Mutterlande Einrichtungen, welche auch der wirtschaftlichen Energie und der Unternehmungslust der unbeugsamen und kriegerischen Flüchtlinge entsprachen, und trotz der Gegenwirkung religiös fanatischer Unduldsamkeit, weit verbreiteter aus dem strengen Formalismus erzeugter Heuchelei, selbst wieder bei den Nachkommen eine Ursache wurden in dem Geiste ihrer Väter zu leben.

Im Süden und im Westen Neuengland begrenzend schliesst sich in unserer Reihenfolge New-York an, dann weiter New Jersey, Pennsylvanien und Delaware, welche vier ungefähr auf dem Gebiete der Neuen Niederlande oder Neu Belgiens, der ersten dortigen europäischen, von den Holländern begründeten Handelsniederlassung liegen. Die Kriege zwischen Holland und England unter Karl II. führten 1674 zur Eroberung des Landes durch diesen König, welcher seinem Bruder, dem Herzog von York, einen Teil desselben zum Geschenk machte und dessen Namen damit dauernd verknüpfte. Ein zwischen dem Ocean und dem Delawarefluss gelegener Landstrich wurde bald als New Jersey davon ausgeschieden und kam unter eine besondere Regierung. Auf das Binnenland westlich vom Delawarefluss, welches, von gewaltigen Urwäldern durchzogen, von den Holländern kaum betreten worden war, richtete die englische Quaeker-Gemeinschaft — wohlhabende sowohl als auch unbegüterte Leute — welche in der Heimat ihre Theorie vom Leben und vom Staat nicht verwirklichen konnte, ihre Blicke, und unter der Leitung von William Penn, welcher das ganze grosse Waldgebiet von dem englischen König gekauft hatte und damit belehnt wurde, entstand 1682 Pennsylvanien. New York und New Jersey wurden königliche Kolonien, während die erbeigentümliche Verfassung zu Gunsten der Nachkommen Penns, wenn auch vielfach angefochten, bis zum Unabhängigkeitskriege fortdauerte. Die Bewohner von Neu-Niederland waren aus Holland, Deutschland, zum geringen Teil auch aus Frankreich, Piemont und der Schweiz gekommen. Verschiedenem Glaubensbekenntnis ergeben, vertraten sie als Gesamtheit im Gegensatz zu den Puritanern das Prinzip der Toleranz und verwirklichten zuerst auf amerikanischem Boden die völlige Trennung von Kirche und Staat. In New York bestand um 1750 bereits die Majorität der Einwohner aus Nachkommen einer wenig begüterten englischen Einwanderung, die vom Norden oder direkt von Europa gekommen war, in letzterem Falle mit Irländern und Schotten untermischt, während die holländische Minorität reich war und den Wohlstand, über den sie von Anfang an verfügte, vermehrt hatte. In New-Jersey lebten die Nachkommen von Holländern, Schweden, Deutschen, Irländern, Schotten und Neuengländern, von denen ebenfalls die meisten arm in das Land gekommen waren.

Den englischen Quaekern in Pennsylvanien folgten bald deutsche, und als von der ganzen Sekte, deren Hauptstadt Philadelphia war, das Princip der Brüderlichkeit in edler Weise bewahrheitet wurde, auch die sociale Gleichberechtigung ihrem Programm entsprach, kamen die Angehörigen anderer Konfession aus Irland, Deutschland, Schottland, fast immer unbemittelte Leute, herbei um hier eine Heimstätte zu suchen.

Südlich begrenzt Pennsylvanien die Kolonie Delaware, welche auf der durch Chesapeakbay und Delawarebay gebildeten Halbinsel gelegen ist und ihren Namen von dem ersten Statthalter Virginiens, dem Lord de la Ware erhalten hat. Dies Gebiet war zuerst von den Schweden besiedelt worden, welche als aufstrebende Nation im siebenzehnten Jahrhundert auch an dem Handel mit der neuen Welt teilzunehmen hofften. Gustav Adolf hatte es zugleich als eine Zufluchtsstätte der wegen ihrer Konfession Verfolgten bezeichnet, insbesondere auch die deutschen Protestanten eingeladen, sich dort niederzulassen. Aber der Zuzug nach

Neu-Schweden war nur gering und konnte sich der Angriffe der Niederländer nicht erwehren. Die Kolonie wurde holländisch und ging mit den Neuen Niederlanden an die englische Krone über. Sie war eine Zeit lang mit Pennsylvanien verbunden, dann mit erbeigentümlicher Verfassung unter der Oberhoheit der Pennschen Familie ein selbständiger Staat. Auch hier ist die Bevölkerung stark gemischt, die meisten und darunter die wohlhabenden Einwanderer sind aus England gekommen, dann folgen der Menge nach, ein stets abnehmendes Kontingent bildend die Irländer, Schotten, Holländer und Schweden. Die letzteren haben sich im Verlaufe der Generationen weit zerstreut und sich mit anderen Völkern vermischt, so dass die Reinheit ihrer Sitten, ihr Familiensinn und ihre Friedfertigkeit auf die spätere Bevölkerung ohne Einfluss geblieben sind.

Es folgt in der geographischen Ordnung die Kolonie Maryland, welche ihren Ursprung den religiösen Wirren des siebzehnten Jahrhunderts mit verdankt, nur dass es hier die englischen Katholiken waren, welche dem Despotismus der Staatskirche entgehen wollten. Der Plan zur Gründung dieses Staatswesens ging von Georg Calvert aus, der seiner staatsmännischen Verdienste halber von Karl I. zum Lord Baltimore ernannt worden war und die Kolonisation sowohl seines ökonomischen Interesses wegen als auch um den Katholiken zu nützen, unternehmen wollte. Dessen Sohn wurde 1632 Obereigentümer des Gebietes, welches von der Königin Henriette Marie, der Tochter Heinrichs IV. von Frankreich den Namen erhalten hat. Wohlhabende und vornehme katholische Engländer sind die ersten Ansiedler des Landes geworden. Da aber jeder christliche Glauben dem katholischen verfassungsmässig gleichgestellt wurde, folgte bald auch eine Einwanderung meist armer Protestanten aus Frankreich, Böhmen, Deutschland, Holland, Schweden und Finnland. Die Katholiken durch eine zahlreiche unbemittelte irländische Zuwanderung verstärkt, behielten aber nach mancherlei Beschränkungen ihres Kultus am Ende des Jahrhunderts das Übergewicht, wie denn auch das erste nordamerikanische Bistum in der Hauptstadt des Landes Baltimore geschaffen wurde.

Virginien, die älteste, schon 1607 angelegte Niederlassung ist ausschliesslich durch den Unternehmungs- und Abenteurergeist, einer Hinterlassenschaft der durch das Emporkommen der englischen Seeherrschaft zurückgedrängten Portugiesen und Spanier hervorgerufen worden. Nachdem schon vorher durch Walter Raleigh, dem Günstling der Königin Elisabeth Versuche einer Ackerbaukolonie auf der Insel Roanoke und an der Chesapeakbay gemacht worden waren, und von diesen nichts als der zu Ehren der jungfräulichen Königin gegebene Name Virginien übrig geblieben war, worunter zuerst alle nordamerikanischen Gebiete, auf welche England Ansprüche zu haben glaubte, verstanden wurden, entschloss sich eine Londoner Handelskompagnie im grösseren Massstabe das Gebiet südlich vom Potomac auszubeuten, teils in der Hoffnung dort edle Metalle zu finden, teils mit dem Gedanken, den Ackerbaustaat Raleighs zu verwirklichen. Da aber unter den Auswanderern, fast nur Männern, nur wenige betriebsame Ackerbauer und Handwerker waren, die Mehrzahl vielmehr aus Abenteurern, in England ruinierten adeligen und nicht adeligen Existenzen, die ohne Arbeit reich werden wollten, bestand, machte die Ansiedelung Jamestown nur langsame Fortschritte. Erst als Familien kamen und die Kultivierung des Landes in die Hand nahmen, gedieh die Kolonie, wenn auch der Geist der mühelosen Gewinn suchenden Glücksritter aus der Gesellschaft Virginiens noch lange nicht verbannt wurde. Seit der Mitte des siebzehnten Jahrhunderts kamen zahlreiche, wohlhabende Engländer herbei, die sich besonders nicht zu weit vom Meere an den Flüssen unterhalb der Wasserfälle niederliessen, später auch das Mittelland okkupierten. Es folgten dann unbemittelte Irländer, welche meist rasch nach dem Westen vordrangen und lange Zeit die Grenzbevölkerung ausmachten, dann Deutsche, besonders aus Pennsylvanien, New Jersey und Maryland und Franzosen, arme protestantische Flüchtlinge, welche vom König Wilhelm dort angesiedelt wurden. Die Londoner Kompagnie ging nach einigen Jahren ihrer Hoheitsrechte verlustig, die englische Krone trat an ihre Stelle und schaffte hier das Vorbild für die Verfassung der königlichen Kolonien. Die englische Hochkirche war lange privilegiert, da ihre Einrichtungen den Neigungen des einflussreichen eingewanderten Adels so sehr zusagten.

Nachdem die Spanier und Franzosen im siebzehnten Jahrhundert auf dem Boden von Nord- und Südkarolina vergeblich festen Fuss zu fassen versucht, die letzteren nach ihrem König Karl IX. dem grossen Gebiete südlich von Virginien den Namen gegeben hatten, erfolgte in der Mitte des siebzehnten Jahrhunderts die erste dauernde Besiedelung, als besonders von den nördlich gelegenen Nachbarstaaten, aber auch aus Neuengland Einwanderer herbeikamen. Diese Anfänge wurden aber übertroffen durch eine umfassende Unternehmung britischer Adeliger. Bald nach der Restauration des Königtums wurde eine Kolonialgesellschaft gegründet, welche von Karl II. mit grossen Landschenkungen bedacht wurde und einen starken Zuzug nach Karolina vermittelte. Hier sollte, obgleich derselbe zum grössten Teil aus verarmten und verkommenen Kavalieren, aus Freibeutern, Piraten und grossstädtischem Gesindel bestand, eine von dem Philosophen Locke und dem Grafen Shaftesbury ausgearbeitete Ideal-Feudalverfassung ins Leben treten, nach der alle politische Macht auf dem zu vererbenden Grossgrundbesitz ruhte. Aber die rauhe Wirklichkeit der Urbarmachung der Wildnis und die unbeugsame Freiheitsliebe des in das Innere mit Axt und Feuerrohr vordringenden aus den nördlichen Kolonien und Europa eingewanderten Squatter- und Bauerntums haben der Zinspflicht und der Abstufung des Adels in Starosten, Landgrafen und Kaziken stets die verlangte Anerkennung vorenthalten. Die adeligen Obereigentümer vermochten ausser einem Teile ihres grossen Grundbesitzes, der später unter veränderten Verhältnissen freilich bedeutungsvoll wurde, nicht viel von ihren Rechten in das achtzehnte Jahrhundert hinüber zu retten. Den Aufständen unabhängiger Bauern folgten bald nach der Teilung des Landes in Nord- und Südkarolina 1693, die Bewilligung eines Landtages, auf dem alle freien Bürger vertreten waren, dann 1729 die Abtretung der politischen Hoheitsrechte des Adels gegen Entschädigung an die englische Krone und die staatsrechtliche Organisation nach virginischem Muster.

Die südlichste und jüngste der Kolonien war Georgia, welche ihren Namen dem König Georg II., ihren Ursprung und ihre erste Einrichtung dem grossen Philanthropen, dem General und Parlamentsmitgliede Oglethrope verdankte. In der letzteren Eigenschaft führte derselbe eine Reform des englischen Schuldgefängniswesens herbei und verschaffte vielen Personen die Freiheit. Um sein Werk zu vollenden beschloss er den verarmten Befreiten jenseits des Oceans ein neues bürgerliches Dasein in einem Lande zu eröffnen, das zugleich ein Zufluchtsort der auf dem europäischen Kontinente bedrückten Protestanten sein sollte. Für die menschenleeren Strecken des südlichen Karolina stellte der König 1732 einer Korporation einen Freibrief aus, der keine pekuniären Vorteile etwaiger Obereigentümer, sondern allein „eine Vormundschaft" der Armen begründen sollte. Der englischen Armenauswanderung folgten salzburgische Protestanten, mährische Brüder, englische Juden, und schottische Hochländer. Das philanthropische Werk gelang nur zum geringen Teil. Von den Ankömmlingen brachten sich nur die Deutschen und die Schotten recht vorwärts und erst nach 1783 nahm Georgien, nachdem schon vorher manche Gesetze beseitigt worden waren, welche den Halt der Armenkolonie bilden sollten, einen schnelleren Aufschwung. Die Vormundschaft der Korporation wurde von den Bauern unliebsam empfunden, zuerst durch eine Volksvertretung beschränkt und schon 1754 durch die Einrichtung einer königlichen Kolonie ersetzt.

Im Gegensatz zu dem fast gleichartigen Bevölkerungsstoff von Neuengland zerfällt die weisse Bevölkerung der südlichen Staaten in mehrere Teile verschiedener Abstammung, aus denen sich besonders in Virginien eine tonangebende, gebildete Gesellschaft, öfters normannischen Ursprunges heraushebt. Während die Neuengländer mit der Kirche, mit dem Feudalismus, mit der heiteren Lebensweise ihres Heimatlandes brachen und bald ein neues Volk wurden, sehen wir in der obersten Klasse des Südens eine Fortsetzung des englischen gesellschaftlichen Lebens. Diese Einwanderer waren keine Flüchtlinge, sondern kamen vom englischen Adel geleitet, auf die Landeskirche vertrauend und an den englischen Handelsinteressen beteiligt, herbei. Nach dem Siege der Revolution in England eilten viele Leute von Ansehen aus dem hohen Adel, der Gentry und der Geistlichkeit dorthin, fanden bei den königstreuen Pflanzern gastliche Aufnahme und verschmolzen später mit ihnen. Als dann Karl II., der als Flüchtling im eigenen Lande, Souverain in Virginien war, zur Regierung gelangte, wurde der vornehme Südländer für seine Treue belohnt, dadurch dass er in der Gesetzgebung und im Beamtentume entscheidende Macht erhielt.

So sehr sich auch der Mann des Nordens von diesem Südländer unterschied, gemeinsam war in beiden Völkern die Ausbildung des Einzelnen zur Selbständigkeit. Der kaltberechnende, zähe, energische Yankee, der es liebte über religiöse Fragen zu diskutieren, der Schulen und Universitäten gründete, der aber auch seine Farm immer weiter in den Westen hinausschob, den Urwald lichtete und den Ocean befuhr, hatte die gleiche Unabhängigkeit des Charakters, wie der unter anderm Himmelsstrich lebende heissblütige, gewaltthätige und verschwenderische Virginier, der in seinem Lande keine Städte baute, die gelehrte Bildung nicht kannte, sein Leben isoliert auf seiner Plantage verlebte, passionierter Reiter und Jäger war, mit Büchse und Messer im Walde umherschweifte, Streit beim wilden Trunkgelage suchte und ihn ausfocht, weil es seine Ehrbegriffe verlangten.

Die weisse Bevölkerung in allen Kolonien umfasste im Jahre 1688 nach der Schätzung von George Bancroft etwa 200,000 Menschen. Davon kamen auf Neuengland 75,000, New York 20,000, New Jersey 10,000, Pennsylvania und Delaware 12,000, Maryland 25,000, Virginien 50,000, Karolina 8000. Genauere Angaben sind aus dem achtzehnten

Jahrhundert vorhanden. Die Gesamtsumme der Weissen betrug nach demselben Schriftsteller:

Im Jahre	1714:	375,750
„ „	1750:	1,040,000
„ „	1760:	1,385,000
„ „	1770:	1,850,000.

DRITTES KAPITEL.

DIE SACHLICHE GÜTERPRODUKTION UND DIE VERTEILUNG DES GRUNDBESITZES.

Der Haupterwerbszweig in den nordamerikanischen Kolonien war die Landwirtschaft, auf welche die Einwanderer dauernd sowohl durch die Billigkeit und die Brauchbarkeit des Bodens als auch durch die Handelspolitik des Mutterlandes hingewiesen wurden. Daneben gewährten See- und Flussfischerei, ferner die Jagd zum Zweck des Lebensunterhaltes und des Pelzhandels ein beachtenswertes Einkommen. Das Handwerk hatte sich in den Städten und auch wohl auf den grösseren Plantagen des Südens einigermassen entwickelt. Auf den meisten Gütern wurde Wolle und Flachs, Leder für den eigenen Bedarf verarbeitet. Manufakturen waren noch um 1776 selten, der Schiffsbau und der Seehandel dagegen waren gediehen, vor allem im Norden und in der Mitte, obgleich die Engländer fortgesetzt bemüht gewesen waren, beiden, wie jeder entstehenden Manufaktur Schwierigkeiten zu bereiten. Wegen der Verschiedenheit des Klimas und des Bodens gestaltete sich von Anfang an die Landwirtschaft in den einzelnen Staaten verschiedenartig. Der von den Indianern schon angebaute Mais gedieh jedoch überall und machte ebenso in den kalten und armen Gegenden Neuenglands, wie in dem halbtropischen Südkarolina und Georgia den Hauptanteil der Cerealienernte aus. Ferner war die Viehzucht, wenn auch nicht ganz gleichmässig, über alle Kolonien verbreitet, und da es nirgends an dichten Wäldern fehlte, wurde an den Flüssen Nutzholz zum Verkaufe geschlagen, und Sägemühlen entstanden an allen jenen Orten, von denen aus der Holzhandel betrieben werden konnte. Schliesslich finden wir durchweg eine ziemlich gleichartige Gartenkultur mit Bohnen, Erbsen, Rüben, Kartoffeln, Kürbissen, Obstbäumen und Weinreben und auf den Höfen dieselbe Geflügelzucht.

Zum Verständnis der Arbeitsverfassung, welche auf den Landgütern bestand, ist es erforderlich über die Produktions-, die Betriebs- und Besitzverhältnisse der Landwirte einen Überblick zu geben.[2]

In den Neuenglandstaaten war, wie schon erwähnt, der Mais die Hauptnahrungsfrucht. Der Weizenanbau war gering, da das Klima nicht ausreichte. Man kultivierte nur Sommerweizen, Hafer und Gerste wurden kaum für den eigenen Bedarf genügend gewonnen. Das Betriebssystem war meist eine Feldgraswirtschaft mit rücksichtsloser Bodenausnutzung, indem Jahr für Jahr dasselbe Feld mit Getreide bestellt wurde, bis es erschöpft war und dann als Grasweide diente. In der Nähe der Städte, wo das Land teuerer war, bebaute man aber um 1750 bereits den Boden etwas sorgfältiger. Die Viehzucht, auf welche besonders die grossen natürlichen Weiden des Landes hinwiesen, war ziemlich bedeutend, trug aber auch einen höchst extensiven Charakter. Rindvieh, Pferde, Schweinefleisch und Schafwolle wurden nach den Gestaden der südlichen Kolonien, nach Westindien und selbst Europa ausgeführt.

Der Grossgrundbesitz war nicht verbreitet. Nur wenige, die an den Flüssen wohnten, Holzhandel betrieben und Sägemühlen besassen oder vermöge einer natürlichen Verkehrsgelegenheit viel Vieh exportieren konnten, hatten sich in den Besitz von grösseren Landkomplexen gesetzt. Der grösste Teil des angebauten Landes war, entsprechend der meist unbemittelten aber thatkräftigen Einwanderung in den Händen von Farmern, d. h. mittleren Besitzern, die über einhundert bis dreihundert Acker verfügten, (1 Acker = 0,405 Hektar), überwiegend für den eigenen Bedarf produzierten, weil ihnen die Absatzwege fehlten, keinen Luxus trieben, aber doch ein ziemlich komfortables Dasein führten, während die wenigen Grossgrundbesitzer dem englischen niederen Landadel ähnlich lebten. Alle Grundbesitzer besassen das Land als volles Eigentum.

Es bestand in den neuenglischen Staaten bis in die ersten Jahre nach dem Unabhängigkeitskriege für die Vererbung des Grundbesitzes teils das Erstgeburtsrecht, teils wurde das mosaische Recht, nach welchem dem ältesten Sohne der doppelte Anteil von dem gesamten Vermögen, wenn kein Testament vorlag, gegeben wurde, zur Anwendung gebracht. Auch war die Errichtung von Entails, d. h. Fideikommissen bis zur dritten Generation zulässig. Es bestand aber ausserdem die völlige Testierfreiheit, durch welche die Intestaterbfolge - Bestimmungen illusorisch gemacht werden konnten. Sie zog einen bestimmten dauernden socialen Effekt nicht nach sich, sondern war nur ein Mittel, die jeweilig bestehenden und wechselnden socialen Anschauungen in Thaten umzusetzen. Während sie im siebzehnten Jahrhundert, als die Neuengländer noch etwas in altenglischen Vorstellungen lebten, in der Weise wirkte, dass Bevorzugungen der ältesten vorgenommen wurden, unterstützte sie im achtzehnten Jahrhundert den demokratischen Gedanken der gleichheitlichen Erbesteilung, der schliesslich 1789 und 1791 auch in einem entsprechenden Intestaterbrecht neuen Ausdruck fand. So kam es denn, dass die grösseren Besitzungen, welche im achtzehnten Jahrhundert unter dem Einflusse des zunehmenden Reichtums entstanden und nur zum Teil angebaut waren, häufig wieder zerstückelt wurden. Bei den mittleren und kleinen Landgütern trat dagegen eine Teilung des Bodens weit seltener ein, weil bei der üblichen extensiven Landwirtschaft und dem billigen Lande im Westen der Boden wenig wert war und eine gleichheitliche Vermögensteilung etwa in der Weise durchzuführen war, dass ein Sohn, das Land, der zweite den Viehstand, der dritte ein kleines erspartes Geldvermögen erhielt. Oft wurde der eine oder andere Sohn schon bei Lebzeiten der Eltern abgefunden, der nun an die Kulturgrenze zog um dort eine neue Ansiedelung zu begründen. War doch z. B. vor dem Freiheitskriege in dem damaligen Massachusetts erst $^{1}/_{25}$ des Bodens dem Anbau zugeführt worden, so dass es für einen unternehmenden Landwirt genug Gelegenheit gab seine Kräfte zu bethätigen. Ich vermute, dass gerade die volle Erfassung der Kulturaufgabe, welche zu lösen sich der eigentliche von den Traditionen Europas befreite Amerikaner, seit mehr denn hundert Jahren vorgenommen hat, die Erbrechtsordnung, welche nach und nach in allen Kolonien, nachdem sie die Vereinigten Staaten geworden waren, dem damaligen neuenglischen ähnlich wurde, bestimmt hat, damit möglichst allen die Mittel in die Hand gegeben würden, als Kulturpioniere nach dem Westen vorzudringen. Wollte man annehmen, dass dies neuere Erbrecht aus dem modernen Kapitalismus zu erklären sei, welcher auf die Teilbarkeit des Grundbesitzes hingestrebt habe, um diesen sich zu unterwerfen, so ist dem entgegen zu halten, dass in den Kolonien damals ein solcher nicht bestand, der seine Macht in dieser Weise hätte ausüben können. Dabei soll freilich nicht geleugnet werden, dass ihm in späterer Zeit die bestehende Gesetzgebung sehr zu statten gekommen ist.

Pächter waren in den Neuengland-Staaten im Vergleich zu den selbstwirtschaftenden Grundbesitzern nur wenige, weil Jeder, der einige Mittel besass, die Stellung des letzteren einnehmen konnte und diese selbständige Stellung dem Pächterstande vorzog. Die Verschuldung des Grundbesitzes war unbedeutend, schon weil es an Leihkapital fehlte. Es gab nur wenige Städte, von denen es hätte kommen können. Sie lagen meist am Meere und von ihnen aus wurde der Küstenhandel und der Verkehr mit Europa betrieben, so wie die ergiebige Seefischerei, deren Produkte um 1750 etwa $^{5}/_{6}$ des ganzen Exportes von Massachusetts ausmachten. In den Städten blühte damals der Schiffsbau, es bestanden Segeltuch- und Tauwerkfabriken, eine geringe Metallverarbeitung, Rum- und Thranbrennereien, und einige kleine Hut- und Schuhwerk-Manufakturen.

Im Staate New-York war um die Mitte des achtzehnten Jahrhunderts die Landwirtschaft technisch betrachtet nicht höher entwickelt, als in Neuengland, war aber wegen des für Körnerbau mehr geeigneten Klimas und Bodens ergiebiger. Besonders lohnte sich die Weizenkultur am oberen Hudson, von wo aus das Getreide auf der bequemen Wasserstrasse in solchen Mengen zum Export kam, dass die Kolonie damals das wichtigste Weizenausfuhrland in Nordamerika wurde. Dieser Absatz führte dann mit seiner weiteren Entwicklung zu einer intensiveren Landwirtschaft, welche mit dem System den Boden solange von Jahr zu Jahr mit Weizen zu besäen, als er nur irgend trug, brach. An zweiter Stelle wurde Mais angebaut, dann folgte Gerste, Hafer und Buchweizen. Gute natürliche Weiden, hier und da der Wiesenbau beförderten die Viehzucht, deren Produkte, nebst Pelzwerk, das meist von den Indianern eingehandelt wurde, und Holz, Flachs, Hanf, Honig, Bohnen die übrigen Exportgüter des Landes ausmachten und seinen Reichtum zusehends mehrten.

New-York war von den Holländern zu Handelszwecken begründet worden, so dass erst um die Mitte des siebenzehnten Jahrhunderts die Ackerbauansiedlung von sich reden machte. Aus der holländischen Zeit und aus der ersten der englischen Eroberung bestanden grosse Grundbesitze, Herrschaften, manors genannt, die nach Erstgeburtrecht und Entail vererbt wurden und dem Inhaber nach europäisch feudaler Weise richterliche und polizeiliche Rechte über die Bauern gewährten, welche meist als Erbpächter zur Herrschaft gehöriges Land bewirtschafteten.

Weil in manchen Gegenden des Staates der Boden nur pachtweise zu bekommen war, so floss bis zur Mitte des vorigen Jahrhunderts die Einwanderung der Kolonie nicht so zu, wie den angrenzenden Ländern im Norden und Süden, umsomehr als auch das öffentliche Land in parteiischer Weise vergeben wurde und oft Statthaltern und anderen politisch einflussreichen Personen zur Vergrösserung ihrer Macht diente. Im Norden und Westen des Landes, an der Indianergrenze war aber nur der Farmer nach neuenglischem Muster zu brauchen, und hier setzte er sich auch fest. Sein Geschäfts- und Unternehmungsgeist, seine demokratischen

Ideen und sein auf Gleichheit gerichtetes Erbrecht überzogen von hier aus allmählig den Staat. Während noch um 1740 in Europa vor der Auswanderung nach New-York gewarnt wurde, weil es dort schwer sei Landeigentu mzu erwerben, hiess es schon 1770, dass jeder Landbauer dort gut fortkomme, wenn er nur mit einigem Kapital für den Anfang ausgerüstet sei. Nach dem Unabhängigkeitskriege war schon die Macht der Grossgrundbesitzer, welche auch eine politische gewesen war, gebrochen und die Bauern mit freiem Grund und mit mittlerem Besitz waren die einflussreiche Klasse auf dem Lande.

Handwerk mit etwas grösserem Umfange gab es nur in den beiden Städten, New-York und Albany, in der ersteren auch Schiffsbau, der aber dem neuenglischen nachstand. Der Handel, der im 18. Jahrhundert noch von demjenigen von Philadelphia und Boston übertroffen wurde, war in beiden Städten in den Händen reicher, seit langer Zeit angesessener Familien, die in Luxus und Wohlleben mit den Grossgrundbesitzern wetteiferten. Einige Hutfabriken, Eisengiessereien, Rumbrennereien, Zuckersiedereien machten die Landesindustrie aus, welche unter dem Druck der englischen Handelspolitik nicht gedieh, aber nach 1776 einen raschen Aufschwung nahm.

New-Jersey erzeugte dieselben landwirtschaftlichen Produkte wie das soeben besprochene Gebiet, schon weil Klima und Beschaffenheit des Landes ziemlich ähnlich waren. Nur war der Obst- und Gemüsebau, für den das Klima der Mittelstaaten besonders passt, hier weit mehr entwickelt, so dass die Kolonie der Garten von Nordamerika genannt wurde. Es erklärte sich dies nächst der Vorliebe der holländischen Einwohner für diese Kulturart aus der Thatsache, dass die mittlere auf vollem Privateigentum begründete Farmerei ganz allgemein war. Es gab hier keine Pächter, sondern nur unabhängige Bauern, welche für sich oder ihre Kinder den Ertrag aus dem Kapital und der Arbeit erwarteten, welche sie auf den Boden verwandten. Die hier wohnenden Nachkommen niederländischer Landleute bauten sich grosse, solide Scheunen und Ställe zur Überwinterung des Viehes und ersetzten den Mangel an natürlichen Weiden durch Wiesenbau. Es gab keine irgend erhebliche Stadt und daher weder Handwerk noch Manufakturen von Bedeutung. Ein mässiger Export von landwirtschaftlichen Erzeugnissen fand via New-York und Philadelphia statt.

Pensylvaniens Getreidebau stand um 1750, wenn er auch wegen des Klimas etwas ergiebiger als in New-York und New-Jersey war, technisch auf derselben Stufe wie hier. Nur das wichtige Exportgut, der Weizen, wurde in der Nähe von Philadelphia, wo der Boden nicht mehr billig war, in einer Betriebsweise gewonnen, bei welcher gelegentlich gedüngt und einiger Fruchtwechsel angewandt wurde. Auf den Gütern im Innern des Landes wurde Rindvieh-, Pferde-, Schaf- und Schweinezucht betrieben, welche bei den schlechten Verkehrswegen allein die Möglichkeit bot, in Philadelphia verkäufliche Produkte herzustellen. Im fernen Westen war, um die Versendung noch lohnend zu machen, eine ganz extensive Weidewirtschaft auf weiter Fläche üblich, wozu das billige Land oder auch die unberechtigte Benutzung des öffentlichen nicht verkauften Landes die Gelegenheit bot.

Die produzierte Wolle, der Flachs und der Hanf wurde fast vollständig während der Winterszeit im Lande verarbeitet, die beiden ersten Produkte in den Bauernhäusern zum eigenen Gebrauch, der letztere in Philadelphia, der einzigen Stadt des Landes, zur Ausrüstung der dort gebauten Seeschiffe.

Die Zahl der grossen Landgüter war vom Beginn der Kolonisation an gering gewesen. Es waren nur wenige reiche Leute eingewandert, deren Vermögen damals in der Weise vererbt wurde, dass der älteste Sohn den doppelten Anteil erhielt, und ökonomisch technische Gründe, die zu Gunsten eines zunehmenden Grossbetriebes gesprochen hätten, wie z. B. günstige Absatzverhältnisse bestanden nicht. Wenn sich auch die Familie Penn einige grössere Landkomplexe reserviert und hier und da ein Spekulant billiges Land im Grossen aufgekauft hatte, so war doch für jeden ernstlichen Ansiedler, der ein Paar starke Arme und einige Betriebsmittel für den Anfang hatte, immer genügend Grund und Boden zu haben, so dass sich die Besiedelung der Kolonie ziemlich schnell vollziehen konnte, schneller als in dem nördlichen Grenzstaat New-York, von wo aus wiederholte Auswanderungen nach dem Süden stattfanden. Die Masse der Landwirte bestand aus einem kräftigen Mittelstand und der Einzelne verfügte über 100 bis 500 Acker. Dieser Besitz war ursprünglich und rechtlich mit einer geringen Abgabe an den Obereigentümer belastet, faktisch aber um 1750 durch den Eigenwillen der Ansiedler und die Gewohnheit oft genug frei, welcher Zustand nach der Revolution auch rechtlich zur Anerkennung gebracht wurde. Zeitpächter lebten nur in der Nähe der Stadt. Geld und Luxus gab es im Lande wenig, aber die Mittel zum Leben waren reichlich, gut und billig.

In den kleinen Ortschaften sammelten sich einige Handwerker und Krämer, die neben ihrem Hauptberuf Landwirtschaft betrieben, da ihre Dienste von den Farmern, die oft selbst etwas vom Handwerk verstanden und nicht viele Bedürfnisse nach auswärtigen Waaren hatten, nicht zu oft in Anspruch genommen waren. In Philadelphia bestanden einige Manufakturen. Hier wurden grobe Eisenwaaren, irdene Geschirre, Leder, Utensilien zum Schiffsbau, Papier und Hüte hergestellt, und in dem nahen Germantown von deutschen Einwanderern wollene Strümpfe und Leinwand.

Der Exporthandel bezog sich besonders auf die landwirtschaftlichen Produkte des Landes: auf Weizen, Fleisch, Pferde, ausserdem auf Holz und in beschränktem Masse auch auf Roheisen, Kupfer, welche Metalle im kleinen Bergwerksbetrieb im Gebirge gewonnen wurden.

Das Klima Delawares ist ähnlich wie im Südosten von Pennsylvanien und auch der sandige, flache Boden ist dem des Pennsylvanischen Flachlandes gleich. Landwirtschaft und Viehzucht wurden daher ebenso wie in diesem nördlichen Nachbarstaate betrieben. Der Grossgrundbesitz war aber im achtzehnten Jahrhundert hier ziemlich verbreitet und seine Inhaber produzierten Weizen zur Ausfuhr. Öfters waren hier Mühlen errichtet, welche ihre Triebkraft von den Flüssen des Landes erhielten, die zahlreich und oft schiffbar den Getreide- und Mehlexport erleichterten. Weil der Reichtum sich so mehrte, zumal die Delawarischen Landwirte einfach lebten, ein Kleinfarmertum bei der Beschränktheit des öffentlichen Gebietes nicht entstehen konnte, blieb der grosse Besitz hier erhalten, obgleich nur das Pennsylvanische Erbrecht galt. Er stammte zum geringeren Teil aus der Zeit der Holländer, zum grösseren aus derjenigen der ersten Okkupierung durch die englischen Kolonisten, welche damals während der politischen Wirren zwischen Neuniederland und England und während der folgenden Grenzstreitigkeiten in den englischen Kolonien, einer beschränkenden Ansiedelungsgesetzgebung nicht so unterworfen werden konnten wie die Pennsylvanier und auf eigene Initiative — während sonst die Kolonialregierung vermittelte — rentenfreies Land zu Spottpreisen von den Indianern erwarben, wenn auch für sie zunächst kein landwirtschaftliches Bedürfnis dafür vorlag. Noch am Ende des vorigen Jahrhunderts waren auf den gut arrondierten grossen Gütern Delawares weite ganz unkultivirte Strecken Landes vorhanden, die meist zur extensiven Viehzucht benutzt wurden. Flachs und Wolle wurde auch hier auf Gütern verarbeitet, in der Hauptstadt Wilmington war ein geringes Handwerk entwickelt. Der Aussenhandel wurde fast ausschliesslich über Philadelphia geleitet.

Wenn wir uns nun dem mehr kontinentalen Süden, Maryland und Virginien zuwenden, so stossen wir hier mit anderen natürlichen Wärmeverhältnissen auch auf eine andere Landwirtschaft. Diese Kolonien lagen zwischen dem 40. und 37. Grad n. B. und hier hat man nach einem kurzen Frühling lange heisse Sommer, welche aber sowohl am Meere als auch in den höher dem Gebirge zu gelegenen Gegenden bedeutend gemässigt sind. Die subtropische Vegetation tritt bereits hier und da auf. Das Hauptprodukt, auf welches die Kolonisten von Anfang an bedacht gewesen waren, war der Tabak. Die Betriebweise dabei war im Vergleich zu der sonstigen bisher genannten kolonialen Landwirtschaft eine ziemlich intensive. Sie erforderte ununterbrochene und anstrengende Arbeit bei der Bestellung des Bodens, dem Versetzen der Pflanzen, dem Jäten des Unkrautes, bei der Reinigung von Ungeziefer, beim Ernten, Trocknen und Verpacken. Von Anfang an war das Rohprodukt ein Exportartikel beider Kolonien.

Andere landwirtschaftliche Erzeugnisse, die fast nur für den inländischen Bedarf hergestellt wurden, waren der Mais, welcher auf allen Plantagen neben den Tabakfeldern, und der Weizen, der auf besonderen Farmen gewonnen wurde. Diese lagen teilweise auf früherem Tabaksboden, der durch die fortgesetzte Kultur dieses Handelsgewächses für dasselbe nicht mehr tauglich war, teils, was namentlich Virginien betraf, im höher gelegenen Westen, wo sich auch Viehzucht treibende Bauern auf Gütern mässigen Umfanges nach pennsylvanischem Muster niedergelassen hatten. Während des Unabhängigkeitskrieges, als der Tabakhandel mit England unterbrochen wurde, machte die Ausdehnung des Weizenanbaues rasche Fortschritte. Auch Flachs und Hanf wurden hier im Süden genügend für den eigenen Konsum produziert.

Am geeignetsten für den Tabak war das gerade entwaldete Neuland, auf dem eine Anzahl Jahre hintereinander ohne Düngung eine gute Ernte erzielt werden konnte. Wegen dieses Bedürfnisses nach frischem Boden drangen schon die Tabakpflanzer im 18. Jahrhundert weit in den Westen vor, überschritten das Gebirge, um sich in Kentucky und Ohio von Neuem zu versuchen. Diejenigen, welche auf ihren alten Plantagen blieben, waren genötigt zur Düngerproduktion überzugehen, um den ausgesogenen Boden wieder ertragsfähig zu machen.

Die Tabakkultur gedieh in Virginien und Maryland am besten auf dem Grossgrundbesitz, der von einem Teil der Einwanderer von vornherein angestrebt worden war, und den die Landgesetzgebung begünstigte. Denn erstens suchte jeder Anbauer möglichst viel Land zu seinem Hause zu gewinnen, um recht lange ungenutztes Land zur Verfügung zu haben. Zweitens konnten die Arbeitskräfte nur im Frühjahr und im Sommer beschäftigt werden, während sie im Herbst und Winter dort, wo der Holztransport möglich war, zweckmässig mit Holzfällen und in Sägemühlen verwertet wurden. Zu diesem Zwecke mussten aber grosse Waldungen besessen werden. Drittens brauchten manche Plantagen zur Düngung der Felder einen Viehstand, und da die extensive Sommer-Weidewirtschaft in einem Lande mit wenig Kapital und billigem Boden die ökonomisch richtige Betriebsform ist, so mussten umfangreiche natürliche Weiden gesucht sein. Neben diesen produktionstechnischen Gründen für den grossen Besitz, wirkten die günstigen Absatzverhältnisse durch die Vermittelung der Massenproduktion auf die Entwickelung des Grossbetriebes beim Tabakanbau ein. Der Tabakkonsum nahm in Europa im 17. und 18. Jahrhundert ununterbrochen zu, ohne dass Virginien und Maryland von fremden Konkurrenten zu sehr zu leiden gehabt hätten, so dass, abgesehen von den Zeiten einer Handelskrisis, neu erworbener Reichtum meist zur Ausdehnung des Betriebes benutzt wurde.

Die Kleintabak-Kultur war wenig lohnend und konnte nirgends recht aufkommen, wenn auch bei dem Zuströmen der europäischen, wenig bemittelten Einwanderung oft genug von Neuem der Versuch damit gemacht worden ist.

Auf solchen Gütern, auf denen das Holzschlagen nicht zweckmässig war oder nicht ausreichend Winterarbeit gewährte, griff man während der Ruhe des landwirtschaftlichen Betriebes zu einer ziemlich vielseitigen handwerksmässigen Thätigkeit, die jedoch im Ganzen auf einer technisch niedrigen Stufe gehalten wurde. Dieser Zustand der Eigenproduktion mit solcher Arbeitsteilung hatte in der älteren Zeit der Kolonie übrigens nicht bestanden, sondern wurde erst erforderlich als grössere Mengen von Arbeitern auf den Gütern konzentriert wurden, und die Nichtbenutzung der Arbeitskraft während eines Teiles des Jahres ökonomisch dem Plantagenbesitzer sehr fühlbar wurde.

Die so produzierten Güter wurden von dem Hausgesinde und den Handarbeitern der Plantage hauptsächlich konsumiert. Die Pflanzer und deren Familien deckten ihren Bedarf an industriellen Produkten aller Art durch England, wohin der meiste Tabak verkauft wurde. Sie lebten infolge dessen luxuriös im Vergleich zu den Farmern des Nordens, von denen nur ein Teil den mässigen Ernteüberschuss über den eigenen Verbrauch im Auslande verkaufen konnte.

Die Gesetzgebung that das ihrige, um den Grossgrundbesitz möglichst zu erhalten. Derselbe war in beiden Kolonien meist durch Entail der Familie gesichert, in Maryland bestanden manors, ähnlich wie im Staate New York, in Virginien verbot das Gesetz dem Besitzer eines Gutes von mehr als 200 £ Reinertrag es durch Testament an mehrere Erben kommen zu lassen, und es hafteten die Ländereien nicht für die Schulden der Besitzer.

Virginien kannte keine nennenswerten Städte, keine Manufakturen, der Handel war in den Händen von Fremden und wurde zum Teil durch die Hafenstädte anderer Kolonien geleitet. Maryland hatte für den Export- und Importhandel die Stadt Baltimore, wo auch um 1750 einige Kornmühlen, Eisenwerke, Hutmanufakturen und Schiffsbaugewerke in Betrieb waren.

Nordkarolina bot um diese Zeit das Bild des äusserst extensiven Wirtschaftslebens selbst im Vergleich mit den bisher besprochenen Kolonien. Es gab dort keine Dörfer, geschweige denn Städte, keinen direkten Handel mit dem Auslande, da es an einem geeigneten Hafen fehlte. An der feuchten Küste gedieh einigermassen der Reis, dessen Produktion aber niemals mit der von Südkarolina konkurrieren konnte. Wo das Klima trockner und kühler war, wurden in mässigem Umfange Tabak, Mais, Weizen, Indigo und Hülsenfrüchte gepflanzt. Das Land war mit endlosen Fichtenwäldern überzogen, aus denen, wie noch heutzutage, Pech, Theer und Terpentinöl besonders zum Export gewonnen wurden. Grosse Waldflächen waren zu diesem Zwecke von den Einwanderern okkupiert worden und das Eigentum war äusserlich nur kenntlich an den Zeichen, welche in die Bäume geschnitten waren. In diesen Wäldern besassen die Nordkaroliner grosse Heerden von Rindvieh und Schweinen. Dasjenige Land, welches nicht im Privateigentum stand, wurde je nach Bedürfnis ohne jede öffentliche Kontrolle von den Herdenbesitzern, für ihre Herden, die oft mehrere Tausend Stück zählten, benutzt. Die mehr im Hinterlande Wohnenden verkauften Rindshäute, welche hier allein die Kosten des Transportes tragen konnten, die der Küste näher Lebenden exportierten auch Vieh und gesalzenes Fleisch. Von dem Luxus der Virginier kannte man infolge dieser wirtschaftlichen Zustände nichts und wenn auch die meisten Landgüter, welche wie in Virginien vererbt wurden, grosse Landstrecken umfassten, so repräsentierten sie durchschnittlich doch kaum einen höheren Wert, als die neuenglischen und pennsylvanischen Farmen.

In den inneren und höher gelegenen Gegenden von Südkarolina bestand eine Betriebsweise, welche der soeben geschilderten ganz ähnlich war. Es wurden Mais, ein wenig Weizen und Gerste angebaut und Viehheerden weideten auf den grossen Besitzungen. Bedeutend war die Kultur und der Export des Indigos und des Reises. Der letztere wurde mit schwerer Arbeit an der sumpfigen flachen Meeresküste in einem fast tropischen Klima gewonnen. Aus den Wäldern wurden dem Aussenhandel Eichen, Buchen und Eschen zugeführt, die Föhren lieferten wie in Nordkarolina Theer, Pech und Terpentin. Eine subtropische Obstkultur gedieh in den Gärten. Die Baumwolle war als Handelsgewächs wohl bekannt und wurde auch ein wenig auf den der Küste vorgelagerten Inseln angepflanzt, hatte aber im 18. Jahrhundert für Südkarolina noch keine Bedeutung. Erst seit dem Ende desselben, als einerseits in England die Nachfrage nach Baumwolle infolge deren leichteren industriellen Verarbeitung gestiegen war, und andererseits in Amerika die Maschine erfunden war, welche die Kerne von den Fasern leicht zu trennen gestattete, wurde die Baumwolle der grosse Stapelartikel des Landes, der alle übrigen Rohprodukte ganz in den Hintergrund schob. Um 1750 lebten wohlhabende Pflanzer im Osten und gut situierte Farmer im Westen des Landes. Der Grossgrundbesitz war verbreitet und wurde durch das Erbrecht gehalten. Die Wald- und Viehwirtschaft sprach hier wie in Nordkarolina für den Grossbetrieb, wie auch die Reiskultur welche grosse Kapitalanlagen voraussetzte, ihn zweckmässig erscheinen liess.

Der gesamte Handel Südkarolinas wurde von Charleston aus betrieben, wohin von England alle feineren Manufacturwaren gebracht wurden, welche die Kolonie gebrauchte. Einfache Produkte des Gewerbfleisses wurden auf den Plantagen und grösseren Farmen hergestellt wie in Virginien in der Jahreszeit, in welcher keine Feldarbeit zu thun war. Hier wurde auch die wenige Baumwolle zu einfachen Geweben verarbeitet, mit denen sich Landarbeiter kleideten.

Da in Georgia Klima und Boden ähnlich wie in der eben besprochenen Kolonie sind, bestand auch dort eine ähnliche Landwirtschaft: Reiskultur an der Küste, im Innern auf den höher gelegenen Teilen des Landes Getreidebau und Viehzucht. Daneben wurden auch Indigo, Flachs, Hanf, Theer, Wachs, Holz und Seide in mässigem Umfange produziert und auch ausgeführt. Bei der ersten Ansiedlung hatte man, um die Idee der Oglethropeschen Armenversorgung dauernd zu verwirklichen, versucht, das Land nur in kleinen und mässigen Stücken an die Anbauer abzugeben, und einen Besitz zu schaffen, der weder verpfändet noch verkauft werden durfte und nur an die Söhne des Besitzers übergehen konnte. Dies entsprach aber den wirtschaftlichen Bedürfnissen anderer unternehmender, mit einigem Kapital versehener und daher einflussreicher Einwanderer nicht, so dass die ersten Einrichtungen bald beseitigt wurden und ähnliche Besitz-Verhältnisse wie in Süd-Karolina Platz griffen. Ein geringer Schiffsbau und Handel hatte sich in der Hauptstadt Savannah bald heimisch gemacht.

VIERTES KAPITEL.

KOLONISATION UND ARBEITSVERFASSUNG.

Jede Kolonie mit grossen, unbebauten, brauchbaren Landflächen hat den Wunsch nach starker Einwanderung, sobald sich die wirtschaftliche Thätigkeit zu entfalten beginnt. Die Besitzenden wollen ihren Grundbesitz ertragsfähig machen, die Regierenden wollen Krieger und Steuerzahler gewinnen, die kleinen Leute möchten sich durch Verwendung der landesunkundigen Einwanderer die Möglichkeit zum Emporkommen verschaffen. Aber diejenigen, welche von auswärts herbeikommen, möchten es auch besser haben als in dem Heimatland, sonst liegt für sie kein Grund vor dasselbe zu verlassen. Daher ist jede Kolonialgesetzgebung, die mit einer freien Einwanderung zu rechnen hat, vor die Aufgabe gestellt, sowohl die rechtliche Lage der Einwanderer möglichst günstig zu gestalten als auch die Interessen der bereits Anwesenden, denen sie ja dienen will, nach Kräften zu fördern. Nicht leicht ist es diesen beiden Anforderungen zu genügen, vereinfacht wird die Lösung der Aufgabe dann werden, wenn das Auswanderungsland gesellschaftliche und ökonomische Zustände hat, welche ganzen Volksschichten den Fortzug von dort sehr wünschenswerth machen.

An starken Motiven zur Auswanderung hat es in Westeuropa während des vorigen Jahrhunderts nicht gefehlt. Im übrigen muss man sagen, dass die englischen Kolonien es verstanden haben, die widerstreitenden Bestrebungen einigermassen einander anzupassen, die Einwanderer heranzuziehen und den bereits Ansässigen zu nützen. Ihre Gesetze kannten freilich die socialen und politischen Freiheitsrechte nicht in dem Umfange, wie die späteren Vereinigten Staaten, aber im Ganzen lebte man in Nord-Amerika viel liberaler als in Europa, England mit eingeschlossen. Während in der alten Welt die Zugehörigkeit zu einer Kirche für eine Minorität in einem Lande der Grund sein konnte, dass die anders gläubige Majorität ihr das Leben durch konfessionelle Unduldsamkeit verbitterte, hatten wenigstens einige Kolonien den Grundsatz der Toleranz zur Wahrheit gemacht. Eine ständisehe Gesellschaftsordnung hat in Nordamerika niemals Wurzel fassen können, wenn auch die Versuche sie einzuführen wiederholt gemacht worden sind. Von dem politischen Druck einer absoluten Monarchie wusste man nichts. Jeder Ausländer, welcher einwanderte, hatte einen Huldigungseid zu leisten und wurde nach sieben Jahren Bürger des Staates und dann wie jeder im Lande Geborene aller politischer Rechte teilhaftig[3]. Der geborene Engländer hatte natürlich diese Bedingungen zu erfüllen nicht nötig. Alle öffentlichen Stellungen waren jedem Bürger zugänglich. Nicht selten sind Leute, die nichts als Arbeitslust und gesunde Hände zum Erwerb mitbrachten, später höhere Staatsbeamten oder Mitglieder der gesetzgebenden Versammlungen geworden. Die Gewerbefreiheit war zwar im Interesse des englischen Handels und der englischen Manufacturen stark beschränkt, aber diese Bestimmungen galten für jeden in gleicher Weise und es gab keine Privilegien auf diesem Gebiete[4]. Wem es als freier Bürger in der einen Kolonie nicht gefiel, konnte in eine andere ziehen oder auch nach Europa zurückkehren, ebenso gab es für ihn innerhalb eines Staates keine Beschränkungen der Freizügigkeit, der Eheschliessung und der Niederlassungsfreiheit.

Da die Kolonien Ackerbaustaaten waren, so war die Gesetzgebung für den Erwerb von Land von besonderer Wichtigkeit für die Einwanderer[5], denen es damals freilich nicht so leicht gemacht worden ist wie in unseren Tagen durch die Bundesheimstätte-Gesetzgebung der Vereinigten Staaten, die von dem ernstlichen Anbauer kaum mehr verlangt als eine mässige Gebühr für die Landesüberweisung zu vollem Eigentum. In den königlichen und freibrieflichen Kolonien war es jedem möglich, freies Eigentum an Grund und Boden vom Staat zu erlangen. Niemand war, wenn er den Boden bestellen wollte, genötigt zum Pächter zu werden oder Land aufzunehmen, das nach einer Anzahl von Jahren oder unter bestimmten Voraussetzungen an einen anderen zurückfallen musste. Die Landpreise waren gering. Der Ansiedler musste nur den Mut haben seine Farm bis zur Indianergrenze im Westen vorzuschieben. Dort gab es soviel billiges Land als er nur haben wollte. Im Osten in der Nähe der Städte, an den schiffbaren Flüssen war um die Mitte des vorigen Jahrhunderts das Land meist schon okkupiert und nur gegen höheren Preis, bisweilen auch, wo der Grossgrundbesitz bestand, gar nicht, zu erhalten. In den erbeigentümlichen Kolonien hatte der Ansiedler eine Rente von dem sonst unentgeltlich überlassenen Boden zu zahlen, die nach der Grösse des aufgenommenen Landes, nicht nach dem Ertrag der Landwirtschaft bemessen war. Sie konnte, wenn die Summe per Acker auch nur gering war, unter Umständen drückend werden. Sie war die wichtigste Einnahme für die berechtigten Familien, derentwegen dieselben von den Anbauern oft genug angefeindet worden sind. Das zu vergebende Land wurde von der Behörde vermessen und in ein Register eingetragen, so dass der Erwerb bei etwaigen Streitigkeiten leicht nachgewiesen werden konnte. Im Westen, im Alleghany-Gebirge und darüber hinaus war jedoch das Land vielfach nicht gebucht, und dort liessen sich auch wohl die Leute nieder ohne nach Landamt, Preis und Besitztitel zu fragen, wie sich dies ja auch in unserem Jahrhundert im fernen Westen oft wiederholt hat. Aber auch mit dem vermessenen öffentlichen Lande wurde es nicht immer genau genommen. Es wurde als Weide von den Anwohnern benutzt oder selbst dem Pflug unterworfen, da die Landbehörde wenig Beamte hatte und die grossen Gebiete, Wälder, Wildnis und Savannen nicht überwachen konnte.

Sie erwarb von den Indianern, das Land das diese etwa rechtlich in Anspruch nahmen. Der direkte Kauf vom Indianer war dem Einwanderer nicht gestattet.

Zuerst dringt der Pelzjäger und der Biberfänger in die Urwälder, Gebirge und Sümpfe vor und knüpft Beziehungen mit den roten Kriegern an, in deren Stamm er heimisch wird, und mit denen er Kriegszüge und Beute, Freude und Leid teilt. Seine Kunde von fischreichen Seen und Strömen, von lieblichen Thälern und prächtigem Waldboden hört der „erste“ Landbebauer, ein Mann, der meist seinen Kredit in dem kultivierten Teil des Staates verloren hat, ein Squatter, der Land nimmt, wo es ihm gefällt und Eigentumstitel und Renten nicht anerkennen will. Mit der Holzaxt und der Büchse bewaffnet kommt er herbei, baut mit roher Kunst sein Blockhaus, lichtet den Wald, sät Mais an die Stelle des niedergebrannten Gebüsches und lässt seine paar Kühe und sein Pferd im Walde das wilde und magere Gras oder die saftigen Sprösslinge der Bäume suchen. Seine Vergnügungen findet er in der Jagd und im Fischen, er liebt die starken Getränke und schläft auf dem Fell des erbeuteten Tieres. Gemeinsam mit seinem Freunde dem Jäger, der ihm den Weg in die Wildnis gezeigt hat, kämpft er gegen die Indianer, welche alsbald allen Weissen, sobald sie in grösseren Schaaren in die Jagdgründe einbrechen, feindlich werden. Während des Krieges, in dem der rote Mann schliesslich immer unterliegt, leben die ersten Ansiedler an der Grenze in engem Fort zusammen, in dessen Nähe sie ihr Vieh halten und von wo aus sie, nachdem sie Wachtposten ausgestellt haben, gemeinsam ihre Äcker bestellen, um ihre Streitkräfte nicht zu zersplittern. Erst wenn der Feind dauernd verschwunden ist, lässt sich ein Jeder definitiv auf dem Boden nieder, den er bei seiner Ankunft okkupiert hat. Mit dem Frieden kommt Recht und Gemeindeverwaltung, die Bevölkerung wächst, die Viehweide auf dem öffentlichen Lande wird verboten und Steuern und Renten werden erhoben.

Die völlige Ungebundenheit als höchstes Gut achtend und der Civilisation grollend, zieht der erste Pflanzer von neuem westwärts, nachdem er sich durch romantische Erzählungen aus seinem Abenteurerleben Gesinnungsgenossen geschaffen und seine Farm billig an den „zweiten“ Ansiedler verkauft hat. Dies ist ein Mann, der allerlei unternimmt, es aber zu nichts Rechtem bringt. Er baut das Wohnhaus aus und legt Ställe an, aber lässt beide verfallen. Neben Mais pflanzt er auch Weizen, er hat eine Wiese und einen Obstgarten, aber seine Felder sind bald erschöpft und sein Vieh will nicht gedeihen. Für öffentliche Angelegenheiten hat er nie Geld, obgleich er ohne politische Versammlungen nicht leben kann. Diese Pflanzer setzen sich aus solchen Leuten zusammen, denen die Energie zum Squattertum fehlt, die etwas Vermögen haben und deshalb glauben, mühelos reich werden zu können, die unzufrieden mit der Zivilisation im Osten, in dem neuen Lande ihre vagen Projekte zu verwirklichen hoffen. Sie verschulden nach und nach, verkaufen ihren Besitz und verschwinden durch Spiel und Trunk heruntergebracht, bald aus den Augen und dem Gedächtnis der Leute.

Der neue Käufer ist der „dritte“ Landbebauer, der eigentliche Farmer, der mit mässigen Mitteln, aber mit dem ernsten, zielbewussten Streben, ein wohlhabender und angesehener Landwirt und Bürger zu werden, sein Werk beginnt. Was er im Osten von der Landwirtschaft gelernt hat, wendet er jetzt hier an, er scheut keine Arbeit. Frau und Kinder sind mit ihm zusammen thätig. Er ist sparsam und vorsichtig, hat aber immer Mittel für Kirchen- und Schulbau. Er beteiligt sich an der Verwaltung der Gemeinde und liebt sein Vaterland, wie die Scholle, auf der er lebt, und auf der er sich freier fühlt, als der Hinterwäldler und der Glücksritter, die vor ihm dort gewohnt haben.

Dieses Bild, welches die Ansiedlungsart in nördlichen und mittleren Staaten um die Mitte des achtzehnten Jahrhunderts zeigen will, verschiebt sich etwas, wenn wir uns dem Süden zuwenden, weil hier in die Berge und darüber hinaus zuweilen neben dem kleinen und mittleren Bauern die jüngeren Söhne der reichen Plantagenbesitzer mit grösserem

Kapital, mit Kenntnis und Intelligenz ausgerüstet vordrangen; auch hat der Neuengländer andere Gewohnheiten als der Deutsche in Pennsylvanien und der Franzose in Karolina gehabt, im grossen Ganzen aber dürfen wir wohl in dem stufenweisen Fortschreiten der ländlichen Kultur einen typischen Vorgang erblicken — der auch für die Arbeitsverfassung der Kolonien von Wichtigkeit gewesen ist.[6] Neben der geschilderten individualischen Ansiedlungsform gab es auch als seltenere die genossenschaftliche. Holländer, Deutsche, Irländer haben sie zur Anwendung gebracht, teils um die landsmannschaftliche Eigenart zu wahren, teils aus konfessionellen Gründen um den gemeinsamen Kultus zu üben, teils endlich zum Schutz gegen die Indianer. Die meisten dieser Niederlassungen stammen aus dem siebenzehnten und dem Anfang des achtzehnten Jahrhunderts.

Wenn wir auf die rechtlichen und thatsächlichen Verhältnisse zurückblicken, denen der europäische Einwanderer gegenüberstand, so kann man dieselben im Ganzen gewiss als ihm günstige bezeichnen. Die Gesetze waren liberal, das Land billig und im Westen aller Staaten reichlich zu haben. Eine ununterbrochene fortgesetzte Kolonisation war im Gang, die sich so vielseitig gestaltete, dass dem Temperament und den Wünschen des Einzelnen oder der Gruppen ein grosser Spielraum gelassen war.

Alle diese Umstände mussten dahin führen, dass die Einwanderer, wenigstens soweit sie etwas von Landwirtschaft verstanden, — und viel zu wissen war bei der üblichen, höchst extensiven Betriebsweise nicht erforderlich — möglichst bald selbstwirtschaftende Bauern wurden. Aber dies konnte den bereits angesessenen wohlhabenden Farmern und Plantagebesitzern gar nicht passen, denn auf welche Weise konnten sie dann Arbeiter bekommen, die dauernd in ihrem Dienst standen und deren sie so sehr bedurften um ihre Wirtschaft zu verbessern, zu vergrössern und um behaglich leben zu können. Sie brauchten daher ein Arbeitssystem, welches den einwandernden Unbemittelten wenigstens einige Jahre in ihrem Dienst festhielt, ihm dann aber alle Vorteile des Kolonisten in der Weise sicherte, dass ihm trotzdem der Weg in die neue Welt als ein angenehmer erschien. Eine zeitlich beschränkte Arbeitsknechtschaft europäischer Einwanderer, die Dienstbarkeit, hat diesem Bedürfnis entsprochen, zu welcher der Ankömmling vor allem durch Verschuldung infolge von Misständen gedrängt wurde, welche mit dem damaligen Auswanderungswesen in Europa zusammen hingen. Diejenigen, welche die Dienstbarkeit vermeiden konnten oder frei davon wurden, machten sich, falls sie nicht sofort selbständige Kolonisten wurden, zu freien Lohnarbeitern, deren Anzahl aber niemals gross gewesen ist. Beide Arbeitssysteme reichten indessen insbesondere in den Südstaaten aus weiter unten zu besprechenden Gründen nicht aus. Die Landbesitzer waren daher von vornherein auf eine Form der dauernden Zwangsarbeit bedacht gewesen, welche sie auch zu hoher Blüte gebracht haben. Es war dies die Negersklaverei, der sich diejenige der Indianer anschloss. In einer Mittelstellung zwischen Dienstbarkeit und Sklaverei befanden sich die zwangsweise aus Europa eingeführten oder in Amerika verurteilten Verbrecher.

Die Arbeits-Verfassung gliederte sich demnach in dieser Weise:

I. Die Dienstbarkeit,
II. Die freie Lohnarbeit,
III. Die Zwangsarbeit der Verbrecher,
IV. Die Sklaverei
  1) der aus Afrika gebrachten Neger,
  2) der Indianer.

Alle diese Formen sind in allen Kolonien vorgekommen, wenn auch in verschiedener Ausdehnung und individueller Ausbildung, je nach der Verschiedenheit der Wirtschaftsverhältnisse, der Natur des Landes und der socialen und nationalen Eigenart der Dienstherren.

Dieselben Arbeitssysteme nebeneinander kannte das römische Reich: Die Arbeit der Sklaven, der verschuldeten Proletarier (addictio), der Verbrecher (noxii), der Freien gegen Lohn. Die juristische Seite des Arbeits-Verhältnisses war hier weit ausgebildeter als in den englischen Kolonien, weil eine tausendjährige Geschichte dahinter stand, während in Nordamerika 250 Jahre nach der ersten Kolonisation nur noch die freie Lohnarbeit übrig geblieben ist.

Die in Europa weit und lange verbreitet gewesene Hörigkeit, derzufolge der zu Diensten verpflichtete Bauer an die Scholle gebunden war und nur mit dem Landgute verkauft werden konnte, auf dem er arbeitete, hat in den Kolonien niemals bestanden. Dieses Rechtsverhältnis kam nämlich in England, wo es als villeinage regardant bezeichnet wurde, in der ersten Zeit, als Nordamerika von den Engländern besiedelt wurde, nur noch ganz ausnahmsweise vor, nachdem es im Verlaufe des 15. und 16. Jahrhunderts infolge des veränderten Wirtschaftslebens unzweckmässig geworden war. Es konnte daher als Einrichtung von dem Mutterlande in die Pflanzungen nicht übertragen worden sein. Aber es konnte auch hier nicht neu entstehen, weil die juristischen Voraussetzungen dazu zunächst fehlten, in dem das Sachenrecht des Common Law, mit dem diese Hörigkeit zusammenhing, in den Kolonien nicht eingeführt, ausserdem aber die villeinage durch ein Gesetz von 1661 in England noch besonders aufgehoben worden war (12 Car. 2. c. 24), welches als öffentlich rechtliche Bestimmung auch für die Kolonien als verbindlich angesehen wurde. Man dachte übrigens auch gar nicht daran dergleichen neu zu begründen, weil man damit die Einwanderung abgeschreckt hätte nach Amerika zu kommen und weil damit den Bedürfnissen der Grundbesitzer gar nicht entsprochen wurde, welche ihr Land verlassen wollten, wann es ihnen passte und dann ihre Arbeitskräfte mit zu nehmen wünschten. Das Grundgesetz von Massachusetts, Body of liberties, verbietet zudem ausdrücklich jede villeinage[7].

FÜNFTES KAPITEL.

DIE DIENSTBARKEIT IN RECHT UND SITTE.

Die Dienstbarkeit bestand darin, dass Europäer bei ihrer Einwanderung in Amerika zur Deckung einer Geldschuld, namentlich der Überfahrtskosten, auf eine bestimmte Anzahl von Jahren in Dienst traten, womit sie zugleich einer Reihe von Rechtsbeschränkungen unterworfen wurden, welche die freien Bürger des Landes für sich nicht kannten. So war die typische Form durch zwei Jahrhunderte hindurch. Ausnahmsweise wurde das Rechtsverhältnis auch auf freie Indianer und Neger ausgedehnt, oder bei Weissen angewendet, welche vorher im Lande gelebt hatten, selbst dort geboren waren, endlich wurde es auch ohne Voraussetzung der Schuld eingegangen. Wir werden diese Ausnahmsfälle im Zusammenhang mit ihren Ursachen weiter unten kennen lernen.

Die Dienstbarkeit war über die gesamten nordamerikanischen Kolonien schon im 17. Jahrhundert verbreitet und dort alsbald eingeführt worden, wo die Engländer einen Kolonialstaat begründet hatten[8]. In ihr befand sich bis zum Ende des 18. Jahrhunderts die weit überwiegende Mehrzahl der weissen, für fremde Rechnung thätigen Arbeiter. Sie war die Regel für das Dienstverhältnis überhaupt in den nördlichen Ansiedelungen[9], in den südlichen wurde sie im vorigen Jahrhundert durch die Neger-Sklaverei verdrängt.

Mehrere Nationen Europas haben diese Arbeiter gestellt: in Neuengland waren vor allem Engländer im Dienst, in New-York und New-Jersey Engländer, Iren und Deutsche, in Pennsylvanien Deutsche und Iren[10]. Schotten, Waliser und Franzosen kommen erst an zweiter Stelle in Betracht. Die Ankömmlinge aus Deutschland waren überwiegend Oberdeutsche, Schwaben und Pfälzer, deren Fortzug sich bisweilen Schweizer angeschlossen hatten. Die niederdeutsche Massenauswanderung gehört erst unserem Jahrhundert an.

Die dienenden Personen hiessen redemptioners, Auslöslinge, oder apprentices, Lehrlinge, oder indented, indentured servants d. h. kontraktlich gebundene Diener, im pennsylvanischen Deutsch Serben, dienen hiess in der gleichen Sprache serviren oder serben[11]. Bei den „Auslöslingen“ dachte man an die Geldschuld, welche abzuarbeiten war, bei den „Lehrlingen“ sowohl an die nach Amerika übertragene rechtliche Abhängigkeit, in welcher sich solche nach englischem Recht dem Meister gegenüber befanden, womit freilich unser Rechtsverhältnis nur teilweise charakterisiert wurde, als auch an das Eingewöhnen der angekommenen Europäer in das amerikanische Wirtschaftsleben — wobei Jeder sein Lehrgeld zu zahlen hatte — bei den „indented servants“ an einen Vertrag, in dem die Verpflichtung zum Dienst festgesetzt wurde. Ein Dienstvertrag (indenture) war meistens der Entstehungsgrund der Dienstbarkeit, es gab aber auch, besonders in der älteren Zeit, „servants sold for the custom“, bei deren Verpflichtung das Gesetz und das Herkommen an die Stelle der Vertragsbedingungen trat. Je mehr einerseits die amerikanischen Wirtschaftsverhältnisse sich individualisierten, je mannigfaltiger die Landwirtschaft und das Handwerk wurde, je verschiedenerer Herkunft andererseits die Einwanderer waren, um so weniger konnte ein Vertrag mit besonderen Bedingungen entbehrt werden, von dem Dienenden sowohl, als auch von dem Herrn. Die Eingehung des Dienstverhältnisses der Gewohnheit gemäss hatte besonders bei der Masseneinführung von englischen und irländischen ungelernten Arbeitern stattgefunden. Virginien und die Karolinas waren die importierenden

Länder gewesen, die nördlichen Kolonien sind selten oder nie von dem indenture abgewichen.[12]

Das Recht der Dienstbarkeit ist in den einzelnen Kolonien im Ganzen ziemlich gleichmässig ausgebildet worden. Von England wurde es zuerst stillschweigend, dann ausdrücklich anerkannt, da es den Grundsätzen des gemeinen Rechtes nicht widersprach, wenn auch das in Amerika übliche Rechtsverhältnis hier nicht bestand.[13] Der minderjährige Lehrling war zwar von dem Lehrherrn für eine Anzahl von Jahren abhängig, auch wurde durch einen Vertrag seine Arbeit geregelt, aber während der Dienst des indented servant an erster Stelle als ein Vermögensobjekt des Herrn angesehen wurde, war dem Lehrherrn nur die patria potestas übertragen und dem Rechte auf den Dienst des Lehrlings entsprach die Pflicht denselben auszubilden und zu erziehen.[14] Der amerikanischen Dienstbarkeit waren zudem meist volljährige Personen unterworfen, was unter Andermeine eherechtliche Bedeutung hatte, welche bei den Minderjährigen nur wenig in Betracht kommen konnte.

In mehreren Kolonien gab es Gesetze, welche sich sowohl auf die Servants wie auf die Sklaven bezogen, und z. B. die Verfolgung Entlaufener, oder das Verbot dritter Personen mit jenen Handel zu treiben betrafen, das Recht beider war aber sonst ganz verschieden. Der Sklave war wie im römischen Recht Sache, während die Persönlichkeit des Servants anerkannt war. Seine Dispositionsfähigkeit unterlag freilich für eine bestimmte Zeit der Beschränkung, seine volle Freiheit trat aber mit dem Ablauf dieser Zeit unbedingt ein. Der Unterschied wird im Nachfolgenden noch ausgeführt werden.

Der Inhalt des Dienstvertrages[15] bestand nun darin, dass sich der Servant für eine Anzahl von Jahren zum Dienst verpflichtete, der Herr eine Geldschuld für ihn tilgte und zwar keinen Lohn, aber vollen Unterhalt, Nahrung, Kleidung, Wohnung garantierte, meist auch am Schlusse der Dienstzeit dem Entlassenen eine Gabe zu entrichten hatte, ein oder zwei Kleider, oder eine Kuh der Magd, ein Pferd, eine Flinte, Getreide als Saatkorn dem Knecht. Diese Gaben wurden meist sogar gesetzlich bestimmt, dem freigewordenen Manne besonders deshalb gewährt, dass er sich als selbständiger Landwirt leichter etablieren konnte oder der Frau um schneller einen Freier zu finden. In Virginien, Maryland, Karolina und Georgia gab zudem der Staat dem fleissigen und treuen Knecht beim Eintritt der Freiheit Ackerland oder Wald- und Weideboden, damit er Landwirtschaft beginnen konnte.[16]

Der Dienstherr wurde nach der Zahlung der Schuld als neuer Gläubiger des Dienenden betrachtet und letzterer hatte seine Schuld in einer im voraus fixierten Arbeitszeit durch seine Arbeit abzutragen. Aus dieser Auffassung folgte unmittelbar das Recht des Herrn das Dienstverhältnis auf einen andern zu übertragen, sobald die Forderung cediert wurde. Hatte Jemand z. B. für die Arbeit von fünf Jahren eine Summe gezahlt, so konnte er, falls er drei Jahre davon Gebrauch gemacht hatte, seines Servants Dienste, auf Grundlage des mit diesem abgeschlossenen Vertrages an einen andern Dienstherren auf zwei Jahre vergeben. Annoncen über ein solches Fortgeben des Knechtes oder der Magd sind in den nordamerikanischen Zeitungen des 18. Jahrhunderts häufig und regelmässig zu finden.[17] Dieses Verkaufsrecht war für den Herrn bei der Disciplin, die er seinem Servant gegenüber zur Anwendung brachte, von der grössten Wichtigkeit. War dieser träge oder widerspenstig, so konnte er mit dem Verkauf an einen unbeliebten Herrn oder in eine fremde Kolonie, wo der Dienende fern von Freunden, Verwandten oder Landsleuten war, drohen. Im Interesse des Dienenden und um das Land nicht von Arbeitern zu entblössen, hatten indessen einige Kolonien den Verkauf in einen fremden Staat verboten oder beschränkt.[18] Die Erben oder Legatare des Dienstherrn traten ganz und voll in dessen Rechte dem indented servant gegenüber. Es folgte aus der Auffassung des Dienstverhältnisses als Schuldverhältnis ferner, dass sich der Dienende falls er in Besitz von Geld, z. B. durch Erbschaft gekommen war, für den Rest der Arbeitszeit loskaufen konnte.

Aus der Thatsache, dass der Servant während des

Dienstverhältnisses mit dem Herrn in dieser Weise kontrahieren konnte, lässt sich ersehen, dass jener nicht im Eigentume dieses stand, wie dies bei dem Sklaven der Fall war und dass er selbst Eigentum haben konnte, welches der Herr nicht anrühren durfte.[19] Indessen bestimmte die Gesetzgebung, dass der Dienende ohne ausdrückliche, stets durch ein schriftliches Zeugnis zu beweisende, Anordnung seines Herrn mit dritten Personen keine Geschäfte abschliessen, keinen Handel treiben durfte, insofern also auch in der Ausnutzung seines Eigentums beschränkt war. Wer ein solches unerlaubtes Geschäft mit dem Servant eines Andern abschloss, verfiel einer Geld- oder Gefängnisstrafe, und der Knecht wurde gepeitscht.[20] Der Grund dieses strengen Rechtes lag darin, dass die Herren fürchteten, ihr Gesinde möchte Stücke ihres Eigentums, z. B. ländliche Produkte zu schlechten Preisen veräussern oder Kaufgelder unterschlagen. Sie hafteten für ein auf ihren Namen von dem Servant abgeschlossenes Rechtsgeschäft also nur, wenn sie den Befehl es vorzunehmen gegeben hatten. Auch durfte in Nordkarolina der Knecht während seiner Dienstzeit, damit das Dienstverhältnis nicht gestört werde, mit einem andern freien Herrn keinen Arbeitsvertrag abschliessen, der später einmal nach Erlangung der Freiheit zur Ausführung kommen sollte.[21] Wenn es dagegen in den meisten Kolonien Rechtens war, dass Verträge zwischen Herrn und Knecht nur Gültigkeit hatten, wenn sie vor Gericht abgeschlossen worden waren, oder alle Verträge über die Verlängerung der Dienstbarkeit, welche während derselben gemacht waren, als nichtig erklärt wurden, so ist darin keine Rechtsbeschränkung des Dienenden, sondern des Herrn zu sehen und der Grund war ein socialpolitischer, der Schutz der abhängigen Person, deren mögliche Ausbeutung als der schwächeren Partei vermieden werden sollte.[22]

Die Persönlichkeit des Servants war ferner dadurch anerkannt, dass er seine privatrechtlichen Ansprüche gegen den Herrn oder gegen andere Personen wie ein Freier geltend machen konnte. Er konnte auch seinen Herrn verklagen, der ihn misshandelte oder überhaupt ihm eine Behandlung zu Teil werden hatte lassen, die mit dem Recht nicht übereinstimmte; z. B. Sonntagsarbeit verlangt hatte, die verboten war. Vergehen und Verbrechen des Servants wurden nach dem allgemeinen Strafgesetz und in der Hauptsache gemäss der allgemeinen Strafprozessordnung des Landes beurteilt. Ein mässiges Züchtigungsrecht für kleinere Vergehen stand jedoch überall den Herren zu. Wurde von dem Gericht Todesstrafe ausgesprochen, so hatte der Herr den Schaden zu tragen, der ihm aus dem Verlust der noch etwa zu beanspruchenden Arbeit erwuchs. Bei Gefängnisstrafe musste der Knecht die Zeit nachdienen, welche er im Gefängnis zugebracht hatte, in Virginien sogar die doppelte Zeit, bei Geldstrafe, und dies war ein Unterschied mit der Stellung des freien Bürgers, wurde zunächst sein Besitz genommen, bei der Unfähigkeit aber zu zahlen, wie das meistens der Fall war, traf ihn die Peitsche, während der Freie nur in der gleichen Lage Haft zu erdulden hatte. Ausnahmsweise hatte der Herr die Geldstrafe für seinen Diener zu zahlen, der dann aber diese Auslage abarbeiten musste. Schadenersatz wegen eines Deliktes seines Servants brauchte der Herr in der Regel nicht zu leisten. Einige wenige Ausnahmebestimmungen sind hier und da in den Statuten zu finden deren Zweck war, die Farmer und Plantagenbesitzer zu veranlassen, ihre weissen Knechte streng und genau zu beaufsichtigen.[23]

Es gab eine Anzahl Delikte, welche mit dem Arbeitsverhältnis in einem Zusammenhang standen. Dahin gehörten die Zusammenrottungen und Verschwörungen der Servants[24] zur Verbesserung ihrer Lage, wovon jedoch nur selten etwas verlautet ist, die Fälschung oder der Diebstahlvon Scheinen, welche sie zum Handel und Geschäft ermächtigten, besonders aber der Bruch des Dienstkontraktes durch Fortlaufen.

Derselbe muss sehr häufig vorgekommen sein, denn seit der Gründung der Kolonien bis in die Zeit ihrer Unabhängigkeit finden wir zahlreiche Gesetze, welche zuerst strenger, dann später milder die Arbeitsleute und auch diejenigen bestraften, welche die Flüchtigen aufnahmen oder ihnen sonst bei der Flucht behülflich gewesen waren. In Maryland wurde zeitweise der eingefangene „Runaway“ mit dem Tode bestraft und in Nordkarolina war der Flüchtling ausserhalb des Gesetzes gestellt, so dass ihn jeder ungestraft tödten konnte. Später war es allgemein Rechtens, dass der eingebrachte flüchtige Servant mit Verlängerung der Arbeitszeit bestraft wurde, in Pennsylvanien z. B. musste für jeden Tag Abwesenheit fünf Tage gearbeitet werden, in Virginien, New York und Nordkarolina wurde die doppelte, in Connecticut die dreifache Zeit des Fernbleibens gerechnet. Strenger waren die Gesetze beim Wiederholungsfalle, in Südkarolina wurde der Schuldige gepeitscht, und in Virginien erhielt er ein Brandmal, den Buchstaben R auf die Backe.

Wenn wir uns vergegenwärtigen, in welcher Weise sich die Kolonisation nach dem Westen ausdehnte und dass Prärie und Urwald an die äussersten Ansiedelungen angrenzten, so kann man begreifen, wie schwer es oft war, die Flüchtigen zu verfolgen. So waren auch die hohen Belohnungen, die für das Wiedereinbringen ausgesetzt wurden, oft unwirksam und selbst die Verträge, welche mit den Indianern über die Auslieferung abgeschlossen wurden, konnten nicht viel nützen. Die Zeitungen des 18. Jahrhunderts enthalten immerfort Steckbriefe über entflohene Servants, aber die Verbreitung der Zeitungen war verhältnismässig gering und Wochen konnten vergehen, ehe eine derselben in den Niederlassungen des Westens ankam. Häufig muss auch das Entweichen auf Seeschiffen vorgekommen sein, denn die Kolonialstatuten verpflichteten die Kapitäne keine Runaways aufzunehmen und strafen die Versäumung dieser Vorschrift streng.

Dass das Entweichen bei der unvollkommenen Kolonialpolizei und bei der weiten Verbreitung der geringen Bevölkerung nicht noch häufiger vorkam und die ganze Institution der weissen Arbeitsknechtschaft in Frage stellte, erklärt sich teilweise daraus, dass die Servants meist Einwanderer waren, welche wenigstens während ihrer ersten Jahre in Amerika der Landesverhältnisse ganz unkundig waren und daher die Flucht nicht wagten, teilweise auch daraus — wenigstens im Norden und in den mittleren Kolonien —, dass die Servants so gut behandelt wurden, dass ihnen die mit Anstrengungen und Gefahren erkaufte Freiheit als ein minder grosses Gut erscheinen musste. Gerade der Umstand, dass das Gesinde so leicht davonlaufen konnte, musste für die Herren ein Antrieb sein es gut zu halten. Die flüchtigen Negersklaven, von denen weiter unten gesprochen werden soll, waren schon wegen ihrer Hautfarbe weit leichter zu ergreifen und bei jedem umherlaufenden Neger wurde zudem präsumiert, dass er entwichen sei. Bei den Weissen, welche die Herren des Landes waren, wäre aber eine solche Präsumption widersinnig gewesen. Der weisse Knecht, welcher seine Zeit abgedient hatte, erhielt zwar über diese Thatsache ein Certificat, welches die Behörde bescheinigte, daraus folgte aber noch keineswegs, dass derjenige Weisse, welcher ein solches nicht vorweisen konnte, als flüchtig angesehen wurde, da es genug freie Weisse gab, welche niemals gedient hatten.[25]

Eine erhebliche Macht übte der Herr über den dienstbaren Knecht oder die Magd dadurch aus, dass deren Heirat von seiner Erlaubnis abhängig gemacht war. Wurde eine nach den Gesetzen der Kolonie für die Freien gültige Ehe abgeschlossen, so bedeutete der mangelnde Consens jedoch nicht die Nichtigkeit der Ehe. Dagegen traten empfindliche Strafen für die Schuldigen ein und auch die Geistlichen, welche wissend die unerlaubte Trauung vorgenommen hatten so wie die Trauzeugen waren strafbar. Die Sühne für Knecht und Magd bestand in der Verlängerung der Arbeitsknechtschaft, in Nordkarolina z. B. betrug dieselbe nach dem Gesetz von 1741 ein Jahr, in Virginia seit 1642 für den Knecht ein Jahr, für die Magd die doppelte Arbeitszeit, welche letztere Strafbestimmung 1657 auf ein Jahr ermässigt wurde. Wollte ein Freier eine noch zum Dienst verpflichtete Magd heiraten, so musste er sie loskaufen und dann gewiss einen sogenannten Liebhaberpreis bezahlen. Dieser Frauenkauf ist häufig vorgekommen, weil damals schon mehr Männer als Frauen in Nordamerika einwanderten. Nicht selten kam es vor, dass ein Farmer ein einwanderndes Mädchen als Magd kaufte mit der Absicht es zu heiraten. Wenn ein freier Mann in Virginia eine dienende Magd ohne die Erlaubnis ihres Herrn zur Frau nahm, so musste er den doppelten Kaufpreis, welcher bei der indenture ausgemacht worden war, dem Herrn und 500 ℔ Tabak — dem üblichen Tauschmittel — der Kirche als Strafe entrichten.

Nach den Gesetzen des 18. Jahrhunderts konnten in den meisten Kolonien die dienenden Ehegatten, selbst wenn die Ehe ohne den Consens des Herrn erfolgt war, nicht in der Weise getrennt werden, dass sie auf verschiedenen Landgütern dienten. Mit den Kindern wurde es anders gehalten. Wenn auch häufig der wohlhabende Farmer die Arbeitskraft der ganzen Familie zu längerem Dienst kaufte, so finden wir doch auch Klagen über die grausame Trennung der Eltern von den Kindern nach dem Abschluss des Vertrages, die oft für das ganze Leben gewesen sei.

Übrigens hatte, was freilich nicht oft vorgekommen sein mag, jeder freie Mann das Recht seine Kinder in Dienst zu geben. Er that dies vielleicht, wenn er selbst kein Hauswesen hatte, um sie vom Dienstherrn erziehen zu lassen, dem sie dann als Entgelt, sobald sie arbeitsfähig waren, Arbeit zu leisten hatten. Dies war einer der Fälle, bei welchem dem Dienstkontrakt kein Schuldverhältnis zu Grunde lag. Von Indianern wird das Verdingen der Kinder gegen Geldzahlung, öfters berichtet, in Virginien musste der Vertrag darüber vor zwei Friedensrichtern abgeschlossen und das Kind christlich erzogen werden.

Wenn eine Magd ein aussereheliches Kind gebar, wurde sie mit der Verlängerung ihrer Knechtschaft bestraft, sowohl um den Herrn für einen durch die Geburt veranlassten Ausfall der Arbeit zu entschädigen, als auch wegen des Deliktes der Unzucht, als deren Folge eine solche Geburt angesehen wurde. Auch der Knecht, welcher der Vater des Kindes war, wurde nach virginischem Recht mit Mehrarbeit bestraft, der freie Mann, welcher im gleichen Falle schuldig befunden wurde, hatte den Arbeitswert eines Jahres dem Herrn der Magd zu entrichten.[26]

Während die Sklaverei lebenslänglich war, erlosch die Dienstbarkeit stets nach dem Verlauf von einigen Jahren. Die Anzahl derselben, welche meist in dem Kontrakt stand und in einigen Kolonien auch mit diesem öffentlich registriert wurde, hing zunächst von der Geldsumme ab, welche abzuarbeiten war. Wenn dieselbe gross war, so dauerte der Dienst lange, wenn gering, kurz. Da nun die Schuld meist aus dem nicht gezahlten Überfahrtsgeld von Europa nach Amerika herrührte, so hatten diejenigen, welche von weit herkamen, länger zu dienen als solche, deren Reise kürzer gewesen war, die Deutschen also länger als die Engländer, Iren und Schotten. Auch schwankte der Preis der Überfahrt nach der Konjunktur des Verkehrs und nach den Einrichtungen, besonders der Verpflegung, welche auf den Schiffen geboten wurde und erhöhte sich auch oft durch Erpressungen habgieriger Kapitäne und Rheder. Die im Kontrakt festgesetzte Arbeitsdauer hing ferner von der Geschicklichkeit und von den Kenntnissen der Dienstbaren ab, indem z. B. gelernte Handwerker ihre Schuld schneller abverdienen konnten, als gewöhnliche ländliche Handarbeiter. Im allgemeinen dienten die erwachsenen Servants 3—6, ausnahmsweise 6--8 Jahre. Kinder blieben meist länger in der Dienstbarkeit 10, 12, 14 Jahre, je nach dem Alter in welchem sie in dem Hause des Herrn aufgenommen worden waren. Da sie vor dem 14. Jahre zur Arbeit kaum zu brauchen waren, aber doch erhalten werden mussten, so ist der längere Dienst als eine Entschädigung für den aufgewandten Unterhalt, und die Erziehungskosten anzusehen.

Die Gesetzgebung griff im Interesse der Dienenden und vor allem um die Einwanderung zu beschleunigen vielfach in diese Zeitbestimmungen ein, besonders derjenigen, welche oben als „sold for the custom“ bezeichnet worden sind. Wurde ein Dienstvertrag abgeschlossen, aus dem sich die Zahl der Jahre nicht oder nicht deutlich ergab, so galt die Arbeitszeit, zu welcher diejenigen verpflichtet wurden, die ohne indenture in den Dienst getreten waren. Die Gesetzgebung hatte nun weiter die Wirkung, dass in den Verträgen regelmässig das Maximum der Zeitdauer nicht höher gesetzt wurde, als durch sie ausgesprochen worden war. Eine absolute Maximalarbeitszeit, welche kontraktlich nicht erhöht werden konnte, bestand nur seit 1652 in Rhode Island, war praktisch aber ohne Bedeutung geblieben, da sie den hohen Satz von zehn Jahren betrug. In mehreren Kolonien war die relative Maximalarbeitszeit, d. h. die, welche eingehalten wurde, falls im Kontrakt nichts festgesetzt worden war, gewohnheitsrechtlich geregelt, wie z. B. in Pennsylvanien, New York und Massachusetts. Sie schwankte zwischen 5 und 8 Jahren für die Erwachsenen, junge Leute hatten bis zum 18., 21., oder 24. Jahre zu dienen.[27]

Über die Behandlung der Servants enthalten die Kolonialstatuten eine Anzahl Vorschriften,[28] von denen aber nur der Teil eine praktische Bedeutung hatte, welcher genügend scharf formulirt worden war. Dahin gehörte das Gesetz von Südkarolina (1712), welches die Feldarbeit am Sonntag unbedingt verbot, ferner ein solches, welches bei bestimmten Verletzungen durch den Herrn, wie Ausschlagen der Augen oder Zähne die Freiheit des Servant forderte oder welches das Züchtigungsrecht genau fixierte z. B. 10 Schläge und nicht mehr gestattete. Dagegen waren solche Vorschriften, welche ganz allgemein die Misshandlung verboten oder genügend Nahrung und Kleidung zu geben geboten, ohne rechten Werth, denn dabei blieb das meiste der Gewohnheit überlassen. Bei der Behandlung der Knechte und Mägde war auch die Sitte schon deshalb entscheidend, weil in den dünn bevölkerten Kolonialgebieten von einer Aufsicht durch die Behörde wenig zu erwarten war. Sie wurde besonders durch die Produktions- und Konsumtionsverhältnisse, welche in den einzelnen Niederlassungen bestanden, durch die Eigenart der Herren, durch die kirchlichen Zustände, und durch das Dasein der Negersklaverei des Näheren bestimmt.

Die von dem Knecht zu leistende Arbeit war in dem Kontrakt nur ganz im Allgemeinen normiert, es heisst z. B. in den erhaltenen Vertragsurkunden, dass der Verpflichtete „alle ihm anzuweisende Knechtsdienste treu und rechtschaffen leisten werde“. Es war somit fast Alles dem

Herrn überlassen, und dieser richtete sich nach den Anforderungen des Herkommens und der Zweckmässigkeit zu wie viel und in welcher Arbeit er den Knecht anhalten wollte. Zunächst galt überall dort, wo gemeindliches und damit kirchliches Leben nur einigermassen entwickelt war, der Grundsatz, dass der Sonntag und kirchliche Feiertag ein Ruhetag sei und dies trat am schärfsten in den Ansiedelungen hervor, deren Gründung auf religiöse Motive zurückzuführen war. Ich erinnere an die Puritaner und die Quäker. Vielfach wurde auch am Vorabend des Sonn- und Feiertags keine Arbeit verlangt. Die Beschäftigung der Servants bezog sich auf alle gelernten und ungelernten Verrichtungen, welche die damalige Produktionstechnik mit sich brachte, vor allem auf die Landwirtschaft, dann aber auch auf alle Arten des städtischen Handwerks, auf die beginnenden Manufacturen, auf den Handel, ferner auf die häusliche Bedienung und, besonders im Süden, auch auf die Luxusbedürfnisse der Wohlhabenden, auf die Jagd, das Fahren und Reiten. Auf den kapitalkräftigen Grossbetrieben von Maryland und Virginien finden wir bei der dort entwickelten Arbeitsteilung weisse Servants als Aufseher und Buchhalter. Öfters sind sie höher gebildete Leute und werden selbst als Erzieher und Lehrer angestellt. Damit stimmt überein, dass von den Volksvertretern und Staatsbeamten berichtet wird, dass sich unter ihnen nicht selten Leute befunden haben, welche früher gekauft und auf Jahre zu Privatdiensten verpflichtet gewesen seien.

In allen Kolonien wurde seit deren Beginn von den Servants eine höchst angestrengte und andauernde Thätigkeit verlangt, weil der Herr selbst fleissig war und fleissig sein musste, wenn die Kultivirung des Neulandes sich erfolgreich gestalten wollte. Als dann am Ende des siebenzehnten Jahrhunderts der Unterschied zwischen Farmer und Plantagenbesitzer deutlich hervortrat, änderte sich in dieser Anforderung nichts, doch waren die Motive bei beiden nicht die gleichen. Während die energischen Anbauer wie ehedem streng arbeiteten, und daher die Arbeit auch von ihrem Gesinde verlangten, durfte der Servant des Plantagenherrn nicht rasten, um dessen brennenden Wunsch nach mehr und immer mehr Luxus und Reichtum zu befriedigen. Bei den gleichen Ansprüchen an den Knecht ist nicht vergessen, dass die Verschiedenheit der sie bestimmenden Motive zwei ganz verschiedene soziale Gestaltungen in sich schliesst. Der nördliche Landbauer und seine Familie schafften mit dem Knechte zusammen auf dem Felde und im Walde und teilten Freude und Leid mit ihm, welche die Arbeit oder die sie umgehende Natur bringen mochten. Der vornehme Herr des Südens dagegen sah als der Grossbetrieb sich erfolgreich gestaltete, in seinem weissen Knecht, nur den Handarbeiter, und später, als die Sklaverei Umfang gewann, nur eine höher qualificierte Arbeitskraft dem Neger gegenüber, welche einen bestimmten Kapitalwert vorstellte und einen bestimmten Ertrag geben sollte.

Überall wo in den Kolonien viele Negersklaven beschäftigt waren, und dies war erst so seit dem Beginn des vorigen Jahrhunderts, litt der weisse Knecht unter den Folgen, welche die Sklaverei auf sittlichem und ökonomischem Gebiete nach sich zog, daher denn die Lage der Servants sich von 1620—1720 verschlechtert hatte. Der grosse Unterschied der Rassenverschiedenheit aber zwischen Negersklaven und weissem Knecht verlor niemals seine Bedeutung. Wenn auch unter der Sklaverei, wie weiter unten gezeigt werden soll, keineswegs eine gleichmässige Behandlung der Sklaven durch die Herren üblich war, so war doch immer die Überzeugung vorhanden, dass der Afrikaner einer niederen Menschenart angehöre und dem entsprechend auch nur minder geachtet zu werden brauche. Die Rassenabneigung und die Rassenverachtung bestand aber nicht zwischen dem eingewanderten Herrn und eingewanderten weissen Diener, die sich beide gleichen Ursprungs däuchten.

Die verschiedene Behandlung der Servants bei dem Farmer und dem Plantagenbesitzer tritt vielleicht noch schärfer als bei der Arbeit, bei der Beköstigung, Kleidung und Wohnung hervor, welche ihnen geboten wurde. Sie hatten auf dem neuenglischen oder pennsylvanischen Landgut oft genug eine allgemeine Bildung, welche sich von derjenigen, ihrer Herrschaft nicht weit entfernte. War doch diese vielleicht erst ein oder zwei Jahrzehnte in der neuen Welt und vom Dienen zum Befehlen auf einer kleinen Farm aufgestiegen. Überlegen war sie dem gekauften Knecht zwar durch den Besitz und durch die Kenntnisse der technischen und sozialen Verhältnisse des amerikanischen Kolonistenlebens, aber solches Wissen erwarb dieser mit der Zeit auch und kam damit in die Lage, sobald er frei war, selbst Besitz zu erwerben. Die annähernde Gleichheit des geistigen Niveaus bei Befehlendem und Gehorchenden, das auf den vielen isolirt liegenden Gütern aus Mangel an sonstigem sozialem Kontakt nur wenig und langsam gehoben oder verschoben werden konnte, erzeugte ähnliche Lebensbedürfnisse und bildete damit einen ethisch gerechtfertigten Anspruch auf ähnliche Lebenshaltung. Derselbe konnte, wenigstens nach manchen Richtungen hin, auch unschwer befriedigt werden. Denn in den entstehenden Ackerbaukolonien jener Zeit, in denen meist die Strassen für den Absatz der Produkte fehlten oder schlecht waren, bestand Überfluss an Lebensmitteln allerlei Art, die keinen Tauschwert hatten, da sie nicht umgesetzt werden konnten, und Mangel an Luxusgütern, über welche die höheren Gesellschaftschichten des Mutterlandes verfügten. Das amerikanische Farmhaus des vorigen Jahrhunderts war so einfach eingerichtet, dass zwischen Herren- und Gesindestube kein grosser Unterschied bestand. Die Beköstigung bei den gemeinsamen Mahlzeiten war für alle fast dieselbe, da an Korn, Fleisch, Gemüse, Milch, Butter und Obst nicht gespart zu werden brauchte, während feine Produkte von auswärts — einige Getränke vielleicht ausgenommen — auch für den Landwirt selbst nicht vorhanden waren. Äusserlich erkennbar, wenigstens an Sonn- und Feiertagen, war der Farmer, seine Frau und Kinder an der Kleidung, indem auf niederer Wirtschaftsstufe das Luxusbedürfnis sich besonders dem Schmuck des Körpers zuwendet, und eigenartige und wertvolle Tracht den Stolz der Landschaft bildet. Wegen ihres Wertes und geringen Volumens konnten dahinbezügliche Waren vom Auslande importiert und für diejenigen Güter, wie Vieh, Felle, Häute, ausgetauscht werden, bei denen sich ebenfalls die Verschickung lohnte. Wenn man schliesslich bedenkt, dass diese Landleute nur wenige Landarbeiter oder Dienstboten halten konnten und daher ihr Verkehr mit allen ein ununterbrochener war, so wird man nicht fehlgehen, wenn man die Arbeitsknechtschaft der Weissen in den nördlichen und mittleren Kolonien, trotz mancher strenger Gesetze über dieselbe, als eine milde Form der Abhängigkeit bezeichnet, als ein patriarchalisches Verhältnis, unter dem die Kinder des Herrn und die Dienstleute nebeneinander und miteinander arbeiteten und sich erholten.

Anders lagen die Dinge in den südlichen Staaten. Bildung und Lebenshaltung der durch den Export der südlichen Produkte reichen Grundbesitzer waren ganz abweichend von denjenigen der armen Einwanderer, aus denen, wenn sie sich nicht westwärts zum Kleinfarmertum wandten, später als der Reichtum durch die Baumwollkultur noch zunahm, die verachtete Klasse des „poor white trash" geworden ist. Auf den grossen Gütern Marylands finden wir bei dem Beginn der Kolonie 20—30 weisse Knechte, ausnahmsweise sogar 60 beschäftigt. Wo solche Schaaren von Arbeitern zusammen waren, war wenig gesellige Berührung mit der Herrschaft möglich. Sie standen aus diesem Grunde in Beköstigung und Wohnung hinter ihren nördlichen Standesgenossen zurück, bezüglich der ersteren schon, weil die Nahrungsproduktion diejenige der Exportgüter an Bedeutung lange nicht erreichte und gelegentlich der Plantagenbesitzer mit erheblichen Kosten Lebensmittel vom Norden einkaufen musste. Die Dienstboten, welche um den Herrn oder die Herrin beschäftigt waren und das Vertrauen derselben genossen, hatten es im Ganzen besser als die Feld-Arbeiter, empfanden aber das drückende ihrer Stellung weit mehr als die Leute im Norden bei gleicher Thätigkeit.

Dass unter dem Einfluss der zunehmenden Negersklaverei die Lage der weissen Servants im Süden schlechter geworden ist, lässt sich aus dem Vergleich von Berichten aus verschiedenen Zeiten des siebzehnten Jahrhunderts mit einiger Sicherheit schliessen. Noch um 1650, 1660 scheint im Allgemeinen die Gesamtlage der Dienstbaren in Maryland eine ziemlich günstige gewesen zu sein. Im Sommer dauerte die Arbeit fünf und einen halben Tag die Woche, in der heissen Zeit war um Mittag eine Arbeitspause von drei Stunden, Frauen wurden bei der Feldarbeit überhaupt nicht verwandt. Im Winter gab es wenig zu thun und die Knechte vergnügten sich wie ihre Herren auf der Jagd. Lehrlinge und Arbeiter in England, wurde behauptet, hätten mehr zu arbeiten und weniger zum leben als die indented Servants in Lord Baltimores Kolonie. Die Zahl der Negersklaven war damals hier sowohl wie in Virginien noch gering — so gering, dass die Gesetzgebung es nicht der Mühe wert erachtete, sich im besondern um sie zu kümmern. Erst 1663 wird in Maryland, 1656 in Virginien das Wort Sklave im Gesetz genannt. 1648 betrug die Bevölkerung von Virginien 15000 Menschen, darunter waren 300 Sklaven. Treffen in einem Lande auf vielen Gebieten oder auch nur in einigen Geschäftszweigen, in denen auf Absatz produziert wird, Arbeiter verschiedener Nationalität oder Rasse mit verschiedener Höhe der Lebenshaltung zusammen, so wird auf die Dauer der Zeit stets diejenige Lebenshaltung für alle mit gleicher Arbeit so ziemlich entscheidend sein, welche die überwiegende Majorität ausmachen. Das hat z. B. die chinesische Einwanderung in Californien, die italienische in Argentinien gelehrt. Nicht anders war es in den südlichen Kolonien Nordamerikas damals, in denen nicht Lohnarbeiter mit einander konkurrierten, sondern auf Jahre oder für die Lebenszeit gebundene Knechte. Der für den Export produzierende Unternehmer suchte die billigste Arbeitskraft und fand sie in den Negersklaven, die in Maryland um 1710, in Virginien um 1715 schon ein Viertel der Bevölkerung erreichten.

Damals verglich eine Frau, welche bei einem Pflanzer in Maryland dienstbar war, ihr Leben mit ihrem früheren in England mit diesen Worten:

Da trug ich noch kein sklavisch Hemd,
Da war mein Kleid noch modisch neu
Zweimal im Jahr; das ist vorbei,
Muss täglich jetzt baarfüssig stehn,
Muss jäten und Schweine füttern gehn,
In steter Arbeit und Herzeleid
Trübselig so verrinnt die Zeit.

Es ist begreiflich, dass sich unter diesen Verhältnissen die weisse Einwanderung mehr und mehr von dem Süden abwandte, obgleich die dortigen Regierungen eifrigst bemüht waren, die rechtliche und faktische Lage der indented Servants zu heben. Je mehr sich nun ein Ausfall an weissen Arbeitern fühlbar machte, um so mehr wurde ein Ersatz in Afrikanern gesucht und je mehr diese die eigentliche Klasse der Landarbeiter bildeten, um so weniger konnten die auswandernden Europäer die Neigung haben, sich dort hinzuwenden. Die konstante Zunahme der schwarzen Bevölkerung erschien den Herren des Landes, obgleich das Konkurrenz- und Produktionsinteresse sie forderte, als eine stets wachsende Gefahr, so dass als Gegengewicht weisse Diener, aus denen Polizisten, Milizen und Aufseher werden konnten, in grösserer Menge stets höchst erwünscht waren. Aber eine volle Erfüllung dieses Wunsches wäre nur möglich gewesen, wenn das ganze Produktionssystem geändert worden wäre.[29]

SECHSTES KAPITEL.

DIENSTBARKEIT UND EINWANDERUNGSWESEN.

Wir wollen nun die Thatsachen aufsuchen, welche den Arbeiter veranlassten den Vertrag der Dienstbarkeit abzuschliessen. Es lassen sich hier folgende Richtungen unterscheiden:

1. Das freiwillige Eingehen des Kontraktes seitens eines Einwanderers zu dem Zweck, die Lebens- und Arbeitsweise in der Kolonie unter der Leitung und unter dem Schutz der Dienstherrschaft kennen zu lernen. Dieses Verhältnis kam nur selten vor, meist dann, wenn ein Einwanderer, welcher die Mittel besass, die Kosten seiner Reise zu decken, bei seiner Ankunft in Amerika die Meinung hatte, dass er als selbständiger Landwirt zunächst nicht fortkommen und als freier Lohnarbeiter keine ihm zusagende Stellung finden werde. Er liess daher an den Kapitän seine ganze Schuld oder auch nur einen Teil derselben — den Rest zahlte er dann selbst — von einem Amerikaner, der ihm als Lehrherr passte, zahlen, und nahm als indented Servant bei diesem Anstellung. Die Dienstzeit war in diesem Falle nicht lang, da sie durch den Willen des Arbeiters bestimmt wurde. Unter den nicht englisch sprechenden Einwanderern kam dieses Verhältnis öfter vor, als bei denen, welche die Landessprache kannten.[30]

2. Die freiwillige Verschuldung auswanderungslustiger Leute in der Heimat, denen die Mittel zur Überfahrt fehlten

und die Übernahme der Verpflichtung in Amerika durch Arbeit die Schuld zu tilgen. Der Vertrag wurde entweder mit den Beauftragten amerikanischer Arbeitgeber direkt abgeschlossen oder durch Vermittelung des Agenten einer Schiffahrtsunternehung, die den Auswanderer auf Kredit zu befördern versprach, so dass dieser, in seinem Bestimmungshafen angelangt, ein zweites Abkommen mit einem Dienstherrn treffen musste, um sich von dem ersten zu lösen. Über die Verleitung zu einer solchen Verschuldung durch gewissenlose Agenten habsüchtiger Rheder wusste man im 17. und 18. Jahrhundert gar viel zu erzählen, in England sowohl als in Deutschland, wo oft genug die Kleinstaaterei dem Treiben der viel Geld ausgebenden Auswanderungs-Werbern machtlos gegenüberstand[31].

3. Die unfreiwillige Verschuldung des Auswanderers auf der Reise nach Amerika und die Eingehung eines Dienstvertrages bei der Ankunft daselbst. Viele Auswanderer machten sich, durch betrügerische Berichte verleitet, ohne Kenntnis der Schwierigkeit des damaligen Reisens auf den Weg nach der neuen Welt und gerieten in arge Schuldabhängigkeit von den Kapitänen der Fluss- und Seeschiffe oder von den Rhedern in den Abfahrtshäfen. Um davon frei zu werden mussten sie sich in Amerika für Jahre verkaufen.

Bei der Mehrzahl der Arbeitskontrakte aus der Mitte des vorigen Jahrhunderts dürfen wir wohl annehmen, dass auf Seiten des Arbeiters die Zwangslage vorlag auf dieselben einzugehen. Diese Unfreiheit wurde einerseits hervorgebracht durch den Drang vieler gänzlich Unbemittelter aus Europa auszuwandern, der wiederum aus den damaligen politischen und socialen Zuständen zu erklären ist, andererseits durch die geschickte Ausnutzung seitens holländischer und englischer Grossunternehmer der Schiffahrt, welche in ähnlicher Weise wie die afrikanischen Sklavenhändler den Bedürfnissen der amerikanischen landbesitzenden Kolonisten entgegen kamen.

Aus einer Anzahl Berichte über das deutsche Auswanderungswesen jener Zeit soll in dem Folgenden der Versuch gemacht werden ein Bild davon zu geben, wie Arbeitsknechtschaft oft entstanden sein mag[32].

Die meisten deutschen Auswanderer kamen im vorigen Jahrhundert aus dem Südwesten des Reiches, besonders aus der Rheinpfalz, so dass in England und in Nordamerika Auswanderer aus Deutschland und Pfälzer gleichbedeutende Begriffe wären. Fr. Kapp erzählt in seiner Geschichte der deutschen Einwanderung in New-York von einem Berichte, in dem von einem „Palatinate from Holstein" gesprochen wird. In der Pfalz und in den angrenzenden Gebieten bestanden nach dem dreissigjährigen Kriege die traurigsten wirthschaftlichen Zustände, die durch die bald folgenden Einfälle der Franzosen noch verschlimmert wurden. Zudem war hier, bemerkt derselbe Schriftsteller, „eine bunte Musterkarte von geistlichen und weltlichen Stiften, freien Reichsstädten und Reichsdörfern, Grafen, Fürsten, Herren aller Art, die zu Dutzenden oft auf einer Quadratmeile Ludwig XIV. karrikirten und das schöne und fruchtbare Land in einem künstlichen Zustand ewiger Erschöpfung hielten". Hier machte sich ein starker Trieb zur Auswanderung unter socialem, politischem und fiskalischem Druck dauernd geltend. Besonders nahm an ihr die Bauernbevölkerung Anteil, welche nicht wie im Osten und zum Teil im Norden Deutschlands zum Zweck der Dienstleistungen an das Herrengut gebunden, sondern meist zinspflichtig war und ihre Abgaben ohne übergrosse Anstrengung ablösen konnte. Die norddeutsche Massenauswanderung nach Nordamerika beginnt erst nach der Bauernbefreiung. Erleichtert wurde der Fortzug der Südwestdeutschen durch die damals für den Personenverkehr so wichtige Strasse des Rheins, auf dem er bis zu den holländischen Seehäfen erfolgen konnte.

Von denselben aus entsandten die Rheder ihre Agenten, die sogenannten Neuländer[33], d. h. Deutsch-Amerikaner, welche die Zustände der Neuen Welt in dem rosigsten Lichte zu schildern wussten, um die Leute zur Auswanderung zu verleiten. „Die Neuländer", schreibt der Pfarrer Mühlenberg jun. von Amerika aus zur Warnung seiner Landsleute, „pflegen, so lange es die Aufführung der

Komödie erfordert, in Kleidern grossen Staat zu machen, die Taschenuhren fleissig zu besehen und in allen Stücken sich als reiche Leute aufzuführen, um die Leute nur desto begieriger zu machen in ein so glückliches und reiches Land zu ziehen. Sie machen solche Vorstellungen und Beschreibungen von Amerika, dass man glauben sollte es seien darin lauter Elisäische Felder, die sich selber ohne Mühe und Arbeit besamten; und als wenn die Berge voll gediegen Gold und Silber wären und die Brunnen nichts als Milch und Honig quöllen."

Die Neuländer, welche damals für jeden eingefangenen Auswanderer einen Dukaten als Provision bezogen, begleiteten ihre Beute den Rhein hinunter, um sie sicher abzuliefern, blieben im Winter in Holland und begannen ihr Geschäft im folgenden Frühling von Neuem. Auch alte und gebrechliche Leute wurden zugleich mit ihren jungen und kräftigen Kindern zur Auswanderung veranlasst, damit es scheine der Neuländer stehe bei seiner Vermittelung ganz uneigennützig da. Es erhöhten sich aber damit nur die Passagekosten, deren Betrag dann später mit Zinsen und Provisionen von den arbeitsfähigen Kindern abzuarbeiten war. Oft ist es vorgekommen, dass die Fortziehenden, nachdem sie ihr Häuschen oder ihren Acker verkauft hatten, den Erlös dem der Reise kundigen Agenten zur Aufbewahrung gaben, um dann nie wieder etwas davon zu sehen. Anderen wurde das Gepäck unterschlagen, so dass sie nicht einmal mit dem Nötigsten ausgestattet die Seereise antreten mussten[34].

Die Emigranten wurden damals so befördert wie heute Frachtstücke, deren Unkosten vom Empfänger zu bezahlen sind. Jeder hatte ein eigenes Konto. Dasselbe begann vielleicht mit einer geringen Verschuldung in der Heimat, dann kamen die Kosten der Rheinreise, des Aufenthalts in Holland, der Reise nach England, des Aufenthaltes daselbst, der Fahrt nach Amerika und des Aufenthaltes dort bis zum Verkauf, dazu die gesamte Beköstigung, allerlei Spesen für geleistete und nicht geleistete Dienste. Alle Posten wurden so hoch gesetzt, als das Geschäft nur vertragen konnte, und es wurden Verzögerungen und Schwierigkeiten der Reise geradezu aufgesucht, um die Provisionen zu erhöhen. So wuchsen die Auslagen zu einer stattlichen Summe an, die dann durch Arbeitsleistung zu ersetzen war.

„Die Reise währet", berichtet Gottlieb Mittelberger (vergl. Anm. 29), „von Anfang des Mayen bis Ende Octrobris. Die Ursache ist, weil die Rheinschiffe von Heylbronn aus bis nach Holland an 36 Zollstätten vorbey zu passiren haben, bey welchen die Schiffe alle visitirt werden, welches mit gelegener Zeit derer Zollherren geschieht. Unterdessen werden die Schiffe mit den Leuten lange Zeit aufgehalten, dass man vieles verzehren muss und bringt man demnach 4, 5, bis 6 Wochen zu. Wenn alsdann die Schiffe mit den Menschen nach Holland kommen, so werden sie daselbst gleichfalls 5—6 Wochen aufgehalten. Weil es allda sehr theuer ist, so müssen die armen Leute in dieser Zeit schier alles verzehren .... Die Schiffe haben von Holland nach Kaupp[35] (Cowes auf der Insel Wight ist gemeint) in England wegen contrairen Windes manchmalen 2, 3 bis 4 Wochen zu fahren. Daselbst wird alles visitirt und der Zoll entrichtet, da es dann geschieht, dass man daselbst 8, 10 bis 14 Tage oder länger vor Anker liegen muss, bis nur dann die Schiffe vollends eingeladen haben...... Von da müssen die Schiffe öftermalen erst 8, 9, 10 bis 12 Wochen nach Philadelphia fahren, wenn man nicht guten Wind hat. Aber auch bei dem besten Wind dauert die Fahrt 7 Wochen."

Über das Leben und die Behandlung der Reisenden auf den Seeschiffen erzählen die Berichterstatter jener Zeit von einander Abweichendes. Der Reisende von Bülow bemerkt darüber: „Die Abscheulichkeit einer Winterseereise für diese Leute, die sich verkaufen wollen und welche in dem, was man im Schiffe Steerage nennt, aneinander gepackt sind, lässt sich eher begreifen als beschreiben. Alles Ungemach trifft sie: Hunger, Durst, Kälte, Prügel, Ungeziefer, Schmutz, Krankheit und öfters die Pest." Mittelberger giebt eine genaue Beschreibung all des Elends und Jammers, welches er hat ansehen müssen. Es waren die Leute im Schiffsraum wie Heringe in der Tonne zusammengeladen, hatten Mangel an Lebensmitteln und Wasser und unter Frost, Hitze, Ungeziefer, Krankheiten zu leiden. Viele starben während der Fahrt, die Überlebenden kamen gänzlich entkräftet in Amerika an. Der Pfarrer Kuntze sagte in einer 1788 vor der deutschen Gesellschaft in Philadelphia gehaltenen Rede, dass von 900 Personen, die in Holland eingeschifft wurden, 400 unterwegs gestorben seien. „Es kam häufig vor, dass im Hafen schon die Auswanderer wegen schlechter Verpflegung zu Hunderten starben, so wurden u. A. im Jahre 1784 in Amsterdam, ehe das Schiff nur reisefertig war, 315 Passagiere von 1230 begraben. Es war etwas ganz gewöhnliches, dass der Kapitän um einer Hungersnot vorzubeugen, vom Tage der Abfahrt an nur halbe und später sogar nur viertel Rationen verteilen liess“.[36]

Es kam aber den Rhedern und Kapitänen nicht bloss darauf an, die Ladung möglichst billig nach Amerika zu schaffen, sondern auch in solchem Zustande, dass es viel dabei zu verdienen gab. „Je mehr Frachten“ schreibt Mühlberg jun. 1787 nach dem Freiheitskriege, als eine starke Nachfrage nach Servants in Amerika bestand, „an Personen der Kaufherr und Kapitän in ein Schiff bringen können, desto vorteilhafter ist es, wenn sie nicht unterwegs sterben; sonst thut es wohl Schaden. Dahero werden die Schiffe reinlich gehalten und allerlei Mittel gebraucht um die Menschen beim Leben zu erhalten und gesunde Ware zum Markt zu bringen“.[37]

Bei der Beförderung dieser Auswanderer werden wohl die Unternehmer ähnlich wie bei dem afrikanischen Sklavenhandel kalkuliert haben: War viel Ware vorhanden und der Preis gedrückt, so wurde auf das Individuum wenig Rücksicht genommen und es galt die Gesamtkosten möglichst zu reduzieren, anders wenn die Preise hoch standen. Dann lohnte sich der gemachte Aufwand, der mit Zinsen und Zinseszinsen von dem amerikanischen Käufer vergütet wurde.

„Wenn die Schiffe bei Philadelphia“ fährt Mittelberger fort „nach der so langen Seefahrt angelandet sind, so wird Niemand herausgelassen, als welche ihre Seefrachten bezahlen oder gute Bürgen stellen können, die andern, die nichts zu bezahlen haben, müssen noch so lange im Schiff liegen bleiben, bis sie gekauft und durch ihre Käufer losgemacht werden. Wobey es die Kranken am schlimmsten haben, denn die Gesunden werden allezeit und mithin zuerst erkauft, da dann die elenden Kranken vielmals noch 2 bis 3 Wochen vor der Stadt auf dem Wasser bleiben und öfters sterben müssen".[38]

Sobald die Auswanderer in Amerika angekommen waren, liess der Kapitän durch Zeitungen bekannt machen, es sei eine Anzahl Arbeiter, gelernte und ungelernte, zu verkaufen, worauf diejenigen, welche solcher bedürftig waren, zum Schiffe hinströmten.[39] „Der Menschenhandel auf dem Schiffmarkt", berichtet Mittelberger weiter, „geschieht also: Alle Tage kommen Engelländer, Holländer und hochteutsche Leute aus der Stadt Philadelphia und sonsten aller Orten zum Teil sehr weit her, wohl 20, 30 bis 40 Stunden Wegs und gehen auf das neuangekommene Schiff, welches Menschen aus Europa gebracht und fail hat und suchen sich unter gesunden Personen die zu ihren Geschäften anständigen heraus und handeln mit denenselben, wie lange sie vor ihre auf sich habende Seefracht, welche sie gemeiniglich ganz schuldig sind, dienen wollen .... Viele Eltern müssen ihre Kinder selbst verhandeln und verkauffen wie das Vieh, damit nur die Eltern, wenn die Kinder ihre Frachten auf sich nehmen, vom Schiff frey und los werden .... Ein Weib muss vor ihren Mann, wenn er krank hinkommt und ebenso ein Mann muss vor sein krankes Weib stehen, und die Fracht auf sich nehmen und also nicht nur allein vor sich, sondern auch vor seinen kranken Ehegatten 5—6 Jahre servieren. Liegen aber beede krank, so kommen solche Personen vom Schiff ins Kranken-Hauß, ehe aber nicht als bis sich vor dieselben gar kein Käufer findet. Sobald sie gesund sind, müssen sie vor ihre Fracht dienen .... Wenn aber halb Wegs auf der See ein Ehegatte von dem andern gestorben, so muss das hineinkommende nicht allein vor sich, sondern auch noch vor das Verstorbene servieren. Wenn beede Eltern auf dem Meer über halbwegs von ihren Kindern gestorben, so müssen solche Kinder, sonderlich, wenn sie noch jung sind und nichts zu versetzen oder zu bezahlen haben, vor ihre samt der Eltern Fracht servieren, bis sie 21 Jahr alt sind."

„Wenn etwa", belehrt uns Mühlenberg jun., „Eltern auf dem Schiffe starben und Kinder hinterliessen, so pflegten die Herren Capitains und verständigsten Neuländer als Vormünder und Waisen-Väter zu agieren, die Kisten und Hinterlassenschaft in sichere Verwahrung zu nehmen und wenn die Waisen ans Land kamen, wurden sie für ihre eigene und ihrer verstorbenen Eltern Fracht verkauft und die gar zu kleinen verschenkt und ihrer Eltern Nachlassenschaft ging gerade auf für die vielerlei gehabte Mühen der Vormünder."

Wurde in dem Landungsorte des Auswanderer-Schiffes die Ladung nicht ganz verkauft, so kam es vor, dass der Rest von einem Geschäftsmanne übernommen wurde, welcher durch das Land von Hof zu Hof zog, um seine Auslöslinge einzeln abzusetzen. Alte oder gebrechliche Leute, welche Niemand kaufen wollte und für die keine Kinder eintreten konnten, wurden schliesslich frei gelassen und fielen der privaten oder öffentlichen Armenpflege anheim.[40]

Wenn wir auf die geschilderten Vorgänge während der Reise und bei der Ankunft in Amerika zurückblicken, so wird es verständlich, warum die Einwanderer sich nur gar zu oft in die Zwangslage versetzt sahen, einen Dienstkontrakt auf Jahre abzuschliessen, deren um so mehr wurden, als die Auslöslinge von Geld und Existenzmitteln entblösst dastanden.

Die kolonialen Gesetzgebungen haben, wie erwähnt, manches gethan, um die Lage der Dienstbaren während der Dienstzeit zu verbessern und zwar vermutlich aus dem Grunde, um die Einwanderung nicht abzuschrecken nach Amerika zu kommen, den Menschenhandel selbst aber wollten sie nicht verbieten, weil sie ohne denselben keine Macht zu haben glaubten, die Ankömmlinge im Dienst festzuhalten. Nur gegen die Auswüchse der Auswanderungs-Vermittelung wandten sie sich öfters, wenn sie auch keineswegs immer Erfolg damit hatten, weil England im Interesse seines Handels und der erhobenen Abgaben eine solche Kontrole nicht dulden wollte.

Bei dem Geschäft mit den aus Europa gebrachten Arbeitsknechten verfolgte der englische Kaufmanns- und Rhederstand eine ähnliche Praxis wie bei dem afrikanischen Sklavenhandel. Ebenso wie die Sklaverei ging die bisher dargestellte Dienstbarkeit aus den wirtschaftlichen Bedürfnissen der Kolonisten hervor. Der Handel entsprach denselben zunächst, ging später aber darüber hinaus und suchte seinen Vorteil, durch immer neuen Import von Irländern, Schotten und Engländern, auch dann, wenn die Kolonialverwaltungen gegen die zu grosse Menge oder die Beschaffenheit der zuziehenden Arbeiter Einspruch erhoben. Während in der Blütezeit des englischen Merkantilsystems der afrikanische Handel nach den nordamerikanischen Kolonien zu Gunsten des Mutterlandes monopolisiert war, blieb Holland bei der Einführung der indented Servants der gestattete Konkurrent und zwar nicht blos aus dem fiskalischen Grunde, weil die holländischen Schiffe via England gehen und dort Abgaben entrichten mussten, sondern auch weil es die englische Regierung und die englischen Fabrikanten nicht ungern sahen, dass ungebildete deutsche Landarbeiter in Nordamerika einwanderten, durch welche die Landwirtschaft nicht aber die Manufakturbestrebungen gefördert werden würden.

Wenn die Kolonien einen Zoll bei dem Einbringen von Auslöslingen auflegten, so war freilich nicht immer damit eine prohibitive Wirkung beabsichtigt, da solche Abgaben auch wohl einen finanziellen Charakter trugen. Meist wollte man unbrauchbare Einwanderer fernhalten oder auch wohl nicht englische, da sich schon im vorigen Jahrhundert in einzelnen Kolonien nationale Gegensätze zu regen begannen. So wurde 1729 in Pennsylvanien ein Gesetz gegen den Andrang der Fremden erlassen mit der Motivierung „es sei Absicht zu verhindern, dass aus einer englischen Anpflanzung eine Kolonie von Fremdlingen werde“, wobei man an Deutsche und Irländer besonders dachte, deren Einwanderung man ebenso ungünstig als die Zwangeinfuhr englischer Verbrecher beurteilte. Für die irländischen Dienstboten waren 20 sh., für alle sonstigen Fremdlinge 40 sh. zu entrichten. 1730 wurde auf englisches Betreiben das Gesetz widerrufen, dann aber ein neues erlassen, das sich nur „gegen arbeitsunfähige oder sonst dem gemeinsamen Wesen zur Last fallenden Personen“ wandte, für welche der Kapitän, der sie brachte, Bürgschaft zu leisten hatte. 1738 erklärte der Gouverneur Pennsylvaniens die deutsche Einwanderung für das Land segensreich und in den folgenden Jahrzehnten wird von einer grösseren Pfälzereinwanderung denn je berichtet.[41]

Eine Visitation der ankommenden Schiffe durch die Gesundheitsbehörde von Philadelphia war um die Mitte des achtzehnten Jahrhunderts zum Schutze der angesessenen Bevölkerung üblich, später, besonders seit dem Gesetz von 1765, aber auch im Interesse der Ankömmlinge. In den Schiffen sollte für jeden Passagier genug Raum vorhanden sein, und ein Arzt sich auf denselben befinden. Es wurde ausserdem bestimmt, dass die Preise der auf dem Schiff an die Passagiere verkauften Waaren durch die Behörde festgesetzt würden, dass die Kapitäne für das vom Reisenden eingebrachte Gepäck Empfangsscheine zu geben hätten, dass den der englischen Sprache nicht mächtigen Fremden bei der Ankunft ein Dollmetscher zur Verfügung gestellt werde, und dass der Besitz der Einwanderer, mit welchem sie ihre Fracht bezahlen wollten, unter der Aufsicht eines Beamten verkauft würde.[42]. So war den schlimmsten Missbräuchen auf den Einwanderer-Schiffen entgegengearbeitet, aber die Durchführung des Gesetzes scheint oft genug mangelhaft gewesen zu sein, so dass der von den Deutschen in Pennsylvanien 1764 zum Schutze ihrer einwandernden Landsleute gegründete Verein „die deutsche Gesellschaft von Pennsylvanien“, der sehr segensreich gewirkt hat, noch manche Aufgabe zu erfüllen hatte. Auch in der Stadt New York trat 1784 eine Anzahl angesehener Deutscher zusammen, um einen Schutzverein nach dem pennsylvanischen Muster zu schaffen, welcher ebenfalls den deutschen Einwanderern von grossem Nutzen gewesen ist.[43]

Die deutschen Gesellschaften sorgten zunächst dafür, dass die Kapitäne die Schiffspassagiere nicht ausbeuteten und sich durch die gesetzlichen Vorschriften gebunden erachteten, die zum Wohl derselben erlassen worden waren. Sie gewährten ferner bei dem Abschluss des Arbeitsvertrages ihren Beistand, vor allem damit nicht der der Landessprache Unkundige Verpflichtungen unterzeichnete, an die er niemals gedacht hatte, wogegen ihn auch der Umstand nicht schützte. dass die Verhandlung vor einer amerikanischen Behörde vor sich ging. Denn dieselbe bestand meist aus Personen, welche des Deutschen nicht mächtig waren und niemals erfuhren, was der Arbeiter beanspruchte, denen auch wohl nachgesagt wurde, dass sie an dem Import von Deutschen geschäftlich beteiligt seien und daher möglichst viel bei ihrer Lieferung zu verdienen hofften. Die deutschen Gesellschaften bemühten sich schliesslich in das Arbeitsverhältnis direkt in der Weise einzugreifen, dass sie die Servants gegen etwaige Misshandlungen der Herren und gegen die Zumutungen längeren Dienens als zulässig war, schützten. Sie nahmen sich der dienstbaren Kinder an, untersuchten, ob dieselben auch den Unterricht erhielten, der ihnen zugesichert worden war, ob ihnen der Kirchenbesuch gestattet und ob ihnen genug Nahrung und Kleidung gewährt werde. Sie konnten hierbei insofern etwas erreichen als sie Ungehörigkeiten an die Öffentlichkeit brachten, noch mehr aber dadurch, dass sie die Staatslegislatur zu wirksamen Maasregeln veranlassten.

SIEBENTES KAPITEL.

DIE BESEITIGUNG DER DIENSTBARKEIT IN NORDAMERIKA.

Sobald der weisse Knecht seine Arbeitsjahre abgedient hatte, war er seinem Herrn sowohl privat- als auch öffentlich-rechtlich gleichgestellt. Jeder Einwanderer hatte nach seiner Ankunft der englischen Krone einen Huldigungseid zu leisten, worauf er als naturalisiert angesehen wurde. Die politischen Rechte eines Bürgers, insbesondere für Staat und Gemeinde, Wählen und Gewähltwerden standen aber nur den völlig freien zu, also dem Auslösling nach der Beendigung der Dienstbarkeit.

Die ökonomisch soziale Lage der freigewordenen gestaltete sich in den Kolonien nicht ganz gleichmässig. Gelernte Handwerker suchten dort, wo Städte waren, vor allem sich zu etablieren oder auch gegen Lohn Beschäftigung. Fehlte ihnen diese, so gingen sie auch in das Innere des Landes eine Farm zu begründen. Das Streben der landwirtschaftlichen Arbeiter war fast durchweg auf eine solche Existenz gerichtet, natürlich glückte dieselbe nicht allen, aber dort, wo kleiner und mittlerer Betrieb war, bestand für jeden fleissigen nicht ganz unbemittelten Arbeiter die begründete Hoffnung darauf. In den südlichen Staaten konnte der ausgediente Servant fern im westlichen Gebirge auch ein freier Mann auf freiem Boden werden, aber der Weg dorthin war lang, seine Energie war bei der Arbeit in den heissen Sommern erschlafft und umgeben von Sklaven hatte er gelernt, dass es bequemer sei, andern zu befehlen, als selbst zu arbeiten. Im Osten der südlichen Staaten dominierte der Grossbetrieb und dieser war dem ausgedienten Manne mit kleinem Kapitale verschlossen.

Im 18. Jahrhundert wurden in Virginien, Maryland und Süd-Karolina die freien Servants, deren Zahl gegen früher nicht mehr gross war, gar oft Aufseher über die Sklaven, deren Arbeit sie genau kannten. Daher wurden sie gern zu dieser Stellung genommen wurden. Im 17., als die Sklavenzahl noch gering war und die Zahl der Servants gross, machten sie sich noch wie viele ihrer Genossen in die nördlichen Ansiedlungen nach dem Westen auf.

In Nordkarolina, wo in den Wäldern grosse Viehheerden gehalten wurden, wurden sie öfters Aufseher über Teile derselben. Sie erhielten dann eine Quote von dem Zuwachs, meist $^1/_7$, das siebente Kalb, das siebente Füllen, von den Ferkeln die Hälfte. Andere hatten Anteil an der Mais- und Tabakernte. Eine kleine eigene Landwirtschaft hatten sie daneben. Fleissige und sparsame Leute konnten in dieser Lage bald vorwärts kommen, nach 3—4 Jahren waren sie bisweilen schon Besitzer eines stattlichen Viehstandes und eines grossen Waldes. Doch wusste man um 1740 mehr von solchen zu erzählen, die ihren Gewinn nicht zusammenhalten konnten, dem Trunk sich ergaben, und zeitlebens im Solde anderer blieben.

Da der dienstbare Knecht die politischon Rechte eines freien Bürgers nicht hatte, weder in die Legislatur, noch zum Richter, noch in die Gemeindeverwaltung gewählt werden konnte, auch das aktive Wahlrecht nicht ausübte, so war es auch billig, dass er der direkten Besteuerung nicht unterworfen wurde. Die Kopfsteuern des Servants hatte der Herr zu bezahlen. Dagegen war es rechtlich zweifelhaft, wie weit sich die Militärpflicht auf ihn erstreckte. Dass die Knechte zu dem Milizdienst öfters hinzugezogen wurden, steht fest. Sie kämpften in Indianerkriegen oder in anderen Grenzkämpfen mit ihrem Herrn zusammen und kehrten zur Arbeit zurück, wenn die Unruhen beseitigt waren. Die Dauer der Arbeitsjahre wurde dadurch nicht berührt. Anders lag es bei der Bildung regulärer Truppen. Wenn die Engländer in Nordamerika in's Feld zogen, wie z. B. gegen die Franzosen 1744—48 und 1756—1763 in den sogenannten König Georg Kriegen, so wurden in den Kolonien zur Verstärkung der englischen Truppen Leute angeworben. Hierbei kam es öfter vor, dass indented servants der Werbetrommel folgten, den Arbeitskontrakt brachen und einen Rekrutenvertrag eingingen. Die Herren der entlaufenen Dienstbaren behaupteten, dass ihre privaten, unbestritten anerkannten Rechte verletzt seien, während die Offiziere erklärten, dass der König ihnen das Recht gegeben habe, einen jeden weissen Mann anzuwerben. Indem die ersteren sich darüber beklagten, dass sie ihr Getreide nicht säen und ernten könnten, weil ihre Leute sich in den Regimentern befänden, entgegneten jene, dass die Sicherheit des Vaterlandes allen anderen Bestrebungen vorgehe. Eine rechtlich verbindliche Entscheidung über diese Streitfrage ist nicht erfolgt. Der Billigkeit wurde aber in der Weise meist entsprochen, dass für den Verlust der Arbeitskraft dem Herrn eine Entschädigung gewährt wurde, die Soldaten aber nach der Beendigung des Krieges von dem Arbeitskontrakt freigesprochen wurden. Noch wichtiger gestaltete sich die gleiche Angelegenheit während des Unabhängigkeitskrieges. Im Anfange, als man noch mit der bewaffneten Macht der freien Bürger glaubte auskommen zu können, wurde mehrfach von den Amerikanern das Anwerben von Servants verboten, in den späteren Jahren des Krieges, als seitens der Freiheitskämpfer die grössten Anstrengungen gemacht werden mussten sich zu halten, wurde vom Kongress wie von den Einzellegislaturen die Einstellung der Servants in die Armee anempfohlen. Entschädigung wurde versprochen, aber die zerrütteten Finanzen der Staaten gestatteten es meist nicht, während des Krieges diesen Verpflichtungen nachzukommen.[45]

Nicht bloss durch die Anwerbung, sondern vor allem durch die fast vollständige Stockung der Einwanderung aus Europa hat dieser Krieg (1776—1783) auf die Einrichtung der Dienstbarkeit eingewirkt. Da die Erwachsenen meist weniger als sieben Jahre dienten, waren nach der erkämpften Unabhängigkeit nur noch Kinder und junge Leute als Servants vorhanden. Damit war die Gewohnheit der Dinge durchbrochen, welche bei allen sozialen Dingen von so grosser Wichtigkeit ist. Das System selbst war freilich damit nicht beseitigt, aber es war jetzt der Boden für die Einwirkung einer Reihe von Umständen bereitet, welche schliesslich sein Aussterben nach sich gezogen haben.

Die durch den Krieg hervorgebrachte Unterbrechung dienstbarer Einwanderung wurde zudem auf einem wichtigen Gebiete permanent gemacht. Durch eine englische Parlamentsakte (25. Geo. III. c. 67), der einige Anführungsgesetze gefolgt sind, wurde allen englischen Schiffen der Transport von Personen zum Zwecke der Schuldknechtschaft verboten, worin wir freilich weit weniger eine Humanitätsbestrebung zu sehen haben als den Wunsch, die abgefallenen Kolonien in ihrer wirtschaftlichen Entwickelung zu hindern und für ihren Freiheitsdrang zu strafen.

Immerhin finden wir am Ende des vorigen und am Anfang unseres Jahrhunderts in den Vereinigten Staaten noch Auslöslinge und weisse Knechte,[46] die entweder von dem europäischen Kontinent mit dessen und mit amerikanischen Schiffen oder auch von englischen Kapitänen, welche es verstanden, das Gesetz zu umgehen, gebracht worden waren. Kurz nach dem Kriege, ehe das erwähnte Gesetz erlassen worden war, wurde sogar der Arbeitsmarkt zeitweise durch Angebote überschwemmt, bald aber liessen dieselben nach, obgleich die Nachfrage, die sich zuerst bei den zerrütteten wirtschaftlichen Verhältnissen gering gestaltete, gewachsen war. Durch das ganze neunzehnte Jahrhundert hindurch sind in Europa zwischen europäischen Arbeitern und amerikanischen Unternehmern durch die Vermittelung von Agenten Arbeitskontrakte abgeschlossen worden, nach welchen diese die Passagekosten vorstreckten, jene sich aber verpflichteten, längere Zeit für geringen Lohn zu arbeiten. Damit wurde aber keine Arbeitsknechtschaft der alten Zeit begründet, sondern die Einwanderer standen unter den allgemeinen Gesetzen des Lohnvertrages, faktisch sind freilich diese modernen Kontraktarbeiter, die oft genug völlig unkundig der amerikanischen Verhältnisse und der Sprache in abgelegenen Bergwerksgegenden oder Farmen beschäftigt wurden, in kaum geringerer Abhängigkeit von ihren Arbeitsherren gewesen, als ihre Vorgänger im 17. und 18. Jahrhundert. In den nach der erkämpften Unabhängigkeit von der Union organisierten Staaten und Territorien ist das System der indented servants niemals begründet worden, in den älteren Ansiedlungen ist es nach und nach aus der Praxis verschwunden, und die dahin bezüglichen Gesetze wurden schliesslich durch dauernde Nichtanwendung zum Teil auch durch direkte Aufhebung beseitigt.[47]

Die Gründe derentwegen die Arbeitsknechtschaft der Weissen in Nordamerika weit eher verschwunden ist als die Negersklaverei sind besonders wirtschaftlicher, daneben auch politischer Art gewesen.

Am Ende des 18. Jahrhunderts beginnt in den Südstaaten seit der Erfindung der cotton gin, der Maschine, mit welcher die Baumwolle von dem Samenkorn getrennt wird, und seit der durch den verbesserten Verarbeitungsprozess der Baumwolle in England steigenden Nachfrage der Anbau dieses Produktes sich schnell auszudehnen um bald in der dortigen Landwirtschaft eine dominierende Stellung einzunehmen. Dies führte zu einer bedeutenden Vermehrung der Negerbevölkerung, welche damit mehr und mehr die alleinig handarbeitende und die Dienstbotenklasse jener Länder wurde. Die weissen Arbeiter in der Landwirtschaft und damit die indented servants wurden durch die billigeren Schwarzen noch mehr als früher verdrängt, während die Fabrikwaren in steigendem Masse aus dem stets billiger produzierenden England bezogen wurden, so dass man auf gelernte Handwerker und Manufakturarbeiter im eigenen Lande Verzicht leisten konnte.

Im Süden war daher kein Bedürfnis für die weissen Servants mehr vorhanden, weil ein ausreichender Ersatz für sie gefunden worden war.

In den Mittel- und Nordstaaten war zwar die europäische Einwanderung nach wie vor erwünscht und die dortigen freiheitlichen Institutionen, die günstigen Erwerbsaussichten, die leichte Besitzergreifung von Land sorgten auch dafür, dass diesem Wunsche reichlich entsprochen wurde. Je mehr sich nun das Angebot von Arbeitskräften vergrösserte, um so weniger Veranlassung war für eine rechtlich strenge Bindung der Arbeiter vorhanden, da die Verhältnisse des Arbeitsmarktes dieselben schon in gewisser Abhängigkeit erhielten. Dies galt insbesondere für die sich entwickelnden grossen Städte, in denen nach der Abschüttelung des englischen Handels- und Fabrikationsmonopol, Manufakturen und Industrien schnell entstanden. Industrielle Waaren werden aber unter der Voraussetzung der Gewerbefreiheit leicht in grösserer Menge hergestellt, als abgesetzt werden können und die ausländische Konkurrenz ist bei ihnen, selbst bei mässig entwickelten Transportverhältnissen, leicht fühlbar. Daher ist ein Arbeitssystem, welches den Arbeiter dauernd an den Arbeitgeber bindet, keineswegs identisch mit dem Interesse der Manufaktur und der Industrie. Ihnen entsprechen weit besser für Wochen und für Tage gemietete Arbeitskräfte. Das System der indented servants war daher auch für sie unbrauchbar.

Der landwirtschaftliche Betrieb dagegen, welcher wenig zum Export herstellt, oder vermöge natürlichen Monopols gesicherten Absatz hat, braucht dauernd ihm zur Verfügung stehende Arbeitsleute, wenn er gleichmässig gedeihen soll. Daher war schon aus diesem Grunde die Sklaverei den Baumwolle verkaufenden Plantagenbesitzern im Süden so wertvoll, der amerikanische Farmer aber wurde durch die Unterbindung der Servant-Zufuhr während des Krieges und durch die erwähnte englische Parlamentsakte hart betroffen, ebenso wie später als vom kontinentalen Europa infolge des dort zunehmenden allgemeinen Wohlstandes und des billiger werdenden Transportes die Einwanderer meist nach Vorausbezahlung ihrer Reisekosten, also unverschuldet, ankamen. Er suchte sich dadurch zu helfen, dass er Lohnarbeiter auf das Jahr oder wenigstens mehrere Monate engagierte, was ihm auch Jahrzehnte lang geglückt ist, da die meisten Einwanderer von der Heimat her kurze Dienstperioden nicht kannten. Dem System der freien Lohnarbeiter konnte er sich jedoch um so weniger entziehen, als es in den Städten ganz üblich war, und als der in ihnen herrschende Kapitalismus eine wachsende sociale Macht im Lande wurde. Er konnte sich auch der allgemein in den Vereinigten Staaten seit und infolge deren Unabhängigkeitserklärung und Verfassung verbreiteten liberalen Gesellschaftsauffassung nicht widersetzen, welche wenigstens für die Weissen rechtliche Freiheit und Gleichheit forderte, mit denen das System der in den Kolonien zweihundert Jahre überall üblichen Knechtschaft nicht in Einklang zu bringen war.

ACHTES KAPITEL.

DIE FREIEN LOHNARBEITER.

Als im siebzehnten Jahrhundert aus eigener, freier Initiative in Europa Auswanderer zusammentraten um jenseits des Oceans ihre konfessionellen und politischen Ideale zu verwirklichen, fühlten sie sich in der jungen Niederlassung angelangt alle gleichberechtigt, nicht bloss weil sie in der Heimat dieselbe Bedrückung erduldet und auf der Reise dieselben Gefahren geteilt hatten, sondern auch weil sie meinten, dass ihnen gleiche Arbeit und Lebensfreude in Aussicht stünde. Ein gemeinsamer Wirtschaftsbetrieb erschien zuerst unter diesen Verhältnissen vielen als die naheliegende Form, in welcher der Lebensunterhalt zu gewinnen sei. Als aber die auf den Kommunismus gerichteten Versuche missglückten, und die Familien auf eigene Rechnung zu arbeiten anfingen, entstand auch alsbald und zwar auf Grundlage des englischen Rechtes die freie Lohnarbeit, da nicht alle zur Führung eines selbständigen Betriebes gleichmässig fähig waren, oder nicht die Neigung dazu hatten. Wer nun aus der gleichartigen Menge der Kolonisten-Unternehmer heraustrat und Lohnarbeiter bei einem andern werden wollte, wurde es infolge eines freien Übereinkommens, bei dem jede Partei die Propositionen der andern abzulehnen oder anzunehmen in der Lage war. Diejenigen Einwanderer, welche bald nachher mit so viel Besitz in die Kolonie kamen um irgend etwas selbständig betreiben zu können, standen nicht anders da. Sollten sie auf ihr Vorhaben verzichten und Lohnarbeiter werden, so musste ihnen in dem Vertrage ein ausreichendes Äquivalent dafür geboten werden. Die Folge dieser Zustände war, dass der Lohn sehr hoch, d. h. ein recht erheblicher Anteil von dem Gesamtertrag der Wirtschaft sein musste. Der Lohnarbeiter, der auf gleicher Bildungsstufe mit dem Arbeitgeber stand, erschien so gewissermassen als gleichberechtigter, mit einer festen Summe abgefundener Partner des letzteren.[48]

Als nun der Wohlstand zunahm und sich durch Erbschaft, Kauf u. s. w. in der Gesellschaft differenzierte, ein Zustand, der von Anfang an im Süden, überall dort war, wo die Kolonie im ausschliesslichen Erwerbsinteresse angelegt und verwaltet wurde, trat das Bedürfnis nach billigeren Arbeitskräften mehr und mehr hervor, zumal die meisten der einwandernden Lohnarbeiter nach einigen Jahren in neuen Ansiedelungen als Unternehmer verschwanden. Diesem Bedürfnis wurde durch die verschiedenen Formen der Zwangsarbeit und durch die indented servants entsprochen. Es bildeten sich Arbeitssysteme heraus, die bald ganz allgemein wurden und die freie Lohnarbeit nur gewissermassen als ein sociales Anhängsel neben sich hatten.

Je mehr die Nachfrage nach Arbeitskräften durch dienstbare Knechte oder Sklaven befriedigt wurde, um so geringer musste sie im Ganzen nach Lohnarbeitern ausfallen. Das Sinken des Lohnes ein absolutes und relatives zum Ertrage der Wirtschaft war die notwendige Folge. Ein hoher Lohn wurde nur dann gezahlt, wenn der Arbeiter über besondere Fähigkeit oder Geschicklichkeit verfügte, im übrigen musste sich der nichtverschuldete Einwanderer aus Europa, der gegen Lohn dienen wollte, ungefähr mit einem Jahreseinkommen begnügen, welches der Jahresausgabe für einen gleichbrauchbaren indented servant entsprach.

Die freien Lohnarbeiter, fast durchweg Weisse, neben denen einige Indianer und emancipierte Neger — von den ausgemietheten Sklaven soll in einem späteren Kapitel gesprochen werden — standen, zerfielen ökonomisch betrachtet in der Mitte des achtzehnten Jahrhunderts in drei Klassen:

1. Die landwirtschaftlichen Arbeiter und Dienstboten waren meist für ein Jahr engagiert, was der landwirtschaftlichen Produktion wegen als zweckmässig erschien und weil der häusliche Dienst als eine Vertrauensstellung angesehen wurde, welche nur durch dauernde Beziehungen geschaffen werden konnte. Die Löhne dieser Leute waren nicht hoch und hinsichtlich ihrer Arbeits- und Lebensweise standen sie den in den letzten Kapiteln besprochenen Dienstbaren gleich. „Sie konnten aber“, schreibt um 1748 der schwedische Reisende Kalm, „nicht nur nach dem Verlaufe des Jahres ihren Dienst verlassen, sondern auch fast zu jeder Zeit, wenn sie sich mit ihrer Herrschaft nicht vertrugen. Doch waren sie dabei in der Gefahr, den Lohn zu verlieren, um den sie sich verglichen hatten. Diese Dienstboten haben ausser dem jährlichen Lohne auch ihr Essen. In Kleidern aber müssen sie sich selbst halten.[49]

2. Die Handwerker in den Städten und die Gehilfen im Handel und Verkehr waren, wie schon erwähnt, auch häufig indented servants, aber namentlich die geschicktesten unter ihnen, die entweder nicht verschuldet angekommen waren oder ihre Dienstzeit hinter sich hatten, waren freie Lohnarbeiter und bezogen hohe Arbeitslöhne tage- oder wochenweise. Der Preis ihrer Arbeitskraft war ein Seltenheitspreis. Einerseits wanderten aus Europa geschickte Handwerker weniger aus als Landarbeiter, da die merkantilistische Praxis der Staaten besonders darauf bedacht war sie festzuhalten und sie auch dort unter den üblichen Einfuhrverboten, Schutzzöllen Ausfuhrprämien u. a. w. ziemlich gut verdienten. Andererseits waren in den Kolonien besonders tüchtige Bauhandwerker und Schmiede sehr gesucht, nicht bloss in den Städten, sondern auch auf dem schon einigermassen kultivierten Lande, wo um die Mitte des achtzehnten Jahrhunderts ein soliderer und kunstvollerer Hausbau schon Platz gegriffen habe. Den hohen Ansprüchen der Handwerksleute versuchten die Kolonialstatuten durch Tarifirung der Löhne öfters entgegen zu treten, doch waren diese Bemühungen vergebens, da die den Lohn bestimmenden Thatsachen dieselben blieben und die Handwerker dadurch

nur von der Einwanderung abgeschreckt wurden.[50]. In den südlichen Kolonien gab es nur wenige Städte und damit auch wenige mit Lohn bezahlte Handwerker und Handlungsgehilfen. Im 18. Jahrhundert war deren Lage ähnlich wie im Norden und in den mittleren Staaten. Mit der weitern Ausbildung des dortigen Exportes landwirtschaftlicher Güter wird der weisse Handwerker noch seltener. Zum kleineren Teil tritt der Sklave an seine Stelle, zum grösseren wird er unnötig, da immer mehr alles das, was das Handwerk zu leisten im Stande war, aus England bezogen wird.[51]

3. Für Tagelohn beschäftigte ungelernte Arbeiter waren nicht häufig, aber doch sowohl auf dem Lande als in den Städten zu finden. Sie bestanden aus mehr oder minder verkommenen Existenzen, welche zu träge waren, um eine dauernde Stellung anzunehmen oder auch aus Jahres-Lohnarbeitern und frei gewordenen Dienstbaren, die gerade ohne Erwerb oder Stellung waren. Sie wurden zur Aushilfe gebraucht, wenn die Servants- oder Sklavenarbeit nicht ausreichte, besonders bei der Ernte und zwar hier regelmässig, dann beim Hausbau, beim Niederschlagen des Waldes. Ihr Tagelohn war hoch, aber ihr Jahreseinkommen wegen der nur zeitweisen Beschäftigung gering, selbst im Vergleich mit den dauernd angestellten Lohnarbeitern.

Ihre Zahl konnte nicht gross werden, denn bei der Extensität des kolonialen Wirthschaftslebens, besonders bei dem Mangel an Vielseitigkeit der Productionsarten, war von ihnen auf eine fortgesetzte Verwendung ihrer Arbeitskraft nicht zu rechnen. Je grösser ihre Zahl wurde, um so weniger gab es für den Einzelnen zu thun. Sein Einkommen musste sinken und er wurde schliesslich genötigt eine dauernde Stellung zu suchen.[52]

NEUNTES KAPITEL.

DIE ZWANGSARBEIT DER VERBRECHER.

Ehe wir uns der Hauptform der Zwangsarbeit, welche in den englisch-amerikanischen Kolonien bestand, der Sklaverei, zuwenden, müssen wir noch ein System untersuchen, bei welchem zwar der Arbeiter, wie der Sklave in seine Stellung hineingezwungen, aber doch meist besser als dieser behandelt und fast immer nach einer Anzahl von Jahren frei wurde. Ich meine hier nicht die Fälle, die im siebzehnten und achtzehnten Jahrhundert sich bisweilen ereigneten und welche der Vollständigkeit der Darstellung wegen hier genannt werden mögen, dass Kinder aus Europa mit Gewalt entführt und in Amerika auf bestimmte Zeit verkauft wurden.[53] Vielmehr handelt es sich um diejenigen, welche aus England zur Strafe deportiert, oder in Amerika durch Richterspruch in Arbeit gegeben wurden.

Verurteilte Verbrecher in die amerikanischen Kolonien zur Zwangsarbeit zu senden, war im siebzehnten Jahrhundert zuerst nur eine von der englischen Justiz geübte Praxis, welche dann später eine gesetzliche Grundlage bekommen und durch das achtzehnte Jahrhundert hindurch fortbestanden hat. Nachdem ein Statut von 1677 schon die Verbrecherverschiffung und -Arbeit behandelt hatte, wurde es 1718 unter Georg I. erneuert und erweitert und unter seinem Nachfolger in dieser Form mehrfach bestätigt.[54] Als Zweck einer solchen gesetzlichen Einrichtung wurde in England das Wohl der Pflanzungen angegeben, wo Mangel an Arbeitskräften vorhanden sei, dem das fürsorgende Mutterland abhelfen wolle, in Wahrheit trug die Massregel einen fiskalischen Charakter, indem der Staatskasse nach Deckung der Transportkosten durch den Verkauf des Verurteilten meist noch ein Überschuss blieb, während die im Heimatlande internierten Sträflinge dem Fiskus fortgesetzte Ausgaben verursachten. Die englischen Strafkolonien des neunzehnten Jahrhunderts erstreben eine Besserung des Deportierten, in der früheren Zeit kannte man nichts von einem solchen Humanismus. Das Wohl und das Wehe des Strafgefangenen wurde dessen Käufer anheimgestellt, welcher mit der Zahlung des Preises nach den ethischen Anschauungen jener Zeit den englischen Staat von allen Verpflichtungen befreit hatte.

Der erste Fall, dass ein Verurteilter zur Arbeit nach Virginien gebracht wurde, war im Juni 1618. Im nächsten Jahre folgten bereits soviele dorthin nach, dass freie unbescholtene Leute nicht mehr in die Kolonie auswandern wollten. Dieser Umstand ist dann den nördlichen und mittleren Ansiedlungen zu Statten gekommen, besonders Neuengland, wo die Einfuhr von Strafgefangenen niemals bedeutend gewesen ist.

Man hat die Summe der Deportierten, welche von 1618 bis 1776 in den 13 Staaten angekommen sind, auf 100 000 veranschlagt, die stärkste Versendung fand um die Mitte des achtzehnten Jahrhunderts statt, als z. B. berechnet wurde, dass 300—400 jährlich allein in Maryland gelandet wären.[55]

Die Deportierten zerfielen in zwei Gruppen. Die erste, die bei weitem umfangreichste, enthielt die gemeinen Verbrecher, von denen Jacob I. die erste Ladung in die Kolonien geschickt hatte.[56] Niemals brachte eine solche Einfuhr erwünschte Gäste und im achtzehnten Jahrhundert bildete sie einen der Beschwerdepunkte gegen England, welche zu der Unabhängigkeitserklärung geführt haben. Die Kolonialgesetzgebungen sind wiederholt bemüht gewesen, diese Zwangseinfuhr zu hemmen, denn es wollte den Bauern und Plantagenbesitzern nicht einleuchten, dass es für sie vorteilhaft sei, mit landwirthschaftlichen Arbeitern und Dienstboten versehen zu werden, die ihr Räuber- und Diebshandwerk, derentwegen sie deportiert worden waren, auch in ihrer neuen Umgebung fortsetzen konnten. War es doch wiederholt vorgekommen, dass auf der Fahrt von England nach Amerika Kapitän und Schiffsvolk von den verschickten Verbrechern ermordet worden waren, welche sich dann zur Freiheit in fremde Länder aufgemacht hatten. Schon im Jahre 1670 wurde von Virginien gegen die Verbrechereinfuhr Einspruch erhoben, 1676 und 1692, 1728, 1729 folgte Maryland, 1729 und 1751 Pennsylvanien, 1730 New-Jersey, 1739 Delaware. England erkannte aber die Gesetze, welche hohe Abgaben für jeden importierten Verbrecher verlangten, als dem Handelsinteresse widersprechend, nicht an und legte durch die Vermittlung der Gouverneure oder der Ober-Eigentümer ein Veto ein. Immerhin galten diese Gesetze verfassungsmässig einige Jahre, bis sie widerrufen wurden, Pennsylvanien gab überhaupt nicht nach und die Sache blieb hier streitig bis zum Unabhängigkeitskrieg.[57]

Es blieb infolge dieses britischen Eingriffes den Kolonien noch das indirekt wirkende Mittel gegen den Verbrecherimport, den Käufern der Sträflinge das Geschäft möglichst zu erschweren. Zu diesem Zweck wurde z. B. in Virginien bestimmt, dass der Händler und weiterhin der Käufer solcher Arbeiter für das gute Verhalten derselben zu haften hatte, eine Garantie, welche auf jeden weiteren Besitzer überging, bis die Strafzeit verflossen war. Aber auch hierdurch würde praktisch nicht viel erreicht, da die reichen Kolonisten die Sträflinge ungern kauften und die Garantie der armen wenig bedeuten wollte. In Maryland hatte jeder Kapitän zu deklarieren, welche von den Einwanderern deportierte Verbrecher und weshalb sie bestraft worden waren und wenn der Verdacht vorlag, dass er nicht ehrlich bei den Angaben verfahren habe, konnte jede Staats- oder Grafschaftsbehörde die Schiffsbemannung verhören, um den Dingen nachzuforschen.[58]

Wenn der Verbrecherimport den Kolonien nicht einen

so grossen Schaden gebracht hat, als man nach dem Charakter dieser Einwanderung hätte vermuten sollen, so ist die Ursache davon wohl darin zu sehen, dass bei der Zerstreuung der Bevölkerung über grosse Gebiete und bei der strengen Übung der Disziplin durch die thatkräftigen und gegen so viele Gefahren gewappneten Kolonisten diesen Zwangsarbeitern die Gelegenheit zu Verbrechen vielfach entzogen war. Sobald indessen die Städte anwuchsen und der Reichtum des Landes zunahm, wurde diese Verbrechereinwanderung als ein immer grösseres Übel empfunden und als 1783 die Unabhängigkeit erkämpft worden war, begrüssten es die Amerikaner als keine geringe Errungenschaft von dieser Plage, gegen welche jetzt die einzelnen Staaten Gesetze erliessen,[59] befreit zu sein. England begründete, als ihm die Deportation nach Nordamerika verschlossen war, für seine Verbrecher besondere Strafkolonien, aus denen sich weiterhin das australische Kolonialreich herausgebildet hat.

Die zweite Gruppe der zur Zwangsarbeit Deportierten ist wegen ihrer sittlichen Qualität ganz anders zu beurteilen. Sie bestand aus Leuten, die keiner gemeinen Verbrechen wegen, sondern aus sozialen und politischen Gründen verurteilt worden waren. „Es wurden", schreibt G. Bankroft, „nicht bloss die Schotten, die man auf dem Schlachtfelde von Dunbar gefangen nahm, zur unfreiwilligen Dienstbarkeit in Neuengland transportirt, sondern auch die royalistischen Gefangenen der Schlacht von Worcester und die Anführer der Insurrektion von Penruddoc nach Amerika eingeschifft. Zu derselben Zeit wurden in Irland die Katholiken haufenweise ausgeführt und zwar unter Umständen, welche der Barbarei des afrikanischen Sklavenhandels wenig nachgaben. Im Jahre 1685, als nahe an tausend Gefangene wegen Teilnahme an der Insurrektion von Monmouth zur Transportation verurteilt wurden, stritten sich Leute von Einfluss bei Hofe mit ungestümer Habgier um die verurteilten Insurgenten, wie um eine gut verkäufliche Waare."[60]

Neben diesen beiden Kategorien der Deportierten sind auch noch diejenigen Personen zu nennen, welche in Amerika von den dortigen Gerichten zur Zwangsarbeit verurteilt worden waren. Bei einem Teil derselben war dies eine Strafe, welche für bestimmte Vergehen ausgesprochen wurde, indem die Gesetzgebung, wie das ja heute in Amerika noch der Fall ist, aus finanziellen Gründen, um an Kosten für die Internierung zu sparen, die Gefangenen einem Privatunternehmer zur Arbeit überliess, bei dem andern Teil eine Entschädigung des Gläubigers seitens des insolventen Schuldners. Die Anzahl dieser Zwangsarbeiter auf Grundlage des kriminellen und privaten Kolonistenrechtes ist aber niemals gross gewesen.[61]

Die Strafgefangenen wurden auf bestimmte Zeit oder für die Lebensdauer zur Arbeit gezwungen. Fälle der letzteren Art waren selten und besonders die Folge von Kapitalverbrechen. Was die Behandlung dieser Arbeiterkategorie angeht, so wurden sie zwar im Gegensatz zu den farbigen Sklaven stets als Weisse geachtet,[62] im übrigen entschied der Grund, dessentwegen die Zwangsarbeit ausgesprochen worden war. Aus politischen und religiösen Rücksichten Verurteilte und insolvente Schuldner wurden im Ganzen so gehalten wie die indented servants, nur dass sie am Schluss der Dienstzeit keine Belohnung in Anspruch nehmen konnten, eigentliche Verbrecher wurden streng beaufsichtigt und hatten, bis sie sich nicht als ehrlich und verträglich erwiesen, wohl nirgends Gemeinschaft mit dem Dienstherrn und dessen Familie. Sie wurden daher auch nicht als häusliche Dienstboten genommen. Die importierten Strafgefangenen sind öfter auch als Soldaten verwendet worden. 1693 wurden sie von Newgate nach New-York zu diesem Zwecke versandt. Man scheint aber keine gute Erfahrungen mit Truppen dieser Art gemacht zu haben. Denn als 1756 irische Papisten und Verbrecher in die amerikanischen Regimenter eingestellt wurden, um gegen Franzosen und Indianer zu kämpfen, desertierten viele von ihnen zu dem Feinde. Während des amerikanischen Unabhängigkeitskrieges erliess 1778 die englische Regierung eine Begnadigungsproklamation für alle, die nach Amerika deportiert waren und nun in des Königs Armee eintreten wollten, am Ende des Krieges solle ein jeder der treu gedient habe, unentgeltlich in die Heimat befördert werden und dort als völlig rehabilitiert gelten.[63]

Durch die Schule der harten Arbeit in den Kolonien mag mancher von denen, welchen die Gesellschaft in England ausgestossen hatte, wiederum seinen Mitmenschen nahe gekommen sein, so dass wir diesem System der Zwangsarbeit auch eine bescheidene Lichtseite zuerkennen dürfen.

ZEHNTES KAPITEL

DIE INDIANISCHEN SKLAVEN.

Als die Spanier die neue Welt entdeckt hatten, zwangen sie nicht nur die Indianer auf den mittelamerikanischen Inseln zur Arbeit, um die eroberten Länder für sich wirtschaftlich nutzbar zu machen, sondern beluden auch gelegentlich ihre Schiffe mit denselben, um sie als Sklaven in Europa zu verkaufen. Auch die Küsten des nordamerikanischen Festlandes wurden öfters von europäischen Sklavenhändlern aufgesucht und mit Gewalt oder Betrug wurden Einwohner Floridas, des unteren Mississippi-Thales und selbst des Nordens bis nach Neufundland hin als Sklaven nach Europa und besonders nach Westindien geschleppt, um in den dortigen Zuckerplantagen die aussterbenden Antillenos zu ersetzen.[64]

Ein ganz anderes Verfahren haben die Engländer den Indianern gegenüber eingeschlagen, als sie von der atlantischen Abdachung Nordamerikas Besitz ergriffen. Sie betrachteten sich allerdings von vornherein als die politisch allein massgebenden Herren des Landes, hielten sich daher völlig befugt, die Eingeborenen von dem eigenen Staatsleben auszuschliessen, oder sie nur als Leute niederen öffentlichen Rechtes bei sich aufzunehmen. Hingegen erkannten sie, sobald die letzteren sich ihnen nicht widersetzten, deren Privateigentum am Lande und am beweglichen Gute an und achteten deren freie Persönlichkeit. Nur wenn es zum

Kriege kam, wurden die roten Männer als heidnische Barbaren angesehen, denen man nach Völker- und Kriegsrecht Leben, Freiheit und Besitz nehmen könne. Daher stellte man den Verkehr der englischen Einwanderer mit den befreundeten Stämmen unter den Schutz der Kolonialgesetzgebung, während die Feinde der Ansiedler in den Statuten als völlig rechtlos bezeichnet wurden und die Regierung ihre Unterthanen noch besonders ermutigte diese Anschauung zum eigenen Nutzen zu verwerten. Nur im Hinblick auf diese Doppelstellung, welche die Einwanderer den Eingeborenen gegenüber einnahmen, sind die koloniale Gesetzgebung, die Einrichtungen und Sitten in Bezug auf die Indianersklaverei zu verstehen. Die Ansiedler wollten ihr Feld bebauen und als Farmer oder Plantagenbesitzer wohlhabend werden. Dazu brauchten sie vor allem Sicherheit vor ihren westlichen Nachbarn. War dieselbe im Frieden zu erreichen, so kümmerten sie sich nicht viel um sie, wenn nicht, so war ihnen jedes Mittel recht, das geeignet war, ihren Zweck zu erfüllen.

Die Indianersklaverei ist daher in den englischen Kolonien nicht aus dem Bedürfnis nach Arbeitskräften hervorgegangen. Auch waren zur landwirtschaftlichen Arbeit die indianischen Jäger wenig tauglich, welche zudem beim Beginn der Niederlassung zu reizen eine ganz falsche Politik sein musste, besonders im Süden, wo starke und kriegerische Stämme nicht weit vom Ocean entfernt wohnten. Als man aber in Folge von Kriegen in den Besitz von Gefangenen kam, suchte man dieselben so gut als möglich wirtschaftlich zu verwenden, wozu sich später als die Negersklaverei Boden gewonnen hatte, mehr Gelegenheit bot.

Von den befreundeten Indianern kauften die Kolonisten Land und schützten auch durch das Gesetz deren Besitz. Versuche wurden gemacht, indianische Kinder in Schulen zu erziehen und die Erwachsenen den Landbau zu lehren. Das Christentum sollte ferner unter ihnen verbreitet werden. Bekannt ist, dass diese humanitären Bestrebungen nur geringen Erfolg gehabt haben, ihre häufige Wiederholung zeigt uns aber die Gesinnung der Kolonisten ihren friedlichen Nachbarn gegenüber. Ebenso wie das Eigentum wurde die Person des Indianers geachtet. In Maryland z. B. bestimmte 1649 das Gesetz, dass das Stehlen und Verkaufen eines mit der Kolonie befreundeten Indianers mit dem Tode bestraft werden solle, am Ende des Jahrhunderts, als man sich schon an die Sklaverei gewöhnt hatte und die Indianergefahr nur noch gering war, bestand nur noch für solches Delict Geld- und Gefängnisstrafe. 1655, 1658 und 1660 sorgte in Virginien das Gesetz dafür, dass indianische Kinder, welche von befreundeten Indianern den Ansiedlern zur Erziehung und Arbeit übergeben worden waren und Erwachsene, welche einen Dienstvertrag abgeschlossen hatten in ihren Rechten geschützt wurden. In Südkarolina wurde 1682 eine Verordnung erlassen, welche den Verkauf nicht feindlicher Indianer verbietet, die bis zu 400 Meilen von Charleston entfernt wohnten.[65]

In allen Kolonien mit Ausnahme von Rhode Island und während kurzer Zeit von New York war während des 17. und 18. Jahrhunderts die Indianersklaverei gesetzlich anerkannt. Sie entstand immer von Neuem durch die Kriege[66], welche an den Grenzen geführt wurden, sie entstand durch Geburt, indem die Kinder der indianischen Sklavin dem Stande der Mutter folgten, ausnahmsweise endlich durch den Kauf, wenn befreundete Stämme ihre Gefangenen an die Pflanzer verhandelten.

In Massachusetts wurde in dem ersten grösseren Gesetzbuche des Landes, dem Body of Liberties 1641 in Anlehnung an das levitische Gesetz, der Satz aufgenommen, dass die Sklaverei der Kriegsgefangenen zulässig sein soll, und 1660 wurde das Gesetz mit geringen Änderungen wiederholt. Die Puritaner, welche sich an alttestamentliche Vorschriften banden, erklärten, dass sie die feindlichen Indianer behandeln wollten, wie das Volk Israel die Kanaaniter und Amalekiter. Wer jedoch einen Menschen aus dem eigenen Volke raubte, wozu hier die befreundeten Indianer gerechnet wurden, solle den Tod erleiden. 1646, 1660 und 1715 wurde von Connecticut die Indianersklaverei gesetzlich geregelt und besonders das Verfahren gegen Flüchtlinge festgesetzt.

Wenn freie Indianer in eine Farm eingefallen waren und dort Schaden angerichtet hatten, so sollten die Schuldigen ergriffen und dem Beschädigten ausgeliefert werden, der sie als Sklaven behalten oder verkaufen konnte, da es zu kostspielig sei, die Gefangenen im Gefängnis des Staates zu halten. Die Artikel der ersten Konföderation von Neuengland von 1646 behandeln die gefangenen Indianer als Kriegsbeute und ähnliche Bestimmungen wie die von Connecticut wurden von diesem Bund angenommen. Rhode Island duldete, wie erwähnt, nach dem Gesetz (1675) die rote Sklaverei nicht, doch wurden nach dem grossen Indianerkrieg von 1675 und 1676 die Gefangenen für bestimmte Zeit verkauft und stillschweigend scheint man auch die lebenslängliche Knechtschaft geduldet zu haben, denn 1715 wurde ein Gesetz erlassen, welches die Einfuhr indianischer Sklaven in die Kolonie verbietet. Im Staate New York wurde die Sklaverei der Eingeborenen von den Holländern übernommen und in den Dukes Laws von 1674 von den Engländern anerkannt. Es wurde jedoch 1679 gesetzlich bestimmt, dass alle Indianer in der Kolonie frei sein und nicht gezwungen werden sollten Sklaven oder Servants zu sein und die, welche als Sklaven in das Land gebracht würden, nach 6 Monaten die Freiheit erlangen sollten. Dies ist indessen nicht durchgeführt wie spätere Sklavengesetze zeigen. In New Jersey wurde 1713 ein Gesetz über die Sklaverei erlassen, in Pennsylvania zeigen verschiedene Einfuhrverbote und Erschwerungen der Einfuhr ebenfalls ihre Existenz. Maryland's Recht von 1652 gestattete, die indianischen Gefangenen als allgemeine, zur Verteilung kommende Kriegsbeute nach Kriegsrecht zu behandeln und 1715 wurde zur Ermunterung des Eintrittes in die Landesmiliz den Soldaten erlaubt, die Indianer die sie im Kampfe erbeutet hätten als Eigentum zu behalten. Die letztere Bestimmung galt bereits seit 1676 in Virginien nachdem schon 1660 der Verkauf von Indianern gestattet worden war. 1670 beschloss man die Kriegsgefangenen nur für 12 Jahre zu Servants zu machen. 1682 wurde aber diese Beschränkung aufgehoben und dazu ausgesprochen, dass von

Indianern gekaufte Indianer für Lebenszeit dienen sollten. Karolina setzte 1674 anlässlich eines Indianerkrieges einen Preis in Land für jeden Feind aus, der gefangen würde und der dann nach Westindien verkauft werden sollte, und 1760 erklärte Nordkarolina durch Statut, dass gefangene feindliche Indianer die Sklaven desjenigen sein sollten, der sie gefangen habe, während sie früher als Staatseigentum betrachtet wurden. Die Gesetzgebung Südkarolinas von 1740, welche eingehend die Sklaverei im Lande regelt, spricht in gleicher Weise von Negern und Indianern. In Georgia endlich wurde bei der Gründung der Kolonie die Sklaverei zwar nicht gestattet, aber schon nach wenigen Jahren bildeten sich die dahin bezüglichen Verhältnisse ganz so wie in dem nördlich gelegenen Nachbarstaat heraus.[67]

Die Kriegsgefangenen der Kolonisten wurden, da die Gefahr des Entweichens in dem Lande, wo sie gefangen worden waren, nahe lag, zum grösseren Teil nach den bermudischen und westindischen Inseln, zum geringeren in entfernte festländische Niederlassungen verkauft. Es war dies der Schluss fast jedes Indianerkrieges ebensowohl in Neuengland wie in Südkarolina. Am einträglichsten scheint dieser Handel in dem letztgenannten Staate gewesen zu sein, wo sogar am Ende des siebzehnten Jahrhunderts Feldzüge zum Zweck des Menschenraubes inscenirt wurden, als sich dort die Negersklaverei ausgedehnt hatte, und man Indianer nach Barbadoes, von wo aus zahlreiche Plantagenbesitzer nach Karolina gekommen waren, brachte, um sie gegen schwarze einzutauschen. Aber auch in Neuengland wusste man in späterer Zeit das Kriegsrecht in der Weise auszunutzen, dass man gelegentlich rote Männer stahl, ehe sie in der Schlacht besiegt und unterworfen waren.[69]

1715 beschwerte sich ein Stamm bei dem Gouverneur des Staates New-York, dass Kinder, welche er für bestimmte Zeit zur Arbeit überlassen hätte als Sklaven in fremde Kolonien verkauft worden seien, und bei einem Indianerkrieg um 1750 machten sich Sklavenhändler in das Innere desselben Staates auf, um Kinder während der Kriegswirren zu rauben.[68] Dass der Handel mit Indianersklaven niemals, auch als die Kolonien machtvoll geworden waren, einen grossen Umfang annehmen, sich mit dem afrikanischen nicht im Entferntesten messen konnte, erklärt sich nicht bloss daraus, dass die indianische Bevölkerung dünn war und die Kolonialgesetze die befreundeten Stämme schützten, sondern weit mehr aus dem Umstand, dass der die Freiheit liebende rote Mann zur landwirtschaftlichen Arbeit wenig brauchbar war. Es ist auch zu beachten, dass bei den meisten Stämmen die Sklaverei nicht bestand, die bei überwiegend Jagd treibenden Völkerschaften entweder unökonomisch oder gefährlich ist. Denn die Sklaven mussten wegen der geringen Verwendung im Dorf entweder von den Herren durch deren Jagdbeute, die nicht regelmässig reichlich bemessen war, erhalten werden oder, und das brachte den Herren leicht Gefahr, an der Nahrungsproduktion teilnehmen, d. h. mit Waffen zur Jagd ausgerüstet werden.[70] Die in den Kriegen der Indianer untereinander Besiegten wurden meist getötet oder auch in dem Stammes- oder Familienverband der Sieger aufgenommen, wenn dieser etwa durch den Kampf zu sehr geschwächt war. Während in Afrika zur Zeit der Blüte des Sklavenhandels im 17. und 18. Jahrhundert ein Negervolk das andere angriff um es zu knechten, indem die Europäer mit ihren guten Preisen stets von neuem dazu anreizten, setzten die Indianer von vornherein dem Ansinnen der nach roten Arbeitern lüsternen Kaufleute, geschäftliche Kriegszüge gegen einander zu unternehmen Widerstand entgegen, beharrten bei dem Gedanken, dass der Tod das kleinere Übel als die Unfreiheit sei, und dass der ehrenvoll im Kampfe unterliegende diese nicht verdiene.

Im 18. Jahrhundert war freilich dieser Idealismus der älteren Zeit durch Gold und den Branntwein etwas ins Wanken gebracht worden. So wird — wenn auch selten — aus den südlichen Kolonien berichtet, dass die dortigen Plantagenbesitzer von befreundeten Indianern Sklaven gekauft hätten. Von einigen Indianern der Südstaaten wird zudem ausdrücklich bezeugt, dass sie im achtzehnten Jahrhundert Sklaven gehalten haben, die zum Ackerbau verwendet worden sind. Die Landwirtschaft war damals bei den südlichen Indianern hier und da infolge der Berührung mit den Kolonisten, zu einer mässigen Entwickelung gelangt, während die nördlichen darin noch weit zurück standen. Am Ende des achtzehnten Jahrhunderts besitzen sogar einige Indianerstämme des Südens Negersklaven, durch welche sie ihre Felder bestellen liessen. Es war ihnen dies innerhalb der kolonialen Landesgrenzen gesetzlich gestattet worden, während sie weisse Servants nicht kaufen und besitzen durften. Die reichen Häuptlinge hatten hier auch bisweilen Haussklaven, aus denen sie sich eine Gefolgschaft bildeten.[71]

Die Verwendung der indianischen Sklaven ist in den englischen festländischen Kolonien niemals bedeutend gewesen. In den beiden Karolinas allein hatte sie im Anschluss an die Negersklaverei einen solchen Umfang angenommen, dass die Reste davon noch in der Mitte des neunzehnten Jahrhunderts auf manchen der dortigen Plantagen zu erkennen waren. Auf denselben hat sich im Verlaufe der Zeit eine Rassenmischung der Neger und Indianer vollzogen und die Zambos und Chinos, welche man in den dortigen Gegenden noch findet, erinnern an die Zwangsarbeit, welche die einst freien Herren des Landes den Einwanderern aus Europa leisten mussten.

Im Allgemeinen war der indianische Sklave, selbst wenn er aus einer entfernten Kolonie kam, wenig zu brauchen wegen der grossen Schwierigkeit den Sohn der Wildnis festzuhalten oder ihn wieder einzufangen, falls er in das Innere des wald- und steppenreichen Landes, das sich unermesslich weit — ganz anders als selbst auf den grossen westindischen Inseln — erstreckte, entflohen war. Die nach dem Westen vordringenden Kulturpioniere konnten ihn daher am wenigsten verwenden, besser schon die Besitzer der grossen Güter im Süden mit ihren strengen Aufsehern, ihrer geordneten Plantagenpolizei und ihrer gegenseitigen, geregelten Unterstützung bei dem Einfangen der Entflohenen. Kinder und Frauen wurden wegen der geringen Gefahr des Entweichens lieber in der Knechtschaft gehalten als Männer, welche vielleicht schon auf den Kriegspfad gegangen waren. Die ersteren wurden als Haussklaven neben oder an Stelle der Neger gehalten, während die Männer überwiegend in der Landwirtschaft beschäftigt wurden, bei der sie aber niemals besonderes leisteten. Die Behandlung, respektive die Rechtslage der roten Arbeiter war derjenigen der Neger ganz ähnlich und die für diese geltenden Gesetze waren auch für jene da (vgl. Kap. XII—XIV).

Die Kinder der roten Sklavin wurden wie erwähnt, ebenfalls als unfrei angesehen. Doch wurde später dies Recht hier und da im Norden um dieser Form der Sklaverei einen möglichst geringen Umfang zu geben, beschränkt. Überhaupt wurde die Indianerknechtschaft, teils weil sie nur wenig Nutzen brachte, teils weil sie den friedlichen Verkehr, den Pelzhandel besonders mit den benachbarten Stämmen störte, von den nördlichen und mittleren Kolonien namentlich im Anfang des achtzehnten Jahrhunderts durch gesetzliche Massregeln eingedämmt.

1712 erliess Massachusetts eine Verordnung gegen den Import von indianischen Sklaven und Dienstboten. Dieselben seien, heisst es in den Motiven, boshaften und rachgierigen Geistes, träge und schlecht zu lenken und zur Rebellion und Erregung von Feindseligkeiten geneigt. 1714 folgte New Hampshire mit demselben Gesetz und mit fast derselben Begründung, 1715 Connecticut und Rhode Island, wobei in dem letzteren Staate darauf aufmerksam gemacht wurde, dass die weissen Einwanderer durch die Indianersklaverei abgeschreckt würden in das Land zu kommen. John Elliot der neuenglische Apostel der Indianer hatte sich schon 1675 in Massachusetts gegen die Knechtschaft seiner Schützlinge ausgesprochen und die Gefährlichkeit dieser Einrichtung betont. Allen Staaten aber war die Quaekerkolonie Pennsylvanien vorangegangen, die schon 1700 die Einfuhr indianischer Sklaven hinderte, weil dieselbe den befreundeten Stämmen Anlass zum Verdacht und zur Unzufriedenheit gebe.

Ein Ende hat die rote Sklaverei im Norden erst gefunden als dort auch die schwarze beseitigt wurde, d. h. im letzten Viertel des achtzehnten Jahrhunderts. In Virginien wurde 1787 unter dem Druck der damaligen politischen, liberalen Bestrebungen auf Grundlage eines alten Gesetzes über den Handel mit Indianern die gerichtliche Entscheidung getroffen, dass kein Indianer zum Sklaven gemacht werden könne, aber die Befolgung dieses Urteils ist nicht ernst genommen worden. Die Entscheidung hätte aber auch nie eine erhebliche Tragweite gewinnen können, da sich damals nur wenige Indianersklaven im Lande befanden. [72] In den übrigen südlichen Gebieten wurde mit der Negerknechtschaft die der Indianer als dauernde Einrichtung in die nach 1783 neu organisierten Staatswesen mit hinüber genommen.

ELFTES KAPITEL.

DER AFRIKANISCHE MENSCHENHANDEL UND DIE KOLONIEN.

An dem Handel mit Negersklaven haben sich im Verlaufe des 17. und 18. Jahrhunderts mehr oder weniger alle europäischen seefahrenden Nationen nach ihrer ökonomischen und politischen Machtstellung und je nach ihrem Handelsinteresse beteiligt. Von ihnen beschäftigen uns hier nur diejenigen, welche und soweit sie von Afrika aus die 13 englischen Kolonien Nordamerikas mit schwarzen Arbeitern versorgt haben. An erster Stelle sind hier zu nennen die Engländer selbst, an zweiter die Holländer. Mit der Ausbildung des Schiffbaues und Entwicklung der Schifffahrt in Nordamerika ergreifen die Kolonisten auch selbst das gewinnbringende Geschäft dieses Menschenhandels, besonders die des Nordens, während die südlichen darin zurückblieben, dafür aber sich um so grössere Virtuosität in der Verwendung der Negersklaven und später auch in dem Binnenhandel mit denselben aneignen.[74]

Wenn wir auch keine völlig exacten statistischen Angaben über die Summe der in der Kolonialzeit auf das amerikanische Festland gebrachten Neger haben, so stimmen doch alle Schätzungen, Zählungen, Berichte darin überein, dass im 17. Jahrhundert die absolute Zahl der Importierten nur gering gewesen ist, wenn sie auch relativ betrachtet, d. h. im Vergleich zu der weissen Einwanderung in Karolina,

Virginien, Maryland und New-York schon bedeutungsvoll war, dass dann im 18. Jahrhundert die Zufuhr in allen südlichen Staaten absolut und meist auch relativ erheblich anwuchs, auch in den mittleren Gebieten Pennsylvanien, Neu-Jersey und Neu-York ganz stattlich wurde, in Neu-England dagegen sich fortgesetzt und in engen Grenzen bewegte. G. Bankroft schätzt die von 1620—1740 von Afrika gebrachten Neger auf 130 000 und von 1740—1776 auf 300 000, H. Ch. Carey stellt die folgende Zahlenreihe auf:

vor 1714:	30 000
1715—1750:	90 000
1751—1760:	35 000
1761—1770:	74 500
1771—1790:	34 000
Summa:	263 500.

Was die Gesammtsumme der in den Kolonien lebenden Neger angeht, so geben die Schätzungen des englischen Handelsdepartements folgende Ziffern, denen diejenigen der weissen Bevölkerung zur Seite gestellt sind:

	Neger	Weisse
1714:	58 850	375 750
1727:	78 000	580 000
1754:	292 738	1 485 634.

In dem erstgenannten Jahre war die Verteilung über die Kolonien folgende:

	Weisse	Neger
New-Hampshire	9 500	150
Massachusetts	94 000	2 000
Rhode Island	8 500	500
Connecticut	46 000	1 500
New-York	27 000	4 000
New-Jersey	21 000	1 500
Pennsylvanien und Delaware	43 300	2 500
Maryland	40 700	9 500
Virginia	72 000	23 000

Nord-Karolina	7 500	3 700
Süd-Karolina	6 250	10 500
Total	375 750	58 850.

In dem letztgenannten Jahre lebten nach Bankroft etwa in Neu-England 11 000 Neger und 425 000 Weisse, in New-York 11 000 und 85 000, New-Jersey 5500 und 73 000, in Pennsylvanien und Delaware 11 000 und 195 000, in Maryland 44 000 und 104 000, in Virginien 116 000 und 160 000, in Nord- und Süd-Karolina 60 000 und 100 000, in Georgia 2000 und 3000.

Für die zweite Hälfte des 18. Jahrhunderts werden folgende Zahlen angegeben:

	Schwarze	Weisse
1770:	462 000	1 850 000
1780:	582 000	2 383 000
1790:	752 069	3 177 257

Die letzte Ziffer beruht auf der Zählung des ersten Census der Vereinigten Staaten. Damals waren allein in Virginien, den beiden Karolinas und Georgia 567 527 Negersklaven, in den übrigen Staaten 40 370; der Rest bestand aus Freigelassenen und deren Nachkommen.

Zahlreiche in der Litteratur zerstreute Zählungen sind im Anhang verzeichnet worden.[73]

Die Holländer richteten zuerst am Anfang des siebzehnten Jahrhunderts auf den Sklavenhandel ihre Aufmerksamkeit, als sie begonnen hatten sich an der Küste von Guinea festzusetzen und in Amerika Besitzungen zu erwerben. Sehr bedeutend ist ihr Geschäft, welches über hundert Jahre als Monopol „der Westindischen Kompanie" bestand, seit 1730 nach Zahlung einer Entschädigung von dem Staate an die Gesellschaft freigegeben war, niemals geworden, weil der Schwerpunkt des holländischen Kolonialreiches in Ostindien lag, wo die dichte einheimische Bevölkerung den Import von Arbeitskräften überflüssig machte. Es hat an erster Stelle dazu gedient, die Kolonie Surinam (Guyana) und zeitweise Brasilien mit Negern zu versehen, dann erst New-Amsterdam, wohin die ostindische Kompanie schon in den zwanziger Jahren des siebenzehnten Jahrhunderts Neger führte und gelegentlich gefangene Indianer als Ladung dagegen nach Westindien mitnahm. Die schwarzen Sklaven kamen teils aus den holländischen Kolonien Südamerikas, teils direkt aus Afrika. Im Vergleich zu seiner weissen Bevölkerung hatten bis 1664 die neuen Niederlande ebensoviele Neger importirt als Virginien, absolut betrachtet ist die holländische Zufuhr in den Kolonien überhaupt niemals gross gewesen. Denn, wenn auch die übrigen Niederlassungen Nordamerikas ebenfalls durch die westindische Kompanie Neger erhalten haben, so war bis in das letzte Drittel des 17. Jahrhunderts doch die zahlungsfähige Nachfrage hier nicht bedeutend, und später sorgte England dafür, und zwar mit Erfolg, als aus den neuen Niederlanden New-York geworden war, dass ihm von Holland bei diesem gewinnbringenden Geschäfte keine Konkurrenz gemacht wurde.

Das erste Schiff, welches Neger an der nordamerikanischen Ostküste landete, war wahrscheinlich ein holländisches. Es lief im Jahre 1619 in dem Hafen von James-town, Virginien, ein und brachte vierzehn oder wie andere meinen zwanzig Schwarze. Dieselben wurden ohne weiteres als Sklaven für Lebenszeit angesehen, entsprechend der Anschauung, die in Westindien galt.[74]

Die Engländer sind diejenige Nation gewesen, welche zwar nicht den Anfang mit dem Negergeschäft nach der neuen Welt gemacht haben, sondern nur in die Fusstapfen derer getreten sind, welche es zuerst als gewinnbringend erkannten und dementsprechend verfuhren, der Spanier und der Portugiesen, aber doch diesem Handelszweig einen Umfang verliehen haben, dessen sich kein anderes Volk hat rühmen können und der dem allgemeinen Handels- und Schiffahrts-Aufschwung entsprach, welchen England von der Mitte des siebzehnten Jahrhunderts an erlebt hat.

Freilich wird schon der englische Sklavenhandel unter der Regierung der Königin Elisabeth erwähnt, es wird von einigen glücklichen Expeditionen erzählt, welche an die Küste von Guinea zu diesem Zweck gemacht wurden, auch werden wiederholt unter Jacob I. und Karl I. einzelnen Gesellschaften Privilegien zur Ausbeutung des afrikanischen Handels gewährt, solange aber Grossbritannien in der Hauptsache das Absatzgebiet Westindien verschlossen war, wollte das Geschäft nicht florieren. Als nun die Engländer unter Cromwell und Karl II. anfingen in Barbados und Jamaika Zuckerplantagen im grossen Style anzulegen, wurde bald die englische Flagge diejenige, unter der nach Amerika überhaupt der glänzendste Export „an Ebenholz", wie man sich in gebildeten Kaufmannskreisen wohl ausdrückte, betrieben wurde. Zuerst durch ein Monopol beherrscht, wurde der Handel schon 1698 jedem Engländer freigegeben, da der unerlaubte Konkurrenzhandel nicht durch die Regierung kontrolliert werden konnte; ein Beweis dafür, in welchem Masse das englische Kapital bereits sich auf dieses Gebiet geworfen hatte. Eine weitere Unterstützung erhielt das englische Negergeschäft dadurch, dass während des achtzehnten Jahrhunderts auf Kosten der Staatskasse an der westafrikanischen Küste die englischen Forts und Handelsniederlassungen erhalten und neue angelegt wurden, wofür die Kaufleute früher selbst aufkommen mussten. Schliesslich sind noch die kriegerischen Erfolge zu nennen, die England am Beginn des vorigen Jahrhunderts Frankreich gegenüber zu verzeichnen hatte und die zum Utrechter Frieden 1713 führten, durch den es in den ausschliesslichen Besitz der Negerlieferungen für Spanisch-Amerika gelangte, wozu seit 1702 Frankreich berechtigt gewesen war. Diesen Handel übertrug die Königin Anna der 1711 gegründeten Südsee-Kompanie, welche 1727 35 Schiffe unterwegs hatte, um die spanischen Häfen von Westindien und Südamerika mit Negern zu versorgen. Der sogenannte Assiento-Vertrag vom Utrechter Frieden bestand zum Schaden Spaniens bis 1750, und als er dann aufgehoben wurde, waren die Kaufleute von London, Bristol, Liverpool und Lancaster, die besonders am Negerhandel beteiligt waren, in ihrem Geschäfte schon so erstarkt, dass keine Nation sie daraus verdrängen konnte. Von 1680—1700 sollen durch englische Schiffe 300 000 Neger nach Westindien gebracht worden sein, von 1705—1786 den Einfuhrlisten zufolge allein nach Jamaika 610 000. Das Jahr 1771 wird als der Höhepunkt des englischen Sklavenhandels angesehen, als die Liverpooler allein in 105 Schiffen 28 500 Sklaven nach Amerika führten.[76]

Der bald darauf beginnende Unabhängigkeits-Krieg unterbrach den Negerhandel mit dem nordamerikanischen Festlande völlig, lähmte aber auch den mit Westindien infolge des sich anschliessenden Seekrieges, an dem Spanien und Frankreich teilnahmen. Er hat dann für die Engländer nach dem Frieden von Versailles noch einmal einen Aufschwung genommen, ehe er am Anfang unseres Jahrhunderts (1807) durch Gesetz beseitigt wurde.

Wenn wir aus dem bisher Gesagten auch schon schliessen können, dass das Mutterland die 13 Kolonien mit Negersklaven fast ausschliesslich im 18. und zum Teil schon im 17. versorgt hat, so wird dies zur Gewissheit, wenn wir die Kolonial- und Handelspolitik — die merkantilistische — ins Auge fassen, welche damals von Grossbritanien geübt wurde.

Dieselbe ist schon wiederholt zum Gegenstande wissenschaftlicher Untersuchung gemacht worden, so dass wir über sie im Allgemeinen unterrichtet sind.[77] Ich erinnere nur an die Ausführungen welche A. Smith im vierten Buche seines berühmten Werkes gegeben hat. Über die Wirkungen dieser Politik auf den Sklavenhandel und auf die Arbeitsverfassung in den Kolonien dagegen sind nur Notizen in die mancherlei Berichte und Streitschriften eingestreut, welche den Handel, die Schiffahrt, den Nationalwohlstand, die Kapitalbildung u. s. w. Englands in jener Zeit behandelt haben. Es mögen daher hier diese Wirkungen eine zusammenhängende Darstellung finden.

Der Erfolg der merkantilistischen Regierungskunst bestand darin, die mittelalterliche Wirtschaft des eigenen Landes zur Volkswirtschaft mit Berufsarbeitsteilung und Verkehr erhoben zu haben, das Ziel zunächst darin, dass neben der relativ entwickelten Rohstoffproduktion und neben dem für den lokalen Bedarf arbeitenden Handwerk Manufakturen entstehen sollten, d. h. auf grösserer Arbeiterzahl und Kapital beruhende Unternehmungen, welche auf einen erheblichen Absatz von Fabrikaten im Inlande und im Auslande rechnen konnten. Weiterhin kam es darauf an, zum Zwecke des Verkaufes dieser Waren im Inlande die Transportmittel zu verbessern, die rechtlichen Hindernisse des Verkehrs zu beseitigen, im Auslande den Handel, womöglich den Alleinhandel in der Hand zu haben. Die seefahrenden Nationen begünstigten zur Förderung ihres Handels die eigene Marine und waren bestrebt die fremde Flagge von ihren Häfen fernzuhalten. Gleichzeitig war die merkantilistische Handelspolitik darauf gerichtet, durch den Import von Edelmetall die Geldwirtschaft möglichst zu verbreiten, denn dadurch musste nicht nur die Nachfrage nach Manufakturwaren im Inlande wachsen, sondern auch der Handel mit dem Auslande belebt werden und last not least mussten die Finanzen des Landes und der Krone gewinnen.

Um nun dies zu erreichen, kam es zugleich darauf an, in den fremden Ländern die dortige Verwirklichung einer gleichen Politik zu verhindern, also dieselben auf einer niederen Wirtschaftsstufe zu halten. Da nun die Regierungen der bedeutenderen europäischen Staaten durchweg eine ähnliche Politik befolgten, so musste sich nicht allein ein fortgesetzter Handelskrieg ergeben, sondern auch ein gegenseitiges Aufheben der aus der Politik erwarteten Wirkungen. Daraus folgte nun weiter, dass diejenigen Staaten, welche überseeische Kolonien hatten, ihre merkantilistische Praxis um so mehr auf diese anwandten. Sie betrachteten sie als ein Absatzland, das nicht die Macht hatte, wie eine fremde Nation, sich dem Monopolgeiste des Manufakturprodukte ausführenden Landes zu widersetzen. England ist Nordamerika gegenüber so verfahren. Handel, Schiffahrt und Industrie der Kolonisten wurden hier nach Kräften unterdrückt und es ist oft hervorgehoben worden, dass in dieser selbstsüchtigen Politik die Hauptursache der amerikanischen Revolution gelegen hat.

Nachdem die englischen Kolonisations-Kompanien von London und Plymouth, welche im Anfang des 17. Jahrhunderts es unternommen hatten das amerikanische Festland zu besiedeln und dafür als Entgelt das Handelsmonopol für die neu zu gründenden Reiche von der Krone erhalten hatten, dieses Recht nicht auszunutzen vermochten, befanden sich die jungen festländischen Kolonien fast 30 Jahre bis 1651 im Besitze des Freihandels mit den europäischen Staaten. Hauptsächlich profitierte Holland davon, dessen Seemacht sich gerade grossartig entfaltet hatte und dessen damaliger Sklavenhandel schon erwähnt wurde. Man darf jedoch nicht vergessen, dass in jener Zeit der Verkehr zwischen Nordamerika und Europa gering war, und dem Mutterlande kein grosser Schaden durch die freie Konkurrenz im Kolonialhandel erwachsen konnte. Nur der Tabak, welcher damals schon überwiegend in Virginien produziert wurde, schien dem König von England der monopolistischen Behandlung wert, so dass seit 1620 aus finanziellen Motiven zahlreiche Verordnungen erlassen wurden, welche alle den Zweck hatten dieses Produkt stets zuerst nach England zu ziehen, damit es von dort besteuert in die andern Länder Europas verkauft werde. Da indessen Holland die Macht hatte, diese Gebote zu missachten, ist der praktische Erfolg derselben nur gering gewesen.

Anders wurde es, als Cromwell 1651 um die holländische Handels- und Seemacht zu brechen, die berühmte Navigationsakte veranlasst hatte, in welcher es hiess, dass der Handel zwischen England und den Kolonien, ebenso wie zwischen England und der übrigen Welt nur durch Schiffe betrieben werden dürfte, welche Engländern gehörten und wenigstens zu dreiviertel mit Engländern bemannt wären. Diese Bestimmung war nicht gegen die Kolonien gerichtet, schädigte sie aber insofern als sie einen Absatz ihrer Produkte in England nur dann finden konnten, wenn englische Schiffe dieselben dorthin brachten und englische Waren nur beziehen konnten, falls sie in englischen Schiffen gebracht wurden. Der Handel mit andern Ländern war den Kolonisten noch freigelassen, wie auch ihre Rhederei, welche sich besonders in Neuengland eines Aufschwunges erfreute, nicht berührt worden war, indem ihre Schiffe als englische betrachtet wurden, eine Bestimmung, welche auch dauernd geachtet wurde. Schlimmer wurde es für die Nordamerikaner als 1660 Karl II. die Navigationsakte erneuerte und derselben hinzufügte, dass keine Ware bei Strafe der Konfiskation anders in die Kolonien eingeführt werden solle als in englischen von Engländern geführten Schiffen. Der Export nach nicht englischen Ländern war jetzt für die Pflanzer noch frei, wurde dann aber 1663 ebenfalls zu Gunsten Englands durch die Bestimmung beschränkt, dass die sogenannten eigentlichen Kolonialwaren, wie Tabak, Indigo, Reis, welche im Gesetz aufgezählt waren, nur nach England, nicht nach andern Ländern verschickt werden durften. Die nicht aufgezählten Artikel, welche hauptsächlich die nördlichen Kolonien verkauften, vor allem Getreide, Fisch, Wolle, Flachs, konnten nach der Navigationsakte nur in englischen, d. h. auch in nordamerikanischen Schiffen nach England gebracht werden. Da aber das Mutterland diese Produkte reichlich, auch zum Export herstellte, hatte es kein Interesse daran sie heranzuziehen, geschweige denn zu monopolisieren. Es wurde daher den Kolonisten und selbst fremden Schiffen die Ausfuhr solcher Waren aus Nordamerika insoweit freigegeben als sie sich auf die Länder südlich vom Cap Finisterre erstreckte, d. h. ausserhalb der nächsten aber wichtigsten Zone des englischen Exporthandels. Indessen waren die englischen Landwirte mit dieser Massregel dauernd nicht zufriedengestellt. Als die mittleren Kolonien ihren Getreidebau ausdehnten und die Cerealien billiger herstellten als es in manchen Teilen Englands möglich war, brachten sie dieselben zum grossen Verdruss der englischen Farmer auf den Londoner Markt. Im Widerspruch mit dem Ziel der sonst befolgten Merkantilpolitik wurden Korngesetze erlassen. Später durfte sogar die amerikanische Wolle nicht mehr in Grossbritannien eingeführt werden, „weil sonst unvermeidlich der Wert der Grundstücke in England herabgesetzt würde“.

Die Beschränkungspolitik des Mutterlandes gegenüber seinen Pflanzungen war aber mit den erwähnten Massregeln noch nicht abgeschlossen. Der neuenglische Rheder betrieb einen ergiebigen Küstenhandel bis zu den südlichen Staaten hin und seine Schiffe gingen direkt nach Westindien. Von den ersteren holte er im Austausch für Fleisch, Getreide, Gemüse, die dort erzeugten Produkte wie Tabak, Indigo, Terpentin, Pech und Reis, zum Teil um sie nach England zu schaffen, von den Inseln, besonders von den nicht englischen, importierte er Rum, Zucker, Melasse, teilweise ebenfalls zum Zwecke des Zwischenhandels. Als sich hierbei nun den englischen Schiffsherren und Kaufleuten die Konkurrenz fühlbar machte, wurde der westindische Handel mit fremden Nationen den Amerikanern verboten und zugleich der Befehl gegeben, dass sie für den eigenen Bedarf sich in Jamaica und Barbados zu versehen hätten. Die aus den Südstaaten im Zwischenhandel nach England verführten „aufgezählten" Waren wurden mit einem Zoll belegt, von dem die englischen Importeure frei blieben.[78]

Noch schlimmer wurde den nördlichen Kolonien mitgespielt, als seit dem Beginn des achtzehnten Jahrhunderts dort die Schaffung von Manufakturen angebahnt wurde. Dieselben wurden mit den verschiedensten Mitteln mehr oder minder erfolgreich unterdrückt. Der Süden wurde dadurch nicht unmittelbar getroffen, da er an die Errichtung von Fabriken nicht dachte, mittelbar musste auch er leiden. Denn als die Manufakturwaren Neuenglands, New-Yorks und Pennsylvaniens anfingen sich im Süden ein Absatzgebiet zu suchen, wurde der Handel mit ihnen den Kolonien untereinander nicht mehr gestattet, wodurch der Südländer als Käufer wiederum auf das Monopol Englands zurückgeworfen wurde, während der Norden seinen Absatz verlor. Auf Grundlage des Beschlusses der Gemeinen von 1719 „dass die Errichtung von Manufakturen in den Kolonien dahin führe, deren Abhängigkeit von Grossbritannien zu verringern" wurde sogar der Export einer Reihe von Fabrikaten aus Nordamerika nach fremden Ländern verboten. Auch wurde wiederholt die Schliessung der entstandenen Fabriken verlangt und durchgeführt, obgleich dem Mutterlande zu einer solchen rigorosen Massregel niemals das Recht zugestanden wurde. Die Roheisenfabrikation, die Verarbeitung des Eisens, die Hutmacherei, die Herstellung von Holzgeräten, Wollstoffen, Garnen, Leinen, Papier, Leder hatten unter mancherlei Chikanen des englischen Handelsgeistes zu leiden, der da glaubte „grosse Nationen nach den Maximen des Ladentuches regieren zu können".[79]

Die Handels- und Industriebeschränkungen, über welche allein 29 Parlamentsschlüsse gefasst worden sind, haben sich vielfach als undurchführbar erwiesen, und während sie immer mehr die Amerikaner erbitterten, wurden von diesen stets neue Mittel und Wege gefunden den Schleichhandel an der Küste, im Innern des Landes, nach Westindien, nach Europa zu organisieren. Man betrachtete diesen Handel in Amerika als ethisch zulässig, denn die Navigationsakte und die späteren Beschlüsse des Parlamentes seien der Ausfluss egoistischer Willkür und ohne Zustimmung der betreffenden Kolonien gefasst worden, daher auch staatsrechtlich für sie nicht verbindlich.[80]

In Neuniederland und Neuengland hatte sich schon im 17. Jahrhundert das Schiffbaugewerbe einigermassen entwickelt. So sehr auch Grossbritannien dasselbe missgünstig behandelte, konnte es doch nicht hindern, dass die amerikanischen Schiffe sich an der Fischerei auf den Neufundlandbänken beteiligten, die Ostküste des Kontinents regelmässig befuhren, in Mittelamerika mit Spaniern, Franzosen, Holländern Geschäfte abschlossen, in Europa verbotene Waren einführten und selbst, trotz des in England bis 1698 monopolisierten Negerhandels an die afrikanische Küste fuhren und Neger dort kauften.[81] Als im achtzehnten Jahrhundert der Sklavenhandel allen Engländern freigegeben war, nahmen Boston und Philadelphia in verstärktem Masse an demselben Teil, so dass während der höchsten Blüte des Geschäftes 60—70 Sklavenschiffe von diesen beiden Städten ausgesandt wurden. Noch im Jahre 1789 gingen 30 Schiffe von Boston nach Guinea, obgleich damals schon die abolitonistische Bewegung in Massachusetts Platz gegriffen hatte und nach dem Gesetz dort keine Sklaven mehr eingeführt werden durften. Der Hauptimporthafen für die amerikanischen Sklavenhändler war Charleston in Südkarolina, wo auch in unserem Jahrhundert noch einer der bedeutendsten Sklavenmärkte war.

So ungern die Engländer es sahen, dass die Amerikaner ihre schwarzen Arbeiter selbst aus Afrika holten, ein ebenso grosses Interesse hatten sie daran in den Kolonien dauernd die Negersklaverei zu erhalten. Nur wenn dieselbe fortbestand, war auf einen dauernden Markt für die englischen Händler zu rechnen. Der Sklavenhandel hat England kolossale Reichtümer eingebracht, welche, wie man gesagt hat, die Mittel gewesen sind die Herrschaft in Ostindien aufzubauen. Es ist nicht bloss der Kaufmann an diesem gewinnbringenden afrikanischen Geschäft beteiligt gewesen. Kapitalisten hatten ihr Geld darin angelegt, Kapitäne und Matrosen fanden reichlich zu thun, und zahlreiche Agenten wurden in Afrika und Amerika beschäftigt. Könige und Minister spekulierten in Negersklaven und noch 1750 hatte das Oberhaus vierzehn Tage über die beste Methode nachgedacht, durch welche der Negerhandel noch wirksamer gemacht werden könne. Indirekt waren alle produzierenden Klassen Englands durch ihn berührt und gar oft ist es im Parlamente ausgesprochen worden, dass er eine durchaus nationale Angelegenheit sei. Er war aber nicht nur eine Quelle des Volkswohlstandes, sondern auch für die politische Macht des Landes bedeutsam, indem die sich ausdehnende und stets thätige Schiffahrt die Herrschaft Englands auf dem Ocean sichern und heben musste.

Die Aufrechterhaltung und die Verbreitung der Negersklaverei in den nordamerikanischen Kolonien entsprach der merkantilistischen Politik auch insofern als denselben dadurch das Heraustreten aus dem einseitigen Wirtschaftsleben des Agrikulturlandes erschwert wurde.

Je grösser die Zahl der Sklaven in den südlichen Kolonien wurde, um so mehr Tabak, Indigo, Reis u. s. w. musste produziert werden, und je mehr davon nach England verschickt wurde, um so weniger Interesse musste der Virginier und Karolinier der Ausbildung eigner Manufakturen entgegenbringen. Die Geschichte der Südstaaten der nordamerikanischen Union hat diesen Satz bewahrheitet, wie er auch für die Kolonialzeit zutreffend gewesen ist, nur mit dem Unterschiede, dass in unserem Jahrhundert die Masse der neuen schwarzen Arbeiter durch inländisches, systematisches Aufziehen, in den beiden vorhergehenden, überwiegend durch Import beschafft wurde. Die Neger, insbesondere die eben aus Afrika herbeigeschleppten, konnten im allgemeinen zu feinerem Handwerk oder in entstehenden und daher experimentierenden Manufakturen nur in sehr beschränktem Masse gebraucht werden, in der subtropischen Landwirtschaft dagegen mit ihrem, wenn auch bisweilen komplizierten, aber doch stets einförmigen gegebenen Mechanismus waren sie äussert einträglich.[82]

In den mittleren und nördlichen Kolonien war die Negerarbeit weniger nutzbringend und daher konnte England hier nicht so sicher auf den Absatz seiner Afrikaner rechnen. Immerhin liessen sich auch hier noch das Hausgesinde und die Feldarbeiterklasse durch Negerzufuhr vermehren und dies hatte schon den Vorteil, dass dann weniger Europäer einwanderten, aus denen oder aus deren Kindern dereinst Industriearbeiter werden konnten.

Für den Norden wie für den Süden gleichmässig galt aber der Satz, dass je mehr Neger dorthin gebracht würden, um so weniger die Tendenz der Kolonien zur politischen Unabhängigkeit hervortreten müsste. Die Weissen waren es, welche die republikanischen Ideen vertraten und die Freiheit vom Joche des englischen Handelsmonopols erstrebten. Die Neger in den Vereinigten Staaten sind heute noch nach dreissigjähriger Freiheit bei völliger öffentlicher Gleichstellung mit den Weissen Kinder in politischen Dingen, was konnte England von den damaligen Sklaven fürchten, welche eben erst aus dem dunkeln Erdteil gebracht worden waren und die amerikanische Sprache kaum verstanden!

Der Rassengegensatz und die damit verbundenen Gefahren musste schliesslich die Energie der Kolonisten England gegenüber schwächen. Je mehr dieselben zu Hause zu thun hatten um so weniger konnten sie sich um auswärtige Beziehungen kümmern.[83]

Die englische Regierung bemühte sich nun infolge

solcher Anschauungen erstens zur Sklaveneinfuhr zu ermuntern und zweitens alle Hindernisse aus dem Wege zu räumen, welche die Amerikaner etwa derselben in den Weg legten. Die Könige von Karl II. bis Georg III. veranlassten Parlamentsbeschlüsse und instruierten die Gouverneure in den Kolonien in diesem Sinne. Die Königin Anna befahl insbesondere ihren Vertretern in New-York, New-Jersey und Virginien den Sklaven bringenden Kaufleuten, vor allem der königlich afrikanischen Kompanie gebührenden Vorschub zu leisten.[84]

Das hauptsächlichste Hindernis, welches die Sklavenimporteure fanden, war der Zoll, welcher an die Kolonialkasse zu entrichten war. Wenn er niedrig war, vermochten sie ihn meist auf die Käufer überzuwälzen, wenn er aber z. B. wie 1759 in Virginien bis auf 20 % des Wertes des eingebrachten Negers erhöht wurde, so wurde das Geschäft dadurch erheblich getroffen. Je nach seiner Höhe wirkte er mehr oder weniger prohibitiv. Oft wurde dann von den Händlern an die Krone petitioniert, welche gern bereit war dem Gesuch zu willfahren. In den meisten Fällen war der Zoll ein Finanzzoll, der entweder zur Deckung von Schuldzinsen oder von neuen Staatsausgaben, besonders beim Ausbruch eines Krieges, oder auch zur Entlastung der Zahler direkter Steuern meist nur für ein oder einige Jahre aufgelegt worden war.

Aber der Zoll ging öfters auch aus anderen Motiven hervor. Er bedeutete die Opposition der Amerikaner gegen den Sklavenimport. Bei derselben müssen wir den Unterschied zwischen den nördlichen und südlichen Staaten, die jeweiligen politischen Verhältnisse der Kolonien im Allgemeinen, endlich den Grad der wirtschaftlichen Entwicklung, besonders den der Sättigung mit Negersklaven berücksichtigen. Humanitäre Bestrebungen haben vor der Mitte des achtzehnten Jahrhunderts keinen beachtenswerten Einfluss gehabt und spielen erst eine gewisse Rolle, als bestimmte Interessen sich schon deutlich gegen den afrikanischen Handel der Engländer erklärt hatten. Ich komme später auf diese Angelegenheit zurück.

Die Neuengland-Staaten wie New-Jersey und Pennsylvanien sahen genau im Gegensatz zu Grossbritanniens Wünschen bei sich viel lieber weisse Arbeiter als Neger und einer völligen Duldung des Negerhandels schrieben sie die Bedeutung zu die europäischen Auswanderer fernzuhalten, welche auf das Lebens- und Arbeits-Niveau der Sklaven herabgedrückt zu werden fürchten müssten. Auch sprach die koloniale Schiffahrt gelegentlich ein Wort mit, wenn dem Verlangen ein Ausdruck gegeben wurde, englische Importeure zur Zollzahlung ausschliesslich oder im besondern Masse anzuhalten.

Den südlichen Plantagenbesitzern war der Eifer Englands am Sklavenimport ganz sympathisch, so lange wenigstens als sie auf einen steigenden Absatz ihrer Produkte rechnen konnten, anders aber dachten sie, wenn sich die Preiskonjunktur für sie ungünstig stellte.

Falls die Preise von Tabak, Indigo, Reis sehr heruntergingen und das geschah in Folge der fortgesetzten Ausdehnung der Plantagenwirtschaft im achtzehnten Jahrhundert wiederholt, entwerteten sich nicht bloss die in den Lagern aufgestapelten Waren, sondern auch die Neger selbst und dadurch wurden diejenigen am härtesten getroffen, welche in der Zeit des Aufschwunges des Geschäftes in der Hoffnung auf weiter steigende Warenpreise Sklaven auf Kredit gekauft hatten und nun die Zinsen des geliehenen Kapitals nicht bezahlen konnten. Dann wurde viel von Überproduktion und von der Notwendigkeit der Einschränkung des Geschäftes gesprochen und die der Sklaveneinfuhr im Wege des Gesetzes gefordert.

So lange gut verdient wurde galt es als ungerecht und unweise, dass sich der Staat um das Wirtschaften der Einzelnen kümmern wollte, aber in schlechten Zeiten sollte er die wirklichen oder vermeintlichen Torheiten der Menschen wieder gut machen. Man könnte Vergleiche mit europäischem Wirtschaftsleben am Ende des 19. Jahrhunderts anstellen.

Die den afrikanischen Handel beschränkenden Massregeln, das kam noch hinzu, wurden im Süden von einem

Teil der Bevölkernng fortgesetzt gern gesehen. Unter den Gebirgsfarmern von Virginien und Karolina hat z. B. die Sklaverei von jeher entschiedene Feinde gehabt. Diese Leute mit ihrem relativ kleinen Betrieb wollten sich politisch nicht den Flachländern beugen, deren Macht auf dem Sklavenkapital beruhte. Diese Kolonien waren nun in mancher Beziehung demokratisch organisiert, was nicht blos zur Folge hatte, dass auch die Minorität in politischen Dingen zum Worte kam und gehört wurde, sondern auch je nach der Konstellation der sonstigen politischen Angelegenheiten ihr Veto vielleicht als ein gewichtiges bei Abstimmungen in die Waagschale legen konnte.[85]

Es war für einsichtsvolle Politiker übrigens in allen Kolonien klar, dass aus dem Zusammenleben von zwei Rassen, die im Denken und Fühlen, in Sitte und Sprache so unendlich weit von einander verschieden waren, schliesslich nicht viel Gutes folgen könne, so dass jede starke Zunahme der schwarzen Bevölkerung sie mit Sorge erfüllen musste. Freilich waren die Befürchtungen, welche im vorigen Jahrhundert schon oft ausgesprochen worden sind für die festländischen Kolonien übertrieben und die Negerverschwörungen, von denen die Geschichte berichtet haben sich meist als äusserst harmlos erwiesen. Aber die späteren Vorgänge von San Domingo haben gezeigt, dass unter besonderen Verhältnissen Negerrevolutionen das Leben und den Wohlstand der Weissen vernichten können. Am meisten wollten noch die Verschwörungen bedeuten, falls sie mit Indianerkriegen in Zusammenhang standen oder aus Grenzunruhen hervorgingen, bei denen die Spanier oder die Franzosen beteiligt waren. Wie wenig aber im Ganzen die Neger im achtzehnten Jahrhundert durch die politische Intrigue gewonnen werden konnten, zeigt der Umstand, dass es während des Unabhängigkeitskrieges den Engländern in irgend erheblicher Weise niemals gelungen ist die Neger unter dem Versprechen der Freiheit gegen ihre amerikanischen Herren aufzuwiegeln. Auch bei den inneren politischen Kämpfen waren die Schwarzen weit entfernt davon eine Rolle zu spielen. Obgleich z. B. bei den Konfessionsstreitigkeiten in

Maryland und New York Neger- und Papistenverschwörungen zusammen genannt wurden, so konnte dergleichen doch niemals als eine ernsthafte Bedrohung des sozialen Friedens angesehen werden.[86] Immerhin ist die Furcht vor Negeraufständen bei der Begründung der Negerimportzölle gelegentlich ein Motiv gewesen. Mit dem Verbote der Negerversammlungen, des Waffentragens der Sklaven, des Verkaufs von Schnaps an dieselben glaubte man nicht genug gethan zu haben, sondern meinte auch die Zuwanderung beschränken zu müssen.

Während des nordamerikanischen Freiheitskrieges wurde der englische Sklavenhandel überwiegend vom politischen Standpunkte aus beurteilt. Die unmittelbare Veranlassung zum Abfall der Kolonien bestand bekanntlich darin, dass das Mutterland dieselben zu Gunsten der eigenen Finanzwirtschaft zu besteuern suchte. Schon 1767 wurde auf diese Zumutung mit einem „Nicht-Einfuhr-Verein" geantwortet, dessen Agitation dahin ging, englische Waren in Verruf zu erklären und deren Verkauf unmöglich zu machen, so lange die Forderungen der englischen Regierung fortbestanden. Der erste allgemeine Kongress von 1774, auf dem die Kolonien ein gemeinsames Vorgehen berieten, machte diese Massregel zu der seinigen und zu den wichtigsten betroffenen Importgütern gehörten die Negersklaven. In Rhode Island wurde in demselben Jahre bereits ein Gesetz gegeben, das die Sklaveneinfuhr verbietet mit der Begründung, dass die allgemein menschlichen Freiheitsrechte, welche die Kolonien auch England gegenüber geltend zu machen in Begriff waren, dadurch verletzt würden. Als nach zwei Jahren der zweite Kongress den Handel mit allen Nationen für frei erklärte um den bevorstehenden Krieg wirthschaftlich zu erleichtern, blieb doch das Verbot die Afrikaner einzuführen fortbestehen, nicht nur um dem englischen Handel weiterhin zu schaden, sondern auch im Hinblick auf die Gefahren, welche während eines Krieges für die inneren Zustände der Staaten daraus erwachsen könnten.

Dementsprechend wurden 1776 in Delaware und 1776 in Virginien die Negerimporte aus Afrika verboten, und um dem Gesetz den richtigen Nachdruck zu verleihen, alle ihm zuwider Eingebrachten für frei erklärt. Nach dem Kriege als die politischen Interessen wieder hinter die wirtschaftlichen zurücktraten, erlitten diese Gesetze einige Abschwächungen, wenn auch das Verbot als solches nicht aufgehoben wurde.

In Maryland wurde seit 1783, in New Hampshire seit 1784, in New Jersey seit 1786, in Connecticut, Massachusetts, Pennsylvanien und New York seit 1788 der Negerhandel nicht mehr gestattet, 1787 wiederholte Rhode Island sein früheres Gesetz.

Es beharrten nur noch die beiden Karolinas und Georgien bei der alten Praxis. In dem ersten Entwurf der Unabhängigkeitserklärung der Kolonien von 1776 hatte Jefferson gegen England auch den Vorwurf erhoben Anstifter und Beförderer des Sklavenhandels zu sein, aber diesen Satz auf das Betreiben von Südkarolina und Georgien fortgelassen. Nordkarolina erklärte zwar 1786, dass die Einfuhr von Sklaven „von üblen Folgen und höchst unpolitisch sei“ ordnete aber zunächst nur einen Eingangszoll von 5 £ per Kopf an. Südkarolina verbot 1787 für ein Jahr den Import, eine Massregel die später einigemale wiederholt wurde und Nordkarolina und Georgien führten dann schliesslich ebenfalls solche temporäre Prohibitiv-Massregeln ein, besonders als man fürchtete, dass von Westindien revolutionäre Elemente eindringen könnten.[87]

Der soziale Grundgedanke der nordamerikanischen Konstitution, dass alle Menschen gleiche Rechte und Ansprüche auf Leben, Freiheit und Glück haben sollen, verlangte logischer Weise, dass nicht bloss der afrikanische Negerhandel, sondern auch die Sklaverei selbst für den eben begründeten Bundesstaat beseitigt werde. Doch wurde davon abgesehen und sie selbst als eine Angelegenheit der Einzelstaaten hingestellt, womit den Südländern mit ihrer Forderung der Einzelstaat-Souveränität, welche gerade im Hinblick auf die Sklaverei in ihnen Verteidigung fand, entgegengekommen wurde. Dagegen konnte der Bundesstaat den afrikanischen Negerhandel nicht ganz aus dem Bereich seiner Aufsicht und Jurisdiktion ausschliessen, da die auswärtigen und die allgemeinen handelspolitischen Dinge der Bundesgewalt unterstellt waren und von ihr auch nur bei der Gefahr der Auflösung des Bundes abgetrennt werden konnten. Die neue Verfassung von 1787 machte nun den drei südlichsten Staaten die Konzession — Maryland, Delaware und Virginien waren genügend mit schwarzen Arbeitern versehen — „dass die Einwanderung oder die Einfuhr solcher Personen, welche irgend einer der jetzt existierenden Staaten zuzulassen für geeignet erachtet, durch den Kongress vor dem Jahre 1808 nicht abgeschafft werden solle, dass aber eine Steuer von nicht mehr als 10 Dollars für jede Person erhoben werden könne, die eingeführt werde oder einwandere."

Damit war der afrikanische Handel für weitere zwanzig Jahre bewilligt. Es war geschehen als die Karolinas und Georgien erklärten unter anderen Bedingungen dem Bunde nicht beitreten zu wollen und es den Staatsmännern wie Washington und Jefferson als die erste politische Notwendigkeit erschien eine Union zu erhoffen, auf deren Grundlage eine amerikanische Grossmacht erwachsen könne. Es stützte sich ausserdem dieses Zugeständnis noch auf einen wenig saubern Handel zwischen nördlichen und südlichen Wirtschaftsinteressen. Die neuenglischen Rheder beanspruchten, dass die Konkurrenz fremder Flaggen zu Gunsten der Amerikaner möglichst beschränkt werde um die eigene Schiffahrt ausdehnen zu können. Dem wollte der Süden nicht zustimmen, weil er selbst an der Verschiffung der Waren von und nach Europa nur wenig beteiligt war, weil er ferner eine Verteuerung der europäischen Produkte mit der vorgeschlagenen Massregel erwartete, endlich weil er so bei dem Absatz seiner Produkte belästigt zu werden glaubte. Als nun diese Angelegenheit in derselben Kommission zur Verhandlung gelangte, in der auch über den Sklavenhandel beraten wurde, kam unter der Maxime „do ut des" eine Vereinigung zu Stande. Neuengland stimmte für die Fortdauer des Sklavenhandels und der Süden für das vorgeschlagene Schiffahrtsgesetz.[88]

Bis zum Jahre 1808 bestand demnach in den erwähnten Staaten der afrikanische Handel fort,[29] wurde zwar öfters durch deren Gesetzgebung unterbrochen, aber immer wieder freigegeben, weil der Schmuggel nicht zu kontrolieren sei. Das Bundesgesetz vom 26. Februar 1807 verbot dann vom ersten Januar 1808 an jeden afrikanischen überseeischen Sklavenhandel und den Transport sowie die Einfuhr von Negern alle Zeiten für in dem ganzen Unionsgebiet. Ein Geheimhandel bestand aber trotzdem noch fort, der erst völlig verschwand, als er zu kostspielig wurde, d. h. als die inländische Sklavenzucht so reichlich ausfiel, dass man den Bedarf damit mehr als decken konnte.

ZWÖLFTES KAPITEL.

DIE NEGERSKLAVEREI IM NORDAMERIKANISCHEN WIRTSCHAFTSLEBEN.

Vom national-amerikanischen Standpunkte sowohl als auch von demjenigen der Parteitheorien der 1861 secessionierenden Südstaaten und der nördlichen Abolitionisten ist der Satz aufgestellt worden, dass die Negersklaverei den amerikanischen Kolonisten von England aufgezwungen sei. Vertreter des ersteren wollten in chauvinistischer Eitelkeit das eigene Volk von dem Vorwurf freisprechen die Gräuel und Rohheiten der Negersklaverei bei sich eingeführt zu haben, die Verteidiger der südländischen Wirtschaftsinteressen suchten bei der damaligen leidenschaftlichen Auffassung der Dinge zu beweisen, dass die Sklaverei nicht als eine von ihnen ungesühnte Schuld behandelt werden dürfe, da sie die Institution nur unfreiwillig angenommen hätten. Ihre nördlichen Gegner schliesslich machten England deshalb verantwortlich, damit sie die Reinheit ihrer Gesinnung und ihren Abscheu gegen die Negerknechtschaft als von ihren freiheitsliebenden und von England sich freimachenden Vorfahren ererbt behaupten und den Einwand entkräften zu können, dass ein ökonomisches Interesse ihr Führer im Streite sei.

Begründet werden diese Meinungen mit der Art der englischen Kolonialpolitik und mit der Gegnerschaft der Amerikaner gegen den Sklavenhandel, wovon in dem vorigen

Kapitel gesprochen wurde. Aus dem Mitgeteilten ist aber nur zu ersehen:

1. dass den Kolonien der Import von Negersklaven hier und da zu stark wurde und dass sie dann gegen denselben reagirten:

2. dass eine einigermassen einmütige Gegnerschaft gegen den Sklavenhandel nur vorhanden war, als der Freiheitskrieg begann, und dass die Ursache derselben darin bestand England möglichst zu schaden.

Aus dieser Abneigung der Kolonisten gegen den überseeischen Sklavenhandel kann keine solche gegen die Einrichtung Sklaverei überhaupt geschlossen werden. Dieselbe bestand schon vierzig Jahre bevor das Mutterland seine Merkantilpolitik in Kraft setzte und entsprach auch später in mancherlei Weise den wirthschaftlichen Bedürfnissen und damit dem Willen der Ansiedeler. Wenn der Süden, wie wir sogleich des Näheren sehen werden, auch mehr als der Norden an der Negerarbeit interessiert war, so kann der letztere eine moralische Entlastung schon deshalb nicht beanspruchen, weil er seinerseits oft genug Schiffe nach Afrika um Schwarze zu holen, geschickt hat, ja selbst noch heimlich im 19. Jahrhundert, als die Gesetzgebung der Vereinigten Staaten diesen Handel verboten hatte.

In der Mitte des achtzehnten Jahrhunderts bestand die Negersklaverei als eine rechtlich anerkannte und juristisch ausgebildete Einrichtung in allen 13 Kolonien. Sie wurde von den südländischen Aristokraten, wie von puritanischen Demokraten, von Plantagenbesitzern sowohl, als auch von Bauern, von Katholiken, Hochkirchlichen und Dissenters ausgeübt. In Maryland, in Nord- und Südkarolina in Connecticut, in New Hampshire war sie üblich, seit dem die Kolonien da waren, in Virginien seit 1619, in Massachusetts seit 1630, nach anderen Angaben seit 1633, in den neuen Niederlanden seit den zwanziger Jahren des siebenzehnten Jahrhunderts.[9]

Bei der Gründung war von dreien, Neu-Schweden, Rhode Island und Georgia der Versuch gemacht worden, sie rechtlich auszuschliessen, aber der erste und dritte Staat haben sie nach wenigen Jahren ausdrücklich angenommen und bis zum Secessionskrieg in unserem Jahrhundert eifrigst gepflegt, und die Bürger des zweiten haben sie nicht bloss stillschweigend sehr bald geduldet, sondern durch Beteiligung am afrikanischen Handel in den andern Kolonien noch verstärkt.

Im Hinblick auf Neu-Schweden hatte der König Gustav Adolf 1626 ausgesprochen, dass die Sklaven viel kosten, nur mit Widerwillen arbeiten und bei harter Behandlung bald umkommen; das schwedische Volk sei arbeitsam und verständig und werde gewiss durch ein freies Volk mit Weibern und Kindern mehr gewinnen. Von humanitären Motiven ist also bei seinem Verbot gegen die Sklaverei nichts zu bemerken, was auch dem damaligen Zeitalter auf diesem Gebiete ganz fern lag, wie es denn auch bekannt ist, dass die Schweden sich mit dem afrikanischen Menschenhandel befasst haben. Solange die schwedischen Ansiedelungen in Nordamerika unabhängig da standen, hat das Königswort gegolten. Als aber die Holländer und später die Engländer Herren von Delaware wurden, wurde ihm alsbald keine Beachtung mehr geschenkt.[91]

Die Repräsentanten-Versammlung von Rhode Island erklärte im Jahre 1652, als es bekannt geworden war, dass die dortigen Einwohner geneigt seien Neger zu kaufen um sie in lebenslänglicher Knechtschaft zu halten „dass kein schwarzer Mann durch Vertrag, Uebereinkunft oder sonst in immerwährendem Dienst gehalten werden dürfe, sondern dass der Herr ihn nach Verkauf von zehn Jahren, wie dies mit den Dienstbaren aus England der Fall sei, freilassen und dass Jeder, der seinen Sklaven nach dieser Zeit nicht in Freiheit setze oder auch vor derselben verkaufe, um ihn auf längere Zeit wieder der Freiheit verlustig zu machen der Strafe von 40 £ verfallen und, dass jedes Negerkind mit dem 24. Lebensjahr frei werden solle. Dieses Gesetz ist aber niemals ernstlich befolgt worden, es steht nur da als das erste, in seinen Ursachen dunkele Zeugnis von Bestrebungen zur Beseitigung der Sklaverei in einer Zeit wo sonst noch Niemand daran dachte.[92]

Die Einfuhr von Sklaven wurde bei der Gründung von

Georgia gesetzlich verboten. „Sklaverei“ erklärte Oglethrope „ist gegen das Evangelium sowohl als gegen das Grundgesetz von England. Wir weigern uns ein so abscheuliches Verbrechen zu erlauben“. Andere Motive kamen hinzu und waren ausschlaggebend. Viele der ersten Ansiedler waren aus den englischen Armenhäusern gekommen und mussten erst zur Arbeit erzogen werden. Wie sollten sie im Stande sein, andere darin zu unterweisen, oder anderen vernünftig zu befehlen? Ein Deutscher Namens von Reck, welcher Emigranten nach Georgia geführt hatte, schrieb über die junge Ansiedelung, sie sei ein Asyl zur Aufnahme der Bedürftigen, und es sei daher notwendig gewesen keine Sklaven zuzulassen, die durch ihre Konkurrenz dem armen weissen Arbeiter nur schaden könnten. Eine weitere Erwägung war die Nachbarschaft der Spanier und der mit diesen verbündeten Indianern, welche mit Missgunst die Ausdehnung der englischen Kolonisation betrachteten und nur darauf bedacht zu sein schienen bei ihr Unzufriedenheit zu erregen, wozu die Sklaverei mit ihrem Rassengegensatz besonders dienlich war. Georgia sollte mit seinen freien Kolonisten ein Karolina vorgelagerter Schutzwall sein, damit hier die Plantagenwirtschaft ungestört gedeihen könne.

Die wirtschaftlichen Interessen des Landes zeigten sich aber bald mächtiger als alle diese Erwägungen. Sobald der Ackerbau etwas zugenommen hatte und auch reicherere Einwanderer ankamen, erschien die Negerarbeit als höchst profitabel, zu der zu greifen die Georgier sich um so eher genötigt sahen, als die karolinischen Landwirte mit Negersklaven produzierten und den Preis der Exportwaren durch diese Betriebsform bestimmt wurde.

Die Kolonisten halfen sich dadurch, dass sie die Neger als indented servants in Südkarolina kauften, aber dann so vorsichtig waren, die Arbeitszeit auf hundert Jahre zu bemessen. Bald kamen auch Schiffe aus Afrika nach Savannah und die Hafenbehörden sahen nicht, was an das Land gebracht wurde. Petitionen an die Kolonisations-Gesellschaft und an das englische Parlament gingen dahin, den thatsächlichen Zustand auch zu einem gesetzlichen zu machen und 1747 wurde dann diesen Wünschen entsprochen, nachdem zur Beschwichtigung einiger besorgter Gemüter die Sklavenhalter durch Gesetz unter Androhung einer Strafe von 5 £ angehalten wurden ihre Neger Sonntags zum Gottesdienst zu schicken. Von den Einwanderern waren die Mähren und die Salzburger der Sklaverei aus konfessionellen Gründen meist abgeneigt und zuerst auch wenig an derselben interessiert, da sie sich als Farmer im Innern des Landes niedergelassen hatten und sich aus Mangel an Kapital auf die eigne Arbeit angewiesen sahen. Als sie zu grösserem Wohlstand gelangten und ihnen die Negerarbeit erwünscht wurde, beruhigte ihre Glaubensbedenken schliesslich eine Botschaft, die ihnen aus der Heimat zukam: „Wenn Ihr Sklaven im Glauben annehmen und mit der Absicht sie Christo zuzuführen, so ist diese Handlung keine Sünde, sondern kann sich als eine Segnung erweisen.“ [93]

Wenn auch in der Mitte des 18. Jahrhunderts die Negersklaverei in allen 13 Kolonien bestand, so war doch die Ausdehnung in ihnen sehr verschieden, wie sich sowohl aus der absoluten Zahl der Schwarzen als auch aus dem Verhältnis derselben zu derjenigen der weissen Bevölkerung ergab. Die Statistik ist im Anfange des vorangehenden Kapitels angegeben worden. Während in Neuengland auf etwa 39 Weisse ein Neger kam, war in New York das Verhältnis etwa wie 8 : 1, in Maryland wie 26 : 11, in Virginien 16 : 11, und in den Karolinas wie 5 : 3. Bei diesen Angaben ist nach Hautfarbe, nicht nach Status gerechnet. Da nun in den nördlichen und mittleren Kolonien damals die Zahl der Freineger verhältnismässig grösser war als im Süden, so verschieben sich bei der Beurteilung der Rechtslage die Zahlen noch in der Weise, dass die Summe der Sklaven im Verhältnis zu derjenigen der Freien im Norden und der Mitte noch geringer erscheint als in der obigen Angabe, im Süden dagegen mit der verzeichneten Proportion eher übereinstimmt.

Die Gründe dieser Verteilung der Neger über die Kolonien liegen in der klimatischen und in der wirtschaftlichen Eigenart derselben, welche sich teils jede für sich, teils in ihrer Wechselwirkung verfolgen lassen.

Als allgemeiner Satz galt in jener Zeit, dass im Norden die Sterblichkeit der Neger grösser und dass die Fruchtbarkeit und die Arbeitsfähigkeit der Rasse geringer als im Süden sei. Der Afrikaner fühlte sich wohl, wenn die Sonne heiss brannte und war dann zur Arbeit wohl zu verwenden, die rauhe Luft, Frost und Eis dagegen machten ihn krank, unglücklich und energielos. Ganz anders verhielt es sich mit der weissen Bevölkerung, die aus dem klimatisch gemässigten Europa kam. Sie gedieh am besten dort, wo der Heimat ähnliche Wärmeverhältnisse bestanden. In Land- und Waldarbeit verdiente sie sich dann gern den Unterhalt und schöpfte Lebensfrische und stets neuen Thätigkeitsdrang aus derselben. Die Feldbestellung in den halbtropischen Gebieten konnte sie dagegen nur schwer oder gar nicht vertragen.

Die heutigen Schwarzen in den Vereinigten Staaten haben sich, nachdem ihr Geschlecht seit 100 bis 200 Jahren aus Afrika verpflanzt worden ist, in den kältern Teilen der Union einigermassen acclimatisiert, die meisten leben aber auch heute noch in dem sonnigen Süden und wandern von dort nur unter dem Zwang der äussersten Not oder äussersten Bedrückung fort. In der Kolonialzeit wurden zuerst die Neger aus dem tropischen Afrika gebracht und kamen dann ganz unvermittelt in nördliche, ihnen ganz und gar nicht klimatisch zusagende Länder, weshalb man im Verlaufe jener Zeit angefangen hatte, die für dort bestimmten Neger einen Übergangsprocess durchmachen zu lassen, d. h. sie erst in dem doch gemässigteren Westindien und in den Südstaaten zu halten und dann nach dem Norden zu exportieren. Allein viel wollte ein solcher Zwischenhandel nicht bedeuten, da der Preis der Sklaven dafür im Norden ein entsprechend hoher hätte sein müssen, was er niemals wegen der dort beschränkten Nützlichkeit derselben gewesen ist.

Ungeeignet für die Negerarbeit waren vor allem die Neuengland-Staaten, etwas günstiger New York, New Jersey und Pennsylvanien, durchaus geeignet waren Südkarolina und

Georgia. Maryland, Delaware, Virginien und Nordkarolina standen ungefähr bezüglich der Verwendbarkeit ihrer Lage entsprechend in der Mitte, so dass hier sowohl die Weissen wie die Schwarzen im Freien dauernd arbeiten konnten, wobei aber zu beachten ist, dass im Innern des Landes dem Gebirge zu die ersteren einen Vorsprung hatten, der den andern im Flachlande zukam.

Es ergiebt sich, dass in den zwei südlichsten Kolonien die Negerarbeit, die damals nur Sklavenarbeit sein konnte, — freie schwarze Lohnarbeiter etwa wie heute Chinesen zu engagieren ging nicht wohl an — eine wirtschaftliche Notwendigkeit war. Sollte dort Reis, Indigo oder Baumwolle überhaupt kultiviert werden, so mussten auch Negersklaven importiert werden. Die mittleren Gebiete dagegen bedurften derselben nur um ihre wirtschaftlichen Kräfte zur stärkeren Entfaltung zu bringen. Die weisse Einwanderung ging nicht rasch genug von statten um besonders den Tabakbau so lukrativ zu gestalten als man ihn wünschte, weshalb der Pflanzer gern jedes verfügbare Geldkapital in Negersklaven anlegte. In den nördlichen Gebieten endlich war ebenfalls oft ein Mangel an Arbeitskräften vorhanden, vor allem auch, als der Wohlstand zugenommen hatte, an häuslichen Dienstboten. Zu solchen liessen sich die Negerinnen, namentlich die in Westindien oder in Amerika geborenen wohl gebrauchen. Auch die Männer konnten bei den einfacheren Arbeiten im Hause, oder im Sommer auf dem Lande verwendet werden. Auch ohne Neger wäre hier, höchstens um weniges verzögert, auf eine allseitig befriedigende Entwickelung des Wirtschaftslebens zu rechnen gewesen.

Der Preis der Negersklaven bestimmte sich soweit die Nachfrage dabei von Bedeutung war in der Hauptsache während des 18. Jahrhunderts, durch diejenige der Pflanzer von Westindien, Karolina und Virginien. Wollte also der neuenglische Farmer einen Schwarzen kaufen, so musste er wenigstens in der Regel denselben Preis zahlen wie die südlichen Plantagenbesitzer. Das musste ihm aber oft genug eine vergleichweise schlechte Kapitalanlage sein, denn er lief bei dem Kauf ein grösseres Risiko wegen der stärkeren

Sterblichkeit der Neger als der Südländer, der zudem einen besseren Ertrag aus der Kraft des schwarzen Arbeiters erzielte und in jeder Negerin „die fruchtbare Mutter von hundert oder mehr Sklaven“ erblickte. Auch brauchte der Neger im Norden mehr Kleidung und bessere Ernährung, so dass noch ein regelmässiger Mehrkostenaufwand für den dortigen Farmer im Gegensatz zu dem südlichen Pflanzer erwuchs. Von dem letzteren konnte auch die Arbeitskraft insofern ökonomischer ausgenutzt werden als sich infolge des milden Winters der Sklave das ganze Jahr im Felde beschäftigen liess. Alle landwirtschaftlichen Arbeiten vor der Aussat, wie Pflügen, Eggen, Umgraben liessen sich bei ihm in ebensoviel Monaten vornehmen als in Wochen im Norden, wo der eintretende Frost den Betrieb unterbrach. Er brauchte daher relativ weniger Arbeiter als ein sonst vielleicht wirtschaftlich gleichgestellter Landmann des Nordens. Eine wenig gute Vermögensanlage konnte sich aber nur der einigermassen wohlhabende nördliche Farmer gewissermassen als Luxus gestatten — daher konnte in seinem Lande der Negerimport niemals sehr umfangreich werden.[95]

Der Sklavenbesitz war ferner aus rein wirtschaftlichen Gründen in den Kolonien verschieden profitabel. Im Süden liessen sich, wie bei dem Tabakbau der Reis- und Indigokultur zahlreiche Arbeiter sowohl bei der Bestellung des Bodens wie bei der Ernte räumlich nahe nebeneinander beschäftigen, so dass eine Kontrole des Fleisses und der Geschicklichkeit der Neger unschwer durchzuführen war. Bei der extensiven Weidewirtschaft, dem Körnerbau Neuenglands hingegen waren die Leute oft weit voneinander am Werk, so dass hier mehr von der Einsicht der Dienenden, gewiss eine seltene Eigenschaft bei Negersklaven, als von einer Aufsicht der Herren zu erwarten war. Wo ferner Grossgrundbesitz und damit verbunden der Grossbetrieb vorherrschte, gestaltete sich die Negersklaverei ökonomischer als auf dem kleinen Gute und bei der kapitalarmen Wirtschaft. Die erstere Produktionsform bestand wie im dritten Abschnitte mitgeteilt wurde besonders in New York, Delaware, Maryland, Virginien, in den Karolinas und in Georgien.

In New York wurde sie in der zweiten Hälfte des achtzehnten Jahrhunderts eingeschränkt, in Georgien gewann sie erst in dieser Periode eine Bedeutung, in Nordkarolina war sie damals noch nicht kapitalkräftig. In den übrigen genannten Kolonien dagegen war sie auf dem Flachlande die typische Form der ländlichen Wirtschaft. Hier ist es nun, wo wir die Negersklaverei am meisten verbreitet vorfinden und wir dürfen gewiss einen ursächlichen Zusammenhang zwischen dieser Betriebsform und diesem Arbeitssystem annehmen.

Der grosse landwirtschaftliche Betrieb erklärte sich teils bei der Waldweidewirtschaft und beim Reis und Tabaksbau, wie oben ausgeführt wurde, aus produktionstechnischen Gründen und aus den Absatzverhältnissen, teils bestand der grosse Besitz als eine seiner Voraussetzungen auch schon seit dem Beginn der Kolonisation, also früher als der Negerimport stattgefunden hatte. Wir sind daher jedenfalls berechtigt der Ansicht entgegen zu treten, dass ihn die Sklaverei erst geschaffen habe, wenn auch nicht zu verkennen ist, dass der durch dieselbe erzeugte Reichtum seine Ausdehnung und Erhaltung begünstigt hat. In Georgien war Anfangs die Sklaverei verboten worden, es entstand jedoch bald aus produktionstechnischen Gründen der Grossbetrieb. Dies Wirtschaftssystem konnte die Negersklaven nicht entbehren und war die treibende Kraft zur Einführung der Sklaverei.

Die Gründe dafür, dass der kapitalkräftige Grossbetrieb für die Negerklaverei weit mehr geeignet war, als der Farmbetrieb bestanden nun zunächst darin, dass jener die Kaufsummen, die für die Schwarzen zu zahlen waren, weit leichter aufbringen konnte als dieser. Die Sklaven kosteten 3—4 mal soviel als die indented servants und repräsentierten einen solchen Wert, dessen Verlust der kleine Bauer nur sehr schwer ertragen konnte. Die ersteren bedurften ferner fortgesetzt bei der Arbeit eines Aufsehers, der nur mit erheblichen Kosten zu mieten war. Wenn Jemand dreissig Neger hatte, so verteilten sich diese Kosten auf eine erhebliche Quantität abzusetzender Waren, wer aber nur 3 oder 4 besass konnte einen Aufseher sich nicht halten, musste also selbst die Aufsicht führen und sah sich in seiner sonstigen Arbeit auf's äusserste behindert. Die Neger schliesslich galten als diebisch, lärmend, unordentlich und unreinlich, wesshalb sie auf allen grossen Plantagen in ihren besonderen Quartieren wohnten, wo sie einer strengen Disciplin unterworfen wurden. Der Farmer konnte sich nicht leicht den Luxus eines abgesonderten Negerquartieres für seine wenigen landwirtschaftlichen Arbeiter leisten, musste sie in seine Wohnung aufnehmen was ihm oft schon bei einem einzelnen schwarzen Dienstboten lästig war.

In Südkarolina und Georgia hat bei der Produktion der dortigen Exportartikel die Konkurrenz des Grossbetriebes dem mittleren und kleinen oft viele Schwierigkeiten gebracht, welche in denselben Klagen einen Ausdruck fanden, welche wir heutzutage von Handwerkern und Kleinindustriellen zu hören gewohnt sind. Da hiess es die kleinen Güter würden durch die grossen aufgesogen. Der Besitzer des ersteren müsse seine Ware zu dem Preise verkaufen, welcher für den Plantagenherrn der rechte sei und bei dem er nicht existieren könne. Um billiger „zu dem Mohrenpreise", schreibt der Pfarrer Bolzius 1746 nach Deutschland, die Ware herstellen zu können mietet der kleine Landwirt einige Sklaven gegen hohes Entgelt, da ihm die Mittel fehlen dieselben zu kaufen. Läuft ihm nun der Sklave weg und das kann wohl vorkommen, da er keinen Aufseher hat der fortgesetzt die Schwarzen überwacht, so muss er dem Eigentümer den Wert ersetzen und wohl zu dem Zweck seinen ländlichen Besitz an den wohlhabenden Nachbar oder dem Güterhändler verkaufen und als Lohnarbeiter in die Stadt ziehen oder Sklavenaufseher auf dem Hofe des grossen Herrn werden, dem er, wenn auch indirekt sein Unglück verdankt. Aber auch die, welche ihrer Neger nicht verlustig gehen, kommen nicht auf den grünen Zweig. Die unvorteilhafte Arbeit auf ihren Äckern führt dahin, dass sie das Mietgeld für den Neger nicht bezahlen können und bringt sie dann in Kapitalverschuldung, die durch Zinsen und Zinseszinsen zu einer solchen Höhe anwächst, dass auch sie schliesslich ihr Gut verkaufen müssen.

Dazu kommen die Klagen der Kleinbesitzer über die offenen Rechtsverletzungen der grossen Herren. Dieselben lassen Holz schlagen, wo es ihnen passt „sie brauchen ihre Sklaven als Wildschützen oder brauchen sonst gewissenlose Weisse, die in ihrem Dienst alles Vieh aufsuchen und zeichnen, was sie finden können, es gehöre wem es wolle". Hungrige und diebische Neger des grossen Nachbargutes treiben sich auf dem Besitze des kleinen Mannes umher, dem die Macht sie zu verjagen und mit dem Besitzer in der fernen Stadt zu prozessieren das Geld fehlt.[96]

Das erwähnte Vermieten von Negersklaven war in den südlichen Staaten, wie in Westindien ein häufig vorkommendes Geschäft. Es hatte einmal darin seine Veranlassung, dass aus irgend welchen Gründen zur Zeit ein Plantagenbesitzer die Arbeitskräfte nicht sämtlich in seinem Betrieb verwenden konnte und sie doch für sich ertragfähig machen wollte, dann aber auch darin, dass es Leute gab, die gar keine Plantagen, sondern nur Neger als Kapital besassen, aus dem sie ein müheloses Einkommen zu haben wünschten.

Nachgeborene Söhne der Grossgrundbesitzer hatten Neger ererbt ohne Landbesitz und hatten keine Neigung solchen zu erwerben, Kaufleute legten gerade nicht verwendbares Geldkapital in Sklaven an, Spekulanten versahen sich mit Sklavenkapital um durch Konjunkturgewinn ihr Vermögen zu vergrössern.

Das Vermietungs-Geschäft brachte grosse Einnahmen, aber war auch mit grossem Risiko verbunden. In 5—6 Jahren war durch den an den Herrn entrichteten Lohn, der Wert des Negers gezahlt, oder das Kapital verzinste sich mit 15—20%. Wenn der Neger aber starb, so war das Kapital verloren, wenn er entlief, auch, falls der Mieter nicht haftbar gemacht werden konnte. Der letztere behandelte den Sklaven schlecht, suchte so viel Arbeit aus ihm zu herauszupressen und ihn so billig zu beköstigen, wie nur möglich, denn er stand ja nicht in seinem Eigentum, so dass er nichts aufs Spiel setzte. Die Folge davon war eine verhältnismässig rasche Abnutzung der Arbeitskraft oder Aufzehrung des Kapitals, welche bei dem Mietpreis mit zu berücksichtigen war. Die Neger wurden auf dem Lande für längere Zeit, in der Stadt auch tageweise vergeben. Im letzteren, selteneren Falle übernahm der Mieter die Beköstigung und Wohnung nicht, sondern der Neger hatte sich aus dem Verdienten in bestimmter Weise zu erhalten und den Überschuss dem Herrn abzuliefern. Da solche Tagelöhner nicht täglich Arbeit fanden so musste ihr Lohn entsprechend hoch sein.[97]. Die Unbeschäftigten waren eine Last für Gemeinde, durften sich bei strenger Strafe daher nicht auf der Strasse herumtreiben, sondern mussten sich im Markthause aufhalten, wohin die Mieter kamen um sich geeignete Arbeitskräfte auszuwählen. Jeder sich verdingende Sklave musste eine Erlaubniskarte seines Herrn vorweisen, die ihn für die Dauer der Arbeit und für die Beschäftigungsart besonders legitimierte. In Savannah waren im Interesse des Handels- und Seeverkehrs seit 1774 die Löhne eines Teiles dieser Sklaven-Taglöhner einem staatlichen Tarif unterstellt, nämlich derjenigen, die als Träger und Verlader auf der Strasse, im Hafen, auf den Schiffen verwendet wurden.[98].

Von den freien weissen Lohnarbeitern wurde die Konkurrenz der sich ausmiethenden Negerklaven sehr unliebsam empfunden. Denn da Lebenshaltung der letzteren gering war, sie ausserdem Frau und Kind in der Regel nicht zu erhalten hatten, so konnten sie, selbst wenn auch dem Herrn noch ein hübscher Gewinn blieb, die meisten Mitbewerber leicht unterbieten. Wie weit sie mit dem Lohn herunter gehen durften, wurde von dem Eigentümer bestimmt und in dieser Elasticität der Anforderung lag gerade die Gefahr für die freien weissen Lohnarbeiter, die eine feste Summe brauchten, um mit ihrer Familie existieren zu können. Diese empfindliche Negerkonkurrenz bezog sich indessen nur auf einige Zweige des Handwerkes, zu dessen Erlernung die geringen Fähigkeiten der Neger ausreichten, besonders auf die einfache Zimmermanns-, Maurer-, Maler-, und Tischlerarbeit, zu der von den landlosen Sklavenbesitzern um die Mitte des achtzehnten Jahrhunderts in Georgia und den Karolinas Schwarze ausgebildet worden waren. Diese Negerbeschäftigung war 50 Jahre früher, als die Sklaverei erst anfing einen grösseren Umfang anzunehmen, nur ganz ausnahmsweise vorgekommen.

In Georgia wurde 1758 vor allem zur Beförderung der Einwanderung Weisser durch Gesetz für die grösseren Ortschaften insbesondere Savannah, Ebenezer, Augusta und Fridericia bestimmt, dass schwarze Handwerker hier nicht in Dienst genommen werden dürften, ausgenommen Kalfaterer, Küfer, Säger und Schiffseinlader. Da nun aber durch die Beseitigung der Konkurrenz die Löhne der Weissen erheblich steigen mussten, wurden dieselben, damit es nicht in zu hohem Masse geschehe einer jährlich neu zu regelnden Tarifirung unterstellt. In Charleston war am Ende des achtzehnten Jahrhunderts die Gewerbesteuer für die sich selbst vermietenden oder vom Herrn vermieteten Neger in der Weise abgestuft, dass sie um so höher war, je mehr die Arbeit als eine gelernte, handwerksmässige erschien.[99]

Indem wir noch einmal bezüglich der Verwendbarkeit der Negerarbeit auf den Gegensatz vom Norden und Süden zurückkommen, so ist noch hervorzuheben, dass in den Städten des ersteren bei der beginnenden Manufaktur und dem feineren Handwerk die Schwarzen bei weitem nicht so nützlich waren als die Einwanderer aus Europa. Eine sorgfältige, komplizierte Thätigkeit der Stoffverarbeitung liess sich von den Negern jener Zeit sicherlich nicht regelmässig erzielen. Die Sklavenpeitsche musste jedenfalls dort ihre Wirksamkeit verlieren, wo es sich um Leistungen handelte, welche, wenn überhaupt, nur dann erhalten werden konnten, wenn auf das Verständnis des Arbeiters zu rechnen war. Hingegen hatten die Weissen die entsprechenden Fähigkeiten und auch wohl in der Heimat ein Handwerk gelernt, als dessen Lehrmeister sie jetzt in der Kolonie auftreten konnten. Die nördlichen und mittleren Kolonien waren aber durch ihre klimatische Eigenart, schon durch die langen, strengen Winter, während dessen die Arbeit im

Freien nur in beschränktem Masse möglich war, ferner auch wie in Neuengland, durch die wenig günstigen Vorbedingungen für den Ackerbau, dann durch ihren Reichtum an nutzbaren Mineralien, besonders Eisen und Kupfer, endlich durch ihre Schiffahrt in hohem Masse auf Ausbildung von Industrie und Handwerk hingewiesen.

Ein starkes Streben in dieser Richtung zeigte sich nach der Gründung der Union alsbald, wenn es auch erst in unserer Zeit unter der Aegide von Metall, Erdöl und Elektricität ganz verwirklicht worden ist. Der auf das Schaffen von Manufaktur und Industrie gerichtete Sinn trat aber während der Kolonialzeit auch schon hervor und veranlasste, wie oben mitgeteilt, manche Repressivmassregel seitens der englischen Regierung. Begreiflich wird es erscheinen, dass die Kolonisten den Arbeitssystemen zuneigten, die ihnen für dieses ihr Ziel am vorteilhaftesten waren, dass ihnen mehr an weissen indented servants und Lohnarbeitern als an Negersklaven lag, was sie ja auch gelegentlich durch die Art ihres Zollwesens zum Ausdruck zu bringen bemüht waren.

In der wenig umfangreichen Rohstoffverarbeitung der südlichen Kolonien während der zweiten Hälfte des achtzehnten Jahrhunderts war nicht der geringste Keim vorhanden, aus dem jemals eine selbständige Manufaktur oder Industrie hätte hervortreiben können. Wenn hier und da Flachs, Baumwolle, Wolle, Leder auf den Plantagen Marylands, Virginiens oder der Karolinas zu Kleidung und Schuhwerk umgeformt wurde, so war darin nur eine Ergänzungsbeschäftigung zu sehen, eine Verwendung derjenigen Arbeitskräfte, welche gerade in der Landwirtschaft überflüssig waren. Die letztere war das Gewerbe, nach dem sich alles zu richten hatte, daher denn auch die Neger nur eine sehr beschränkte Handwerker-Ausbildung erhielten. Wenn dabei, vorausgesetzt dass man geeignete Sklaven gehabt hätte, ein erheblicher Aufwand gemacht und dementsprechend der Arbeiter beschäftigt worden wäre, so wäre leicht die höchste Leistungsfähigkeit zur Feldarbeit beeinträchtigt und diejenige Produktionsart geschädigt worden, welche zu pflegen die Natur des Landes und der Absatz in Europa gebieterisch erforderte. Auf vielen Gütern wurde auf eine Verwendung der Neger beim Handwerk überhaupt Verzicht geleistet, was ganz allgemein wurde, als die Baumwolle der Hauptartikel des Südens wurde. Der landwirtschaftliche Betrieb, die Reinigung des Baumwolle und deren Verpackung absorbierte dann den grössten Teil der Jahresarbeit aller, und Englands Industrieprodukte wurden so billig, dass deren Einkauf von dort immer verlockender wurde.

So lagen die wirtschaftlichen Interessen der Nordamerikaner im 18. Jahrhundert. Die Folgen mussten im Verlaufe der Zeit immer deutlicher hervortreten. Im Süden verdrängten die Neger die weissen Arbeiter mehr und mehr, im Norden wurde die Zahl der ersteren im Vergleiche zu der der letzteren geringer und zwar umsomehr als sich die Lage an der Indianergrenze friedlicher gestaltete und die Kolonisation nach dem Westen fortschritt.

Solange die Nordamerikaner von England abhängig waren und jede Kolonie noch ein politisches selbständiges Ganze bildete, bestand unter ihnen neben der Differenz der wirtschaftlichen Interessen, welche mit der Sklaverei zusammenhing, eine politische nicht. Das wurde aber anders als die Union geschaffen wurde und durch die Vermittelung der Bundesgesetzgebung der Norden den Süden und dieser jenen beeinflussen konnte. Zuerst trat die staatsrechtliche Bedeutung der Negerfrage hervor als es sich darum handelte, ob bei der Vertretung im Kongresse, welche nach der Kopfzahl der einzelstaatlichen Bevölkerung geregelt werden sollte, auch die Masse der Schwarzen mitzurechnen sei. Später wurde die Regelung des Konfliktes eine Existenzangelegenheit für beide Parteien. Die Beibehaltung oder die Abschaffung der Sklaverei bedeutete jetzt dasselbe, ob der südländische Grossgrundbesitz oder der nördliche Kapitalismus der Herr im Lande sein sollte. Die Entscheidung ist dem Schwerte anheimgestellt worden.

DREIZEHNTES KAPITEL.

DIE SKLAVEREI IN DER GESETZGEBUNG.

Die Grundlage für die Kenntnis und Beurteilung der Sklaverei in dem nordamerikanischen Kolonistenrecht ist dieselbe wie im römischen Recht: Der Sklave war nicht Rechtssubjekt, sondern Rechtsobjekt, er stand im Eigentum, und sein Wille war ganz demjenigen seines Herrn unterworfen. Das Recht dieser Sklaverei wurde auf das jus gentium zurückgeführt, auf eine allgemeine Norm, die bei allen gebildeten und gesitteten Völkern gleichmässig wiederkehre. Das Gesetz hat die Sklaverei in den Kolonien nicht eingeführt, es erkannte später nur an, und führte weiter, was als Recht dort längst geübt worden war. Das jus gentium wurde unbezweifelt auf heidnische Afrikaner und Indianer angewendet, aber war bestritten bei denjenigen farbigen Personen, welche innerhalb der Grenzen der Kolonie geboren und welche getauft waren. Für diese war das Gesetz der Kolonie massgebend, und wenn dieses etwa einzelne Angelegenheiten des Sklavenlebens nicht regelte, so konnte nicht auf eine allgemein anerkannte Regel zurückgegriffen werden.

Die Gesetzgebung war in den südlichen Staaten ziemlich die gleiche und sehr detailiert, die übrigen Staaten bieten manche Verschiedenheiten, alle gewährten dem Sklaven einige Rechte, welche das Eigentumsrecht des Herrn beschränkten, damit in geringem Masse die Persönlichkeit des Sklaven anerkannten.[100]

Die Sklaverei für den einzelnen Neger entstand in allen nordamerikanischen Niederlassungen durch die Kriegsgefangenschaft, durch den Kauf vom Sklavenhändler der aus Afrika kam und dessen Erwerbsart nicht weiter berücksichtigt wurde, schliesslich durch die Geburt von einer Sklavin.[101] Diese letztere, meist auch gesetzlich ausgesprochene Bestimmung war in sofern bedeutungsvoll, als die Nachkommen des weissen Mannes und der schwarzen Sklavin, die Mulatten ebenfalls der Sklavenbevölkerung zugerechnet wurden. Eine solche Rassenmischung war nicht so häufig in der Koloniezeit als später, weil sie von der Sitte und dem Rechte als besonderes Delikt der Unzucht geächtet wurde.

Bei Streitigkeiten über den Status galt allgemein die Präsumtion: Jeder Farbige ist Sklave, an ihm ist zu beweisen, dass die Freiheit ihm zustehe.

Während des 17. und noch während des 18. Jahrhunderts war in Nordamerika die Ansicht verbreitet, dass man Christen nicht als Sklaven halten dürfe, und dass die Taufe den Rechtsanspruch des Herren auf den gekauften Neger vernichten könne. Wollte man nun die Sklaverei erhalten, so mussten die Herren entweder dafür sorgen, dass ihre Neger nicht Christen wurden, oder sie mussten sich Gesetze geben, welche ausdrücklich erklärten, dass die Taufe die rechtliche Lage des Sklaven nicht verändere. Beides aber galt nach der Anerkennung jener Zeit als unkonsequent. Denn die Ausbreitung des Christentums wurde als die Pflicht jedes aufrichtigen Christen angesehen, gab man aber zu, dass man den christlichen Bruder in der Sklaverei halten dürfe, so setzte man sich in Widerspruch mit der Bibel, die als göttliches Gesetz galt. Denn nach dem mosaischen Gesetz war es nur erlaubt Fremde zu versklaven und darunter wurden damals die Heiden verstanden. Die Kirche musste demnach entscheiden. Da sie möglichst viele Seelen gewinnen wollte und einsah, dass die Herren nicht auf ihre ökonomischen Vorteile verzichten würden, nahm sie die eine Unkonsequenz auf sich und stellte sich auf den Standpunkt, dass eine Specialgesetzgebung zulässig sei und so kam es, dass in allen Kolonien der Grundsatz angenommen wurde, dass die Taufe am Status der Sklaven an sich nicht ändern könne.[102]. In einigen Punkten wurde wie wir sogleich sehen werden, die Rechtslage der Sklaven durch das Christentum jedoch berührt.

Trotzdem blieben bis zum Ende des achtzehnten Jahrhunderts hin viele Afrikaner ungetauft, wie dies von den Missionären, aber auch von ganz unparteiischen Beobachtern übereinstimmend berichtet wird.[103] Die Pflanzer glaubten, dass die erlassenen Gesetze der religiösen Volksüberzeugung entgegenständen und dass diese die Veranlassung zu ihrem Widerruf werden könnte. Andere Motive kamen hinzu. 1748 schrieb der schwedische Reisende Kalm[104] über die Kolonien, besonders über Pennsylvanien: „Bei diesen Negern ist es noch sehr zu beklagen, dass ihre Herrschaften um die geistliche Wohlfahrt derselben sich sehr selten bekümmern, sondern sie in ihrer heidnischen Finsternis immer weg leben lassen. Ja, es dürften wohl gar viele gefunden werden, die sehr übel damit zufrieden seyen, und vielleicht auf alle Art es verhindern möchten, wenn ihre Neger einigen Unterricht in der Lehre des Christentums zu erhalten suchen sollten. Dazu verleitet sie der falsche Wahn, dass es ihnen eine Schande wäre, einen Bruder oder eine Schwester von einem so verachteten Volke durch die gemeinschaftliche Religion zu erhalten, teils die Vorstellung, dass sie den Neger hernach nicht so hart mehr würden halten können, als vorher, teils die Furcht, dass sie dadurch zu übermütig werden möchten, wenn sie fänden, wie sie im Geistlichen ihren Herren gleich wären“.

Die Furcht, dass Bildung revolutionär mache, fand damals einen Ausdruck darin, dass den Negern der christliche Unterricht versagt wurde. Auf das Verbot dieselben Lesen und Schreiben zu lehren wurde in jener Zeit weniger Gewicht gelegt als im 19. Jahrhundert, indem damals die allgemeine Volksbildung auf einer viel niedrigeren Stufe stand, und man zunächst an den Elementarunterricht der

Weissen zu denken hatte. In Südkarolina und Georgia bestimmte jedoch schon 1740 und 1755 das Gesetz, dass bei einer Strafe von 100 £ eine solche Belehrung des Sklaven nicht gestattet sei.[105]

Nur in Georgia wurde, wie früher schon erwähnt, die religiöse Unterweisung der Negersklaven ausdrücklich festgesetzt, und diejenigen von Savannah sollen für ihre Frömmigkeit in Amerika bekannt gewesen sein. Diese Vorschrift kam aber hier bald in Vergessenheit.

Die christlichen Sklaven standen nun keineswegs in voller Kirchengemeinschaft mit den Weissen. Dies verhinderte schon der Rassenunterschied, der stets auf eine Trennung hingearbeitet hat, ferner aber auch das Bedenken der Herren, dass bei dem gemeinsamen Gottesdienst die Prediger eine Moral verkünden könnten, die für eine dienende Klasse nicht zulässig sei. Die Neger erhielten daher oft ihre eigenen Geistlichen, und zwar besonders solche, welche dem Gottesdienst, der stets streng überwacht wurde, einen grob-sinnlichen Charakter verliehen, bei dem die Lehre wenig, die Äusserlichkeit alles bedeutete.

Die getauften Neger waren in Virginien und den Karolinas während der älteren Zeit meist der presbyterianischen Kirche zugeführt worden, später wurden sie überwiegend Baptisten und Methodisten entsprechend der Thatsache, dass diese Sekten sich in den Südstaaten überhaupt ausbreiteten. Die episkopale Kirche, die ursprünglich in Virginien herrschende, wurde allmählig im Süden überhaupt verdrängt, die katholische hat dort erst in unserem Jahrhundert Fortschritte gemacht, abgesehen von Maryland, wo sie von Anfang an bedeutungsvoll war.[106]

Diejenigen Negerprediger wurden im Süden sehr geschätzt, welche es verstanden den getauften Sklaven auseinanderzusetzen, dass die Religion Sklaverei, Gehorsam und Arbeit verlange. Aus dem Jahre 1749 sind eine Anzahl von Predigten, gedruckte Muster für Negergeistliche, erhalten, in denen es heisst, dass Gott die Menschen gemacht habe, einige zu Herren, Kaufleuten und Pflanzern, andere zu Arbeitern und Sklaven, und dass an Gottes Willen nichts geändert werden könne. Wenn diese jenen gehorchten, so wirkten sie für das Wohl im Himmel, wo ein jeder ein freier behäbiger Nichtsthuer sein werde, Reichtum und Vergnügen haben könne, wie und soviel er nur wolle. Die Pflicht der Sklaven sei in der Woche zu arbeiten, am Sonntag zu beten, nüchtern zu sein und nicht über ihr Loos zu grollen. Sicher führe diese Pflichterfüllung zur Seligkeit.[107]

Dass die Neger in Amerika zu Christen geworden seien hat man als die weltgeschichtliche Bedeutung der amerikanischen Negersklaverei verkündet. Im Hinblick auf den Negerstaat Liberia hat man gesagt, dass Afrika Wilde und Sklaven Amerika gegeben und Bürger und Christen dafür empfangen habe. Bis jetzt ist indessen diesem angeblichen, grausamen Umweg der Geschichte ein sichtbarer verhältnismässiger Erfolg noch nicht zuzusprechen.

Die Arbeit am Sonntag war schon im achtzehnten Jahrhundert für die Sklaven verboten — ausgenommen war die absolut notwendige, wie etwa in der Erntezeit und diejenige zu Werken der Wohlthätigkeit. Die Sonntagsruhe lag auch durchaus im Interresse der Herren, welche die notwendige Erholung der Arbeitskraft damit anerkannten. Als ihnen nun später der Besuch des Gottesdienstes durch ihre Neger ungefährlich erschien, sahen sie es lieber, dass dieselben daran teilnahmen, als dass sie ihren Belustigungen und Ausschweifungen nachgingen. Denn diese schädigten die Arbeitskraft und zogen leicht einen verlorenen Montag nach sich, während der Kirchenbesuch umgekehrt wirkte.[108]

Die katholischen Sklaven bei einem katholischen Herrn hatten ausser den Sonntagen noch einige sonstige freie Festtage und waren also insofern besser gestellt. Die in den französischen, spanischen und portugiesischen Kolonien befindlichen hatten sich daher im allgemeinen einer öfteren Erholung zu erfreuen als in den englischen.

Entsprechend der Anschauung, dass der Sklave rechtlich keinen andern Willen hatte als den des Herrn, konnte dieser ihn verheiraten, die Ehe verbieten, die verheirateten Neger trennen, die Kinder einer Negerfamilie verkaufen. Indessen war bei getauften Sklaven die Ehe gültig, falls sie in einer dem Recht entsprechenden Weise geschlossen war und konnte dann auch nur geschieden werden, wenn die Scheidung für die Freien zulässig war. In dieser Hinsicht hatte also Christentum unzweifelhaft auf die Auslegung der Rechtsinstitution der Sklaverei eingewirkt. Koloniale Gesetze über die Gültigkeit der Sklavenehe sind nicht vorhanden, überhaupt wird von den Historikern der amerikanischen Koloniezeit dieser Punkt fast ganz übersehen. Diejenigen, welche ihn erwähnen, fassen ihn so auf, dass es dem Gewohnheitsrecht entsprach eine solche Sklavenehe als dauernd verbindlich anzuerkennen und jedenfalls hat die Kirche dazu beigetragen das Herkommen als ein strenges Gebot der Sitte aufzufassen. Allein die meisten Sklavenehen besonders im Süden wurden auf Befehl des Herrn abgeschlossen ohne Hinzuziehung staatlicher Beamten oder der Geistlichkeit, so dass dann von einer rechtlich gültigen Verbindung nicht gesprochen werden konnte und der Willkür des Herrn in Bezug auf Trennung keine rechtliche Schranke gezogen war.[109]

Eine Einwirkung des Christentums auf das Sklavenrecht lässt sich ferner, wenn auch nur in einigen Kolonien insofern nachweisen, als das eidlich von einem christlichen Sklaven abgegebene Zeugnis vor Gericht als gültig geachtet wurde. Dies war wenigstens die Regel in Neuengland, und in Virginien wurde 1705 besonders ausgesprochen, dass indianische und Negersklaven, die nicht Christen seien, vor Gericht nicht als Zeugen auftreten dürften, woraus denn geschlossen wurde, dass die getauften Farbigen in dieser Beziehung wie die Weissen behandelt werden sollten. Aber schon 1732 wurde das Gesetz gegeben, dass die Indianer, die Neger und die Mulatten, Freie oder Sklaven, welche eine so niedrige und verdorbene Natur hätten, dass sie, wenn auch Christen, den Eid nicht achteten, nur bei der Verhandlung eines von einem Sklaven begangenen Verbrechens als Zeugen zugelassen werden dürften. Dieses Prinzip ist mit einigen geringen Erweiterungen oder Beschränkungen in allen Kolonien, die viele Sklaven hatten, angenommen worden, wenigstens ausdrücklich für die Sklaven, während die Gewohnheit bisweilen aber auch das Gesetz es auch auf die freien Farbigen bezog.[110]

Die Gerichtsgewalt über die Sklaven war, solange geringere Vergehen abzuurteilen waren, immer bei dem Herrn, bei schweren Verbrechen, besonders bei denen, welche die Todesstrafe nach sich zogen, entschied in der Mitte des achtzehnten Jahrhunderts dort, wo die Sklavenzahl gross war, ein aus Richtern und Bürgern, meist Landbesitzern zusammengesetztes Gericht ohne Hinzuziehung von Geschworenen. Das Verfahren war ein summarisches, Verurteilung konnte auf die Aussage eines Zeugen erfolgen und dem Angeklagten stand kein Verteidiger zur Seite. In der älteren Zeit galt die allgemeine Prozessordnung des Landes auch für Sklaven. Überall, wo die Negerzahl aber stark anwuchs, wurde als schärfere Waffe der weissen gegen die schwarze Rasse die Ausnahmsgesetzgebung beliebt, welche indessen im Verlaufe des achtzehnten Jahrhunderts mehrfach gemildert worden ist.[111]

Die Strafen wurden durch den Staat vollzogen. Wenn der Sklave mit dem Leben büssen musste, wurde der Wert dem Herrn ganz oder zum grössten Teil aus der Staatskasse ersetzt, damit nicht von ihm aus Eigennutz die Verbrechen verhehlt würden. Wo diese Entschädigungspflicht zu drückend wurde, d. h. besonders dort, wo häufige Verurteilungen vorkamen, war auch wohl die Einrichtung getroffen worden, dass die verurteilten Sklaven ins Ausland z. B. nach Südamerika verkauft wurden.[112] Der Herr, welcher die Anzeige des Verbrechens unterliess, ward mit hoher Geldstrafe bedroht.

In der älteren Koloniezeit galt das englische Kriminalrecht für Freie wie für Sklaven. Es folgte dann die Spezialgesetzgebung und die Strafen wurden besonders in der Zeit grausam, als man den starken Zuwachs der Negerbevölkerung zuerst empfand, später sind sie weniger streng. Im Süden war das Gesetz im allgemeinen für den Sklaven härter als in den mittleren und nördlichen Pflanzungen.[113] Wenn bei der Züchtigung ein Weisser seinen Negersklaven tödtete, so blieb er in praxi fast immer straflos, wenn er einen fremden Sklaven verletzte oder tödtete, so war der Schadenersatz für den Herrn die wichtigste Frage, das Delikt wurde, wenn auch strafbar, meist übersehen. Ausnahmsweise bestimmen einige Statuten, dass der durch den Herrn schlimm verletzte oder verstümmelte Sklave zur Strafe jenes in Freiheit zu setzen sei. In Massachusetts, New-Hampshire und Pennsylvanien zog sogar nach dem Gesetz die absichtliche Tödtung eines Sklaven durch einen Weissen die Hinrichtung desselben nach sich. An eine ernstliche Verfolgung des Mörders oder Todtschlägers scheint jedoch nie gedacht worden zu sein. Kalm schreibt über das letztere Land: „Wenn ein Herr seinen Sklaven todtschlägt, so hat er das Leben verwirket. Man hat aber noch kein Exempel hier, dass ein Weisser deswegen den Kopf verloren hätte. Vor einigen Jahren trug es sich zu, dass ein Herr einen solchen Sklaven umbrachte. Da rieten ihm seine Freunde gleich, ja auch selbst die Obern ins Geheim, dass er sich auf die Flucht begeben möchte. Diese Gewogenheit widerfuhr ihm, damit die Neger die Freude nicht hätten zu sehen, dass ein Herr wegen seiner Sklaven hingerichtet würde. Denn dies dürfe sie zu allerlei schädlichen Gedanken gegen ihre Herrschaft und zu einer gar zu grossen Meinung von sich selbst verleiten".[114]

Es kam häufig vor, dass der Sklave seinem Herrn entlief und sich dann auf entfernten Niederlassungen, in den Wäldern, oder selbst bei Indianerstämmen versteckt hielt. In der älteren Zeit war dies letztere selten, so lange die Indianer den schwarzen Mann nicht kannten und seine Arbeit nicht gebrauchen konnten, sondern in ihm einen gefährlichen Feind vermuteten. Die Gesetzgebung beschäftigte sich viel mit dem gegen die Flüchtigen anzuwendenden Verfahren, machte allen Weissen zur Pflicht, sich dabei gegenseitig zu unterstützen und erklärte die Unterlassung einer solchen Hilfe für strafbar. Jeder Sklave, welcher ausserhalb des Landgutes, zu dem er gehörte, angetroffen wurde, konnte von jedem Weissen angehalten und nach seinem Pass befragt werden. Fehlte diese Legitimation, so musste der Sklave festgenommen werden und wurde als Flüchtling angesehen. Widersetzte er sich der Festnahme, so konnte der weisse Mann sofort zu den Waffen greifen und ihn straflos tödten. Konnte oder wollte der Arretierte seinen Herrn nicht nennen, so wurde er in das Gefängnis geworfen und seine Festnahme und Beschreibung öffentlich bekannt gemacht. Erfolgte keine Nachfrage innerhalb einer bestimmten Frist, so wurde er für die Staatskasse öffentlich verkauft. Wer einen Flüchtling beherbergte oder ihm sonst beim Entweichen behülflich war, schon wer bewusst es unterliess ihn festzuhalten war strafbar. Andererseits hatte jeder Anspruch auf Belohnung, welcher einen solchen einfing, und war er bei der Verfolgung verwundet worden, so wurde ihm eine Geldentschädigung von Staatswegen gewährt. Die Kolonien lieferten untereinander die Flüchtlinge aus, selbst mit den Indianerstämmen waren zu dem Zwecke Verträge abgeschlossen, welchen nicht nur für den eingebrachten lebendigen Sklaven, sondern auch für den vollständigen, d. h. mit beiden Ohren versehenen Skalp des bei der Verfolgung Getödteten Zahlung geleistet wurde. Konnte des Flüchtlings Aufenthaltsort nicht ermittelt werden, so wurde er als ausserhalb des Gesetzes stehend erklärt, und jeder konnte ihn wie ein wildes Tier straflos niederschiessen. Nicht überall war die Gesetzgebung so vollständig ausgebildet, sie fehlte aber in keinem grösseren Sklavenkodex.[115]

Vor der Verschwörung und vor dem Aufstand der Neger hatten die Weissen, wie schon oben erwähnt wurde, überall dort, wo viele Sklaven auf den Gütern beschäftigt wurden, Furcht, welche stets vergrössert erschien, wenn gerade die Anzahl derselben in einem County durch neue Einfuhr vermehrt worden war, oder einmal Gewaltthaten gegen die Herren vorgekommen waren, die bei dem leidenschaftlichen Temperament mancher Negerstämme und der grausamen Bestrafung vielleicht sogar unschuldiger Plantagenarbeiter begreiflich genug waren. Die Gesetzgebung verbot allen farbigen Leuten Waffen zu tragen, sich öffentlich oder geheim zu versammeln, den Besuch von Lokalen, in denen berauschende Getränke verkauft wurden, das Ausgehen auf die Strasse am Abend nach neun Uhr. Sie gebot in den Städten und auf grossen Plantagen eine besondere Sicherheitspolizei, die nächtlich umher zu patrouillieren hatte, einzurichten und eine Anzahl weisse Servants als Arbeiter oder Aufseher dort anzustellen, wo viele Farbige zusammen beschäftigt waren. [116]

Die bisher betrachtete Gesetzgebung hatte in dem Süden und in New-York eine weit detailiertere Ausbildung gefunden und war durchweg strenger als in den Neuengland-Staaten und in Pennsylvanien. Es folgte dies unmittelbar aus den oben S. 90 und S. 113 angegebenen Zahlenverhältnissen der beiden Rassen zu einander, resp. der Freien zu den Sklaven. Dort wo die Ziffer der herrschenden Weissen gering war im Vergleich zu den dienenden Schwarzen, war die Gesetzgebung darauf bedacht, den ersteren möglichst viel Gewalt in die Hand zu geben und einen jeden für die Interessen aller verantwortlich zu machen. Daher begründete die dunkele Hautfarbe die Praesumption der Unfreiheit und jeder der Flucht oder sonstiger Delikte verdächtige Sklave musste von dem Weissen angezeigt oder festgenommen werden.

Die strengere Gesetzgebung entsteht vom Ende des 17. bis zur Mitte des 18. Jahrhunderts, als die Sklavenzahl so rasch und zu grossem Umfange anschwoll. Vorher fehlte meist die Sondergesetzgebung, weil sie nicht nötig erschien, nachher wurde sie gemildert. Der Grund des letzteren Vorganges ist wohl weniger in der Verbreitung humanitärer Anschauungen, die erst einer späteren Zeit angehören, als in denen der Zweckmässigkeit zu finden. Die grausamen Strafen verwüsteten das Kapital an Negern, das so wertvoll war und mit jedem zunehmenden Export von Kolonialprodukten mehr geschätzt wurde. Freilich war dem Herrn sein Leben mehr wert als Einnahmen aus Reis, Indigo und Tabak, aber man fing an für dasselbe weniger zu fürchten als die Negerbevölkerung sich in wachsender Quote aus den im Lande Geborenen recrutierte und die Zahl der aus Afrika gebrachten Wilden und Halbwilden wenigstens relativ immer weniger bedeutete. Der in Amerika anfgewachsene, mit der Landessprache vertraute, mit der Freiheit unbekannte, an die Arbeit gewöhnte Neger war eine weit geringere sociale Gefahr, als derjenige, der noch in Afrika die Waffen geführt hatte, sich mit den Seinigen in einer Sprache verständigte, die der Pflanzer nicht kannte und dem das Joch der Arbeit den Nacken nicht gebeugt hatte.

Um 1750, das dürfen wir zur Beurteilung des Geistes der damaligen Sklavengesetzgebung nicht vergessen, war die Besiedelung des Landes, wenigstens im Osten, schon tüchtig vorwärts geschritten, die Nachbaren lebten nicht zu weit von einander entfernt, sie konnten sich gegenseitig unterstützen, also gemeinsam vorgehen, wenn einer von ihnen bedroht wurde. Dazu kam noch, dass die Indianerkämpfe immer mehr nach dem Westen verlegt wurden, also der östliche Pflanzer alle Kraft zur Unterdrückung der schwarzen Rasse stets bereit hatte.

Wenn am Ende des achtzehnten und im neunzehnten Jahrhundert auf verschiedenen Gebieten die Sklavengesetzgebung wiederum zum Milderen fortgeschritten ist, so lässt sich dies teils aus der Fortwirkung und Verstärkung der soeben angeführten Motive erklären, angeblich aber tritt im Norden warnend die öffentliche Meinung von der Verderblichkeit der Sklaverei auf, und der erstarkte religiöse und humanitäre Abolitonismus kann ungefährdet dort seine Meinung aussprechen.

In nichts ist das koloniale Sklavenrecht so sparsam als in Bestimmungen über die vermögensrechtliche Stellung der Sklaven, welche im römischen Recht eine so sorgfältige Beachtung gefunden hat. Unbezweifelt war, dass der Sklave kein Eigentum haben konnte und dass er alles, was er erwarb für seinen Herrn erwarb. Vielfach wurde der Sklavenfamilie zur eigenen Bewirtschaftung in der freien Zeit etwas Gartenland eingeräumt, auf dem sie Gemüse, auch Tabak und Kaffee pflanzen durfte, oder auch ein Hofraum neben der Hütte, wo ein Schwein oder Geflügel gehalten wurde. Dieses Peculium wurde der Sitte gemäss von dem Herrn als Sklavenbesitz respektiert, irgend eine rechtliche Beziehung zu Gunsten des Sklaven war jedoch damit nicht verbunden. Denn es ist keine Angabe darüber zu finden, dass der Freigelassene, dem mit der Emancipation das Peculium nicht entzogen war, dieses als Geschenk hätte ansehen dürfen, oder dass der Sklave ohne Auftrag des Herrn sich bis zur Höhe seines Peculiums hätte verpflichten oder endlich, dass er aus demselben sich die Freiheit hätte erkaufen können.

Das Peculium durfte sich aber nach der positiven Gesetzgebung auf bestimmte Gegenstände nicht erstrecken, insbesondere nicht auf Pferde, Rindvieh, Fahrzeuge, Boote, denn aus solcher Gestattung fürchtete man nicht bloss, dass Verschwörungen erleichtert und Rebellionen begünstigt werden könnten, sondern dass sie auch die an sich schon diebischen Neger zu grösseren Diebstählen verleiten und auf ihre Eitelkeit in dem Masse einwirken würden, dass sie Arbeit und Gehorsam vergässen.[117]

Die als Peculium verbotenen bei einem Sklaven angetroffenen Gegenstände wurden vom Staate konfisciert und zu Gunsten des Fiscus oder der Kirche verkauft.

Über die ökonomische Zweckmässigkeit für den Herrn dem Sklaven zu eigener Bewirtschaftung Land zu geben, oder die Aufzucht von Kleinvieh zu gestatten, gingen schon in der Kolonialzeit die Ansichten auseinander, wenn dieselben auch noch nicht wie um 1850 gewissermassen einen Teil der landwirtschaftlichen Betriebslehre in dem Süden ausmachten. Einerseits betrachtete man es für den Sklavenhalter als eine Kostenersparung, wenn der Sklave sich durch seine eigene Arbeit ganz oder wenigstens zum Teil erhielt, und fand diese Nebenarbeit zweckmässig, weil sie eine konservative Anhänglichkeit an den Besitz anerziehe und weil damit die von der Hauptarbeit freie Zeit jetzt gut verwendet werde, während das Nichtsthun in derselben die Leute nur zu dummen Streichen veranlasse. Andererseits hob man hervor, dass die eigene, kleine Landwirtschaft die Negerfamilie verlocken werde, mehr, vielleicht mit Hinzuziehung der Nachtarbeit, anzubauen als sie selbst bedürfe, um dann davon verkaufen zu können und sich mit Dingen zur Befriedigung kindischer Eitelkeit oder des schädlichen Genusses zu versehen. Dergleichen liebten aber die Herren nicht, welche die Arbeitskraft ihrer Sklaven ganz für sich ausnutzen und jeden Luxus von den Hütten entfernt wissen wollten, der nicht von ihnen zum Ansporn der Arbeit gestattet worden war. Auch wurde die erwähnte Kostenersparung dort in Zweifel gezogen, wo die Plantage entweder selbst Lebensmittel in grossem Umfange herstellte oder wo sie dieselben billig einkaufen konnte, in dem hier Arbeitsteilung und Grossbetrieb als produktiver beurteilt wurden als die kleinbetriebliche, wenn auch noch so intensiv gehandhabte Neger-Nebenarbeit. Auf den grossen Baumwoll- und Zuckerpflanzungen in Georgia und Louisiana hat man in unserem Jahrhunderte mehr und mehr dieser letzteren Ansicht zugeneigt und sie im Allgemeinen als die rationellere bezeichnet. Dies war auch unter den angegebenen Bedingungen der Fall und dort wo die Disciplin über die Sklaven so gehandhabt werden konnte, dass auch die von der Arbeit freie Zeit nicht gegen das Interesse des Herrn verbracht wurde.[118].

In allen Kolonien war es dem Sklaven verboten, Gegenstände zu verkaufen oder zu kaufen, ebenso jedem Freien von einem Sklaven etwas zu kaufen oder ihm zu verkaufen, falls nicht der Herr ausdrücklich seine Genehmigung dazu erteilt hatte. Jeder, der mit einem Sklaven in geschäftliche Verbindung treten wollte, musste sich von diesem die schriftliche Erlaubnis des Herrn dazu zeigen lassen. Dieselbe bezog sich entweder auf eine Gattung von Waren im Allgemeinen, wie namentlich bei dem städtischen Marktverkehr, zu dem die Herrn ihre Sklaven zum Handel mit Gemüse, Fleisch, Eiern u. s. w. geschickt hatten, oder bei allen übrigen Gegenständen, bei denen ein solcher regelmässiger Handel durch Sklaven nicht vorkam, und die einen grösseren Wert in der Regel darstellten, auf diese speciell. Wenn Jemand, ohne dass die Genehmigung von dem Herrn vorlag, von dem Sklaven etwas gekauft oder ihm verkauft hatte, so war das Geschäft nicht klagbar, und Käufer und Verkäufer wurden bestraft, der Sklave mit der Peitsche, der Freie mit einer Geldzahlung. Der Herr des Sklaven war zudem völlig schadlos zu halten, hatte auch Anspruch auf einen Teil oder das Ganze der ausgesprochenen Geldstrafe.

Auch durfte kein Sklave sich ohne Einwilligung des Herrn vermieten oder jemanden kreditieren oder sich kreditieren lassen.

Lag jedoch für irgend ein Nebengeschäft der Auftrag des Herrn vor, so wurde dieser stets in Bezug auf das Ganze berechtigt oder verpflichtet, und zwar allein, da eine vermögensrechtliche Selbständigkeit der Sklaven in keiner Weise existierte.[119]

Für Delikte seitens der Sklaven haftete der Herr nach dem Gesetze von Virginien dann, wenn er es an gehöriger Aufsicht über die Sklaven hatte fehlen lassen d. h. wenn er es versäumt hatte, einen Christen, worunter ein Weisser verstanden ist als Aufseher in seiner Plantage zu bestellen. Nach dem Gesetze von Nordkarolina wurde der Herr zum vollen Schadensersatz herangezogen, falls seine Sklaven um sich mit Nahrung zu versehen einen Diebstahl begangen hatten, und der Herr es unterlassen hatte seine Sklaven genügend zu beköstigen, wie es vom Gesetz verlangt wurde. In Pennsylvanien und New-York war der Herr für alle Delikte seiner Sklaven insoweit zum Schadensersatz verpflichtet, als es sich um Beschädigungen oder Verluste von Gegenständen im Wert von nicht mehr als 5 £ handelte.[120]

Mit diesen wenigen Sätzen ist alles gesagt, was über die privatrechtliche Lage der Sklaven in ihrem Verhältnis zu den Freien, den Eigenthümern und dritten Personen in der Gesetzgebung der Kolonien zu finden ist. Der Grund einer solchen Dürftigkeit, der eine Fülle von strafrechtlichen Gesetzen und strafpolizeilichen Verordnungen gegenübersteht, scheint mir vor Allem darin zu liegen, dass die damaligen Wirtschaftsverhältnisse, für den vermögensrechtlichen Verkehr der Sklaven mit freien Personen nur in sehr beschränktem Masse Gelegenheit boten. Die Grundform des Betriebes im Norden und in den mittleren Staaten war die überwiegende Eigenwirtschaft auf der Farm, d. h. das Meiste von dem, was auf derselben verzehrt wurde, war auch dort hergestellt worden, den geringen Handel der

Farmer mit den Städten, respektive mit dem Ausland besorgten fast gar nicht die Sklaven, welche hier durchweg Dienstboten, landwirtschaftliche Arbeiter, ausnahmsweise Handwerker waren. In den dortigen Städten, in welchen das verkehrsmässige Wirtschaftsleben weit mehr ausgebildet war, wurden die Neger und Indianer meist auch nur als Dienstboten oder Handlanger oder bei grober Hafen- und Schiffsarbeit verwendet, so dass im Allgemeinen auch hier Handelsgeschäfte derselben äusserst selten waren.

Im Süden war in dieser Hinsicht die Lage der Sklaven kaum anders. Die Plantage, welche ein kleines Gemeinwesen für sich bildete, war im Flachland die entscheidende Wirtschaftsform, während dem Gebirge zu und in demselben dem Norden ähnliche Zustände bestanden. Was die Sklaven brauchten, wurde auf dem Gute ganz oder zum grossen Teil hergestellt, was eventuell daneben erforderlich war, etwa an Fleisch und Getreide, wurde von dem Herrn im Grossen von auswärts gekauft und kam dann aus seinem Vorratsmagazin unter seine Arbeiter zur Verteilung. Fast alle Luxus- und Genussgüter des Herrn kamen aus dem Auslande, wurden von diesem direkt bezogen oder aus inländischen über das Land verbreiteten Warenlagern gekauft, denen selbständige freie Kaufleute oder Kommissionäre und Agenten vorstanden. Die Kolonialprodukte gingen von der Plantage an den Rheder oder an den Exporteur in den Häfen und von dort besonders nach England, ohne dass Sklaven mehr als ausnahmsweise bei diesem Handel zu thun gehabt hätten.

Von Rechtsgeschäften waren bei den Negersklaven nur von Bedeutung: Das Vermieten der Arbeitskraft, der Verkauf von Peculien-Gütern und Einkauf von geringen Mengen von Genussmitteln, Zierrat u. s. w., der Verkauf von landwirtschaftlichen Produkten für die Herren auf den städtischen Märkten.

Wenn wir eine gewisse Achtung der Ehe durch die Sitte, die Gewährung eines Gerichtshofes bei Kriminalsachen, das Verbot der Sonntagsarbeit und den in einigen Staaten gewährten Schutz gegen Angriffe auf Leben und Gesundheit zusammenfassen, so haben wir in der Hauptsache alles das erschöpft, worin wir die Persönlichkeit des Sklaven anerkannt finden. Was im Übrigen noch als Sklavenschutz in den Kolonialstatuten aufgenommen ist, will wenig besagen. Hier heisst es z. B. der Sklave soll mit genügender Kleidung und Nahrung versehen,[121] soll nicht überarbeitet werden und genügend Schlaf haben. Aber was ist unter „genügend" zu verstehen. Darüber herrscht Stillschweigen, nur in Süd-Karolina war man 1740 so offen, im Gesetz zu erklären, dass der Negersklave im Sommer nicht über 15, im Winter nicht über 14 Stunden beschäftigt werden dürfe, und in der zum Trost der Unglücklichen und Bedrängten geschaffenen Kolonie Georgia wurde jedem Pflanzer bei einer Strafe von 3 £ anbefohlen binnen 24 Stunden nicht mehr als 16 von den Negersklaven arbeiten zu lassen. Dazu kam noch dies: Wie sollte das Verfahren nach jenen allgemeinen Vorschriften kontrolliert werden, da das Zeugnis des Negers gegen den Weissen vor Gericht nichts galt und der erstere den letzteren nicht verklagen konnte? Es musste also der Friedensrichter aus eigner Initiative oder auf die anderweitige Anzeige von Weissen hin eingreifen, und bis das geschah, konnten viele Neger durch übermässige Arbeit zu Grunde gerichtet werden.

Die Bestimmung, dass der Herr altersschwache oder sonst arbeitsunfähige Sklaven nicht fortjagen oder verkaufen, sondern auf seinem Gute beköstigen und wohnen lassen musste, war jedenfalls weit weniger einer humanen Socialpolitik als einer für die Steuerzahler sorgenden Armengesetzgebung entsprungen, welche gebrechliche Bettler weder dem Staat noch der Gemeinde zur Last legen wollte.[122]

Die Beendigung der Sklaverei für den Einzelnen erfolgte erstens durch die freiwillige Freilassung seitens des Herrn, zweitens durch Specialgesetz, drittens auf Grundlage einer allgemeinen gesetzlichen Bestimmung zur Bestrafung des Herrn wegen gesetzwidriger und böswilliger arger Verletzung, Verstümmelung oder grausamer Behandlung des Sklaven.

Der letztere, oben bereits erwähnte Emancipationsgrund findet sich in den kolonialen Statuten nur ausnahmsweise, so in denen von Maryland vom Jahre 1692, aus welchen er aber schon nach einigen Jahren gestrichen wurde. Auch die Freilassung durch Specialgesetz ist in der Kolonialzeit nur äusserst selten anzutreffen. Sie erfolgte als Belohnung für einen Sklaven, der sich um das Land besonders verdient gemacht hatte, z. B. eine Negerverschwörung oder den Aufenthalt einer Verbrecherbande entdeckt und angezeigt hatte. Der Herr wurde in diesem Falle mit dem vollen Werte aus der Staatskasse entschädigt. Während des Revolutionskrieges und nach demselben wurden Sklaven, welche in der amerikanischen Armee mit Einwilligung des Herrn dienten, im Wege des Gesetzes freigesprochen, nachdem den Eigentümern Ersatz versprochen oder gewährt worden war.[123]

Bis in das zweite Drittel des siebzehnten Jahrhunderts hinein war in allen Kolonien allgemeiner Rechtsanschauung gemäss die Freilassung durch den Herrn nach seinem Ermessen inter vivos und mortis causa gestattet. Die Gesetzgebung kümmerte sich nicht um diese Angelegenheit und auch die Form war dem Herrn überlassen, der im Interesse des Negers höchstens einen Gemeindebeamten aufforderte, die Thatsache der Freilassung zu beglaubigen. So blieben auch die Verhältnisse in den nördlichen Kolonien in der Folgezeit mit Ausnahme der allgemein eingeführten Vorschriften, dass der Herr oder dessen Erben dafür Sicherheit zu leisten hatten, dass der arbeitsunfähige oder arbeitsscheue Freigelassene nicht dem Staate oder der Gemeinde zur Last falle. In den südlichen Staaten ging aber die Gesetzgebung in der Beschränkung der Freilassung viel weiter, als die Sklavenzahl erheblich anwuchs und die Freilassung als eine Gefährdung der öffentlichen Sicherheit angesehen, insbesondere angenommen wurde, dass sie die Negerverschwörungen erleichtere. So wurde ausser der im Norden üblichen Haftung die Form der Freilassung genau geregelt und erschwert und sie selbst nur unter bestimmten Bedingungen als zulässig erklärt. Council und Gouverneur, oder wenigstens der letztere hatten zu der Manumission die Einwilligung zu geben, welche nur erteilt wurde, wenn besondere Verdienste des Sklaven um den Herrn oder dessen Familie bewiesen wurden. Handelte der Herr im Widerspruch damit, so war nicht nur die Freilassung nichtig, sondern bedeutete für ihn auch Verlust des Sklaveneigentums zu Gunsten der Kirche oder des Staates. Die Wirksamkeit dieser Gesetze war unverkennbar, die Freilassungen waren im Vergleich zum Norden viel seltener, wenn auch die absolute Zahl der Freineger wegen der ungleich grösseren Negerbevölkerung im Süden durchschnittlich grösser war.

Dass dann gegen das Ende des achtzehnten Jahrhunderts die Freilassung wieder erleichtert wurde ist aus denselben oben angeführten Gründen zu verstehen, welche auf die Milderung der Sklavengesetze überhaupt hinwirkten.

Die Freilassung in fraudem creditorum wurde allgemein als ungiltig betrachtet.

Die Kinder der Neger, welche vor deren Freilassung gezeugt worden waren, blieben Sklaven, falls sie nicht mit den Eltern freigegeben wurden. In New-York war dieser Satz durch Statut besonders ausgesprochen worden, weil die öffentliche Meinung dahin ging, dass die Kinder einer freien christlichen Mutter nicht Sklaven sein könnten. Wer einmal frei war, konnte, wenn er friedlich im Lande blieb und sich nicht mit den der Kolonie feindlichen Indianern an deren Kriegszug gegen dieselbe beteiligte, nicht wieder Sklave werden, so lange er seine Freilassung zu beweisen vermochte. Denn die Hautfarbe begründete stets die Präsumption der Unfreiheit und wenn der Beweis der Manumission nicht erbracht werden konnte, so war der Neger rechtlich unfrei, wie sich auch für ihn die thatsächlichen Verhältnisse Jahre lang gestaltet haben mochten.[124]

Aus dieser juristischen Anschauung lässt sich schon ein Einblick in die Stellung gewinnen, welche die Freineger oder freien Mulatten in der amerikanischen Gesellschaft des achtzehnten Jahrhunderts einnahmen. Sie gehörten mit seltenen Ausnahmen der dienenden Klasse an. Öfters wurden sie nach der Freilassung aus der lebenslänglichen Sklaverei in die Gruppe der indented servants eingereiht, hatten sie auch dessen Dienst hinter sich, so blieben sie als wenig geachtete, wenig gesuchte und daher schlechtbezahlte Lohnarbeiter auf Plantagen und Farmen, in deren Nähe sie aufgewachsen waren oder gingen in die Städte um als Karrenschieber, Strassenkehrer, Packträger ihr Leben mühsam zu fristen. Die Freizügigkeit war für sie beschränkt, da die Kolonien meist nicht duldeten, dass Freigelassene aus andern zuwanderten. Der Erwerb von Grundbesitz war ihnen verboten oder erschwert, von manchen Gewerben waren sie rechtlich ferngehalten. Zu dem Dienst in der Miliz wurden sie in Friedenszeiten nicht zugelassen, politische Wahlrechte hatten sie nicht, aber Steuern mussten sie bezahlen. Alle höheren Lebensstellungen waren ihnen, vielfach rechtlich, faktisch fast immer verschlossen. Weisse Dienstboten durften sie nicht halten, die Ehe mit einem Angehörigen der weissen Rasse war meist strafbar, jedenfalls überall missachtet. Das Zeugnis eines freigelassenen Negers galt in der Regel vor Gericht nichts gegen einen Weissen, der seinerseits durch seine Aussage jenen an den Galgen bringen konnte.[125]

VIERZEHNTES KAPITEL.

DIE BEHANDLUNG DER NEGERSKLAVEN DURCH IHRE HERREN.

Das im vorigen Kapitel geschilderte Recht hat uns nach mancherlei Richtung hin mit der Lage der Negersklaven bekannt gemacht. Aber innerhalb der gesetzlichen Schranken war dem Herrn noch ein weiter Spielraum für die Behandlung seiner Neger gegeben. Zum Verständnis derselben ist zunächst auf den Rassengegensatz zwischen beiden hingewiesen.

Die Neger sind, seitdem sie nach Nordamerika gebracht worden sind, den dort lebenden Weissen stets eine niedere verachtete Rasse gewesen. Wenn auch Philanthropen und Abolitionisten tausendmal verlangt haben, dass das nicht sein solle und sich und andern eindringlich vorgeredet haben, sie sähen in den Schwarzen nur Menschen wie sie selbst seien, in der egoistischen Wirklichkeit des Lebens ist, wenn wir aufrichtig urteilen wollen, eine wahre Änderung der Gesinnung niemals eingetreten. Die Rassenabneigung ist immer etwas Instinktives gewesen, was Vernunft und Religion nicht aus der Welt schaffen konnte. Die nördliche Bourgeoisie hat mit der Gewalt der Waffen um die politische Macht der südlichen Landwirte zu brechen die Sklaven in unserm Jahrhundert befreit, aber die ganz allgemeine, bei den Weissen verbreitete Überzeugung, dass die Neger etwas tierisches, affenartiges, übelriechendes, unästhetisches an sich hätten, konnte damit nicht beseitigt werden. Dass sie zur niederen, von den Weissen abgesonderten Arbeit geschaffen seien, schloss man daraus sowohl 1619 als das erste Sklavenschiff die Küste Virginiens berührte, wie 1776 als die berühmte Unabhängigkeitserklärung erlassen wurde, wie heute, nachdem seit dreissig Jahren die Sklaverei abgeschafft worden ist. Ehemals hielt man die letztere für nötig, jetzt sucht man mit der Lohnarbeit sich zu helfen.

Rassenprobleme durchziehen die Geschichte der meisten Völker und Staaten. Was hier stets zu beantworten war, war nicht die unfruchtbare Frage, wie etwa die Rassenantipathie verschwinden könne, sondern die zu lösende Aufgabe war auf diejenige rechtliche Form des Zusammenlebens gerichtet, welche den Gesamtinteressen oder auch den Interessen der herrschenden Rasse am besten entsprach.

Dass im allgemeinen die Behandlung der weissen indented servants eine bessere gewesen ist als die der Negerskaven, wurde im fünften Kapitel im Hinblick auf die Rassenverschiedenheit beider hervorgehoben. Es ist noch hinzuzusetzen, dass, während die Ehe eines Freien mit einer servant sittlich durchaus nichts anstössiges hatte, eine solche mit einer Sklavin, wie überhaupt mit einer Negerin als ein ganz verächtlicher Zustand galt. Gemischte Ehen zwischen Weissen und Schwarzen waren aber nicht bloss in allen Kolonien der guten Sitte entgegen, sondern die Eheschliessenden waren auch meist strafbar, ebenso wie die Geistlichen oder die Beamten, welche bei der Verheiratung mitgewirkt hatten. Da die Ehe als eine dauernde und nur schwer lösliche Lebensgemeinschaft angesehen wurde, so kam sie schon aus diesem Grunde zwischen den Angehörigen verschiedener Rasse nur selten vor. Häufiger war die zeitweise Geschlechtsverbindung zwischen weissen Männern und Negerinnen oder Mulattinnen. Auch sie war gebrandmarkt, in mehreren Staaten sogar strafbar, und es ist eine verkehrte Ansicht zu glauben, dass die Plantagenbesitzer des 17. und 18. Jahrhunderts regelmässig ihre jungen Sklavinnen zu ihren Geliebten gemacht hätten. Die Monogamie stand durch Kirche, Sitte und Recht in hohen Ehren, der Ehebruch war strafbar, ob er mit einer freien Person oder einer Sklavin begangen worden war. Der Eigentümer einer Plantage war kein solcher orientalischer Gewalthaber, der nur vor seinem Oberherrn Respekt hat und im Hause thun und lassen konnte, was er wollte. Vielmehr lebten die amerikanischen Ansiedler in einem Rechtsstaate, welcher die freie amerikanische Frau weisser Rasse, sie die geachtete Herrin im Hause und in der Geselligkeit, ebenso in ihren berechtigten Ansprüchen schützte wie den Mann.[126]

Die Sklaverei ist in Nordamerika oft genug mit dem Rassenunterschied gerechtfertigt worden. „Der Engländer in Amerika duldete", bemerkt G. Bancroft „und hegte nicht die Menschensklaverei, sondern bloss die Sklaverei desjenigen Menschen, der schuldig einer Haut war, die nicht die Farbe seiner eigenen trug; in der Haut lag eine ungebüsste und wie man glaubte unsühnbare Schuld." [127]

Um 1700 wurde in dem Athenian Oracle von den puritanischen Massachusetts geschrieben: „Manche Personen, rein richtiger Nationen scheinen als Sklaven geboren zu sein, besonders die Barbaren in Afrika, welche seit dem Beginn der Welt Barbaren waren und welche es bei uns als Sklaven weit besser haben als in ihrer heimischen Freiheit, in der sie sich die Hälse abschneiden und einander auffressen" [128]

Eine niedere Rasse, die als unfähig zu jedem höheren Aufschwung betrachtet wurde, konnte daher auch nirgends einer auch nur mässigen Achtung begegnen, man schätzte nur ihre Arbeitskraft und in jedem Individuum das Mass derselben. Die Mencheneigenschaft des Negers wurde mit äusserster Gleichgültigkeit taxiert, so dass selbst ein Benehmen, das in Gegenwart eines Weissen als unanständig galt, vor einem Neger ungeniert Platz greifen konnte, indem man ihm jedes moralische Distinctionsvermögen einfach absprach.

Der Rassengegensatz ist zum Verständnis mehrerer Gesetze wohl zu beachten, welche im vorigen Kapitel erwähnt worden sind. Der Schwarze konnte kein gerichtliches Zeugnis gegen den Weissen ablegen, weil man vermutete, dass ihn dabei ein egoistischer Rasseninstinkt zum Schaden dieses bestimmen werde. Auch die erwähnten Beschränkungen der Freilassung sind nur aus dem Rassengegensatz ganz zu begreifen. Der freigewordene Sklave trat nicht in die Gruppe der weissen Bürger ein, was private Geselligkeit, Eheschliessung und öffentliches Leben betraf. Seine Hautfarbe verwies ihn auf den Verkehr mit seines Gleichen, also auch mit Sklaven. Da er nun hierbei diese, appellierend an den gemeinsamen Druck und den täglich erduldeten Schimpf, an die Gemeinsamkeit des Blutes und der Interessen zum Widerstand und zum Aufruhr anreizen konnte, so galt er als eine Gefahr im Lande, welcher der Staat nach Kräften vorzubeugen hatte.

Wenn wir von der Behandlung eines Sklaven sprechen, so haben wir vor allem die Menge und die Art der Arbeit, welche er zu verrichten hat und den Unterhalt, welcher gewährt und Lebensfreude, die gestattet wird, zu berücksichtigen. In den Reiseberichten und Beschreibungen der englischen Kolonien Nordamerikas finden wir in dieser Hinsicht sehr verschiedene Urteile, welche nebeneinander gestellt, zwar manchen richtigen Zug, aber zugleich doch ein wunderliches Bild voller Widersprüche abgeben würden. Dasselbe würde sich unschwer aus der Neigung mancher Beobachter begreifen lassen, das was sie gesehen und gehört haben zu verallgemeinern. Es kann jemand die Sklaverei in Neuengland ganz zuverlässig schildern, aber in hohem Grade irren, wenn er daraus etwas über dieselbe in den Kolonien überhaupt schliessen wollte. Es kann jemand die Negerarbeit auf einem Grossbetrieb in Südkarolina genau kennen aber mit dieser Kenntnis von der Behandlung der Sklaven durch den pennsylvanischen Kleinfarmer nichts sagen. Gewiss finden wir in den Berichten auch öfters vorsichtig und massvoll geurteilt, aber wo richtig unterschieden wird, wird leider zu sehr die Vollständigkeit der Darstellung vermisst.

Gestützt auf eine Sammlung zahlreicher Erzählungen, Schilderungen und Notizen [129] wird im folgenden der Versuch gemacht die erwähnten Fehler zu vermeiden.

Zum Verständnis für die gute oder die schlechte Behandlung eines Sklaven weist man wohl hin auf die Individualität des Herrn und des Sklaven. Bei gütigen, milden, bei unordentlichen, verschwenderischen, bei grausamen, bei erwerbseifrigen, geizigen Herren wird die Lage des Sklaven sich sehr verschieden gestalten können, ebenso wie dieser wenn er anhänglich, geduldig, gelehrig ist, eine andere Stellung einnehmen wird, als wenn er hinterlistig, rachgierig, faul oder dumm ist.

Aber mit einer solchen individualistischen Betrachtung gelangen wir nicht zu einer Einsicht in die sociale Gestaltung des Ganzen. Warum ist der Herr erwerbseifrig, warum der Sklave träge u. s. w., welches sind hier die socialen Faktoren, die hinter dem Individuum stehen? Dieses zu wissen ist das Wesentliche. Denn dadurch sind wir allein in den Stand gesetzt das Typische zu begreifen. Was darüber hinausgeht, was in Charakter und Intellekt des einzelnen Menschen eine noch so grosse Rolle spielen mag, kann in Praxi noch so wichtig sein, es entzieht sich aber ganz unserer Untersuchung, welche sich einer solchen Beschränkung wohl bewusst ist.

Unter den amerikanischen Kolonisten waren viele energische und unternehmende Männer. Die Urbarmachung des Waldes und der Steppe d. h. der tägliche Kampf mit der Natur, die Isolierung von andern Menschen und das Angewiesensein auf die eigene Kraft, der Umstand, dass viele Einwanderer oder Kinder von Einwanderern waren und dass damals die Einwanderung aus Europa meist nur die Sache von starken Gemütern war, dies Alles wirkte bildend auf den amerikanischen Volkscharakter ein, den wir auch heute noch in ähnlicher Weise antreffen. Schon aus diesem Grunde musste der Anspruch an die Sklavenarbeit gross sein, der gewiss als unbillig nicht empfunden werden konnte, so lange der Herr zeigte, dass er sich demselben Masstab unterwürfe.

Wenn sich auch Nordländer und Südländer gemeinsam durch zielbewusstes, angestrengtes und andauerndes Thun auszeichneten, so lag doch im Temperament beider ein Unterschied. Der heissblütige Virginier und der kalt berechnende Neuengländer waren in Lob und Tadel, in Belohnung und Strafe dem Negersklaven gegenüber ganz verschiedene Menschen. Im einzelnen Fall konnte dadurch wohl hier und da das Lebensschicksal des Sklaven bestimmt werden, im Allgemeinen wurde aber durch den Sturm oder die Stille der Leidenschaften nur die Oberfläche der Beziehungen von Herrn und Knecht bewegt.

Von dem Einfluss der Religion und der Kirche auf die Lage der Sklaven ist, nach den Ausführungen in dem vorigen Kapitel, bis zur Mitte des 18. Jahrhunderts nicht viel zu merken, von Quäkern und ihrer abolitionistischen Thätigkeit wird am Schlusse unserer Untersuchung noch gesprochen werden.

Von durchgreifender Bedeutung für die Behandlung der Sklaven waren die nach Zeit und Ort, nach der jeweiligen Entwickelung der Produktion und des Austausches verschieden gestalteten ökonomischen Interessen der Herren.

In dieser Beziehung ist an erster Stelle zwischen Haus- und Fabrikationssklaven zu unterscheiden.

Der häusliche Dienst gewährte dem Sklaven die relativ beste Lebenslage. Er umfasste alle die Arbeiten und Verrichtungen, welche in unserer Zeit den freien Dienstboten zufallen. Er kam in allen Kolonien vor, war im Süden ganz allgemein, weit mehr verbreitet als im Norden. Hier waren im Hause überwiegend die Dienstbaren aus Europa beschäftigt und deren Lebenshaltung war für die Negersklaven nicht ohne Belang. Die Minorität wurde durch die Majorität um einiges gehoben, ähnlich wie, was früher erwähnt wurde, in den Südstaaten des achtzehnten Jahrhunderts die Minorität der weissen Knechte durch die Majorität der Negersklaven in Bezug auf die Lebensansprüche herabgedrückt wurde.

Die Arbeit des Haussklaven war keine übertriebene und manches an Nahrung, Kleidung und Vergnügen kam ihm zu, was dem Feldneger versagt war. Denn eine durchgreifende Kontrole alles seines Thuns war für den Herrn nicht möglich, er musste daher auf eine gewisse Ergebenheit, Anhänglichkeit rechnen, um Eifer und Ehrlichkeit zu sehen, und beides war nur durch den Verzicht auf das Maximum möglicher Arbeit und durch die Gewährung einer mehr als gerade ausreichenden Versorgung zu erreichen. Von Jugend auf wurde der Haussklave bei dem persönlichen Dienst der Herrschaft verwendet, er war meist auf der Farm oder der Plantage geboren und kannte nichts als diese. Er war getauft und wurde bisweilen mit den Kindern des Herrn in der Religion unterrichtet. In Albany war es um die Mitte des vorigen Jahrhunderts Regel das Negerkind, sobald es drei Jahre alt war einem gleichalterigen Kinde des Hauses rechtlich zu überweisen, und es so frühzeitig an den späteren Herrn zu gewöhnen. Der Diener wuchs so mit demselben heran und das Verhältnis wurde nicht gelöst, wenn die Früchte dieses Erziehungssystemes gut ausfielen.

Eine Sorge freilich bedrängte bisweilen die Haussklaven, verkauft zu werden und als Plantagenarbeiter, vielleicht sogar in Westindien dienen zu müssen. Solche Verkäufe waren thatsächlich selten, da es unrentabel erschien einen zum guten Benehmen und zu specieller Hausarbeit mit viel Aufwand auferzogenen Neger fortzugeben, aber doch ein genügender psychischer Druck um dies Gesinde in erwünschter Subordination zu halten.

Die Beköstigung und die Bekleidung der Haussklaven varierte nach dem Wohlstande des Eigentümers. Auf grossen Gütern wohnten sie soweit sie persönliche Dienste in der Familie zu leisten hatten, im Herrnhause, während Kutscher, Köche, Gärtner u. s. w. in der Nähe desselben, aber getrennt von den Feldnegern ihre Schlafstätten hatten. Der reiche und vornehme Pflanzer in Virginien und Karolina trieb oft grossen Luxus mit schwarzer Dienerschaft, die ihm als bunt gekleideter Tross bei den Besuchen in der Nachbarschaft oder der Stadt folgte. Wenn freilich die Tabak- und die Reispreise sehr stiegen und es viel zu verdienen gab, dann wurde auch wohl die Livree mit dem baumwollnen Hemde vertauscht und der vornehme Nigger musste

Wassergraben ziehen oder Unkraut aus den Feldern ausreuten.

Der Lage der Haussklaven zunächst, wenn auch schon ungünstiger, befanden sich diejenigen, welche in der Landwirtschaft oder dem einfachen Handwerk beschäftigt waren, welche beide ganz überwiegend der Konsumtion auf der Farm dienten. Betriebe mit fast ausschliesslicher Eigenproduktion finden wir in den nördlichen und mittleren Kolonien, auch in dem Westen der südlichen überall dort wo der Warentransport zum Ein- oder Verkauf, in der Hauptsache ausgeschlossen war. Der Regel nach waren sie von geringem Umfange, und ganz ausnahmsweise im Süden waren sie auch grösser. Die Produkte der Negerarbeit hatten bei der Eigenproduktion für den Herrn nur Gebrauchswert, keinen Tauschwert und es wurde daher davon nur soviel erzeugt als die Familie und das Gesinde des Herrn verwenden konnten. Eine übermässige Ausnutzung der Sklavenkraft entsprach hier dem Interesse des Herrn nicht, da das über den Bedarf hinaus erzeugte ohne Nutzen dalag. Bei der ersten Kolonisationsarbeit wurden übrigens die Neger nur ungern genommen, da sie Wechsel der Beschäftigung, Nachdenken und schnellen Entschluss verlangte. Auf grossen Gütern in Maryland und Virginien treffen wir neben dem Exportgewerbe bis zum Ende des achtzehnten Jahrhunderts eine Vielgestaltigkeit der handwerklichen Eigenproduktion an, bei welcher Neger als Schneider, Schuhmacher, Zimmerleute, Schmiede, Wagner, Weber, Gerber u. s. w. besonders in der Zeit der Ruhe des Feldbetriebes verwendet wurden. Die erzeugten Gegenstände waren freilich nur einfacher Art und alles feinere wertvollere wurde aus England importiert, aber ihre Herstellung liess sich nicht wie die Landarbeit kontrolieren und setzte auch etwas mehr voraus als eine mechanische Wiederholung derselben einmal gelernten Arbeit. Daher musste auch hier auf den guten Willen des Sklaven gerechnet werden, der wieder nur durch entsprechende Behandlung zu gewinnen war. Wo auch einfache Industrieprodukte aus England billig zu beziehen waren, wie an der Seeküste und an den Flüssen, da hat diese handwerksmässige Eigenproduktion mit Arbeitsteilung nie rechten Platz greifen können, und je vollkommener die englische Massenproduktion billiger Industriewaren wurde, um so mehr wurde diese Betriebsweise eingeschränkt. Während des Freiheitskrieges, als der Handel mit Europa unterbrochen war, waren besonders günstige Zeiten für sie gewesen. [180].

Ein ganz anderes ökonomisches Interesse repräsentierte derjenige Neger, welcher Produkte für den Absatz im Inlande oder Auslande herzustellen hatte.

Die wichtigsten waren Tabak, Indigo, Reis, Häute, Hanf, Pech, Terpentin, deren Preis überwiegend die europäische Nachfrage bestimmte, besonders der Londoner Markt, dann Weizen, Mais, Gerste, Vieh, welche Produkte vor allem von Norden nach dem Süden und Westindien gingen.

Bei dieser Warenproduktion war für den Pflanzer oder Farmer der Preis die Hauptsache und die Grenze der Produktionsausdehnung war gegeben, falls die Waren überhaupt nicht oder zu einem die Kosten nicht deckenden Satze verkauft wurden. Deshalb kam es darauf an sie möglichst billig herzustellen, die Konkurrenten auf dem Markte zu schlagen und den Kreis der Käufer zu erweitern. Da nun viele so handelten, war zeitweise Überproduktion unvermeidlich, welche wieder zu Kostenreduzierung antrieb oder auch die Verschuldung des Pflanzers, dem die Einnahmen jetzt fehlten, verursachte. Die fortgesetzten Schwankungen der Preise bestimmten die Landwirte den Betrieb zu vergrössern oder sonst Vermögen zu sammeln, damit Einnahmen aus vergrösserten Fonds das mögliche Sinken des bisherigen Verdienstes einholten. Je mehr nun überhaupt eingenommen wurde um so mehr steigerten sich die Bedürfnisse nach Luxus oder Komfort und dann folgte von neuem der Wunsch nach mehr Geld und noch mehr Ware zu verkaufen.

Wer war es nun schliesslich, der die Kostenersparung schaffen, die Warenmenge vergrössern, die Schwankungen der Konjunktur ausgleichen musste? Auf wen wurde der Druck abgeschoben, den Handel und Warenproduktion geschaffen hatten oder den sich der Pflanzer auf seine Schultern gelegt hatte? Auf den Sklaven, wo er nur bei der Herstellung der Waren beteiligt war! Es ist indessen hierbei zu bemerken, dass Preisschwankungen, Haussen und Baissen, Absatzerweiterung und Marktverschliessung bezüglich der im Norden hergestellten Produkte in weit geringerem Masse vorkamen als bei denen des Südens. Denn jene waren als unentbehrliche Güter und bei einer ziemlich festen Konsumentenzahl auf den kleinen Märkten in Baltimore, Charleston, Savannah und Kingston verkäuflich, während diese relativ entbehrlich, daher unter Umständen unabsetzbar, dem elastischen Londoner Weltmarkt angehörten.

Sollte nun der Sklave den geschilderten ökonomischen Bedürfnissen der für den Markt, insbesondere für den Weltmarkt produzierenden Herren nachkommen, so kam es diesen darauf an,

1) soviel Arbeit von ihm zu gewinnen als nur möglich war,

2) die Kosten der Erhaltung möglichst zu reduzieren.

Daher war die gesammte Behandlung der Sklaven durch Warenkonjunktur, durch die Absatzverhältnisse und den Handel bestimmt. Besser hatten es jedenfalls nach dem Gesagten diese Sklaven in New-York, Pennsylvanien und New-Jersey, als die von Virginien, Maryland, Karolina und Georgia, indem jene für den festen Lokal-, diese für den spekulativen internationalen Markt arbeiten mussten.

Bei der Ausnutzung und Erhaltung der Arbeitskraft dachten und rechneten die Sklavenbesitzer sehr abweichend von einander, auch waren sie je nach ihrer ökonomischen Lage sehr ungleich imstande das Maximum der Arbeit und das Minimum der Kosten zu erreichen. Die Herren des Kleinbetriebes und des Grossbetriebes verfuhren daher mit ihren Sklaven ganz verschieden, wenn sie auch beide für den Absatz ihrer Produkte thätig waren.

Die bei einer anderen Gelegenheit schon erwähnten ökonomischen Nachteile des Kleinbetriebes auf dem südliche Exportartikel hergestellt wurden, die relativ hohen Kosten eines Aufsehers, auf den daher vielfach verzichtet wurde, als Folge davon die Beaufsichtigung der Negerarbeit durch den Herrn, die nicht fortdauernd regelmässig sein konnte, die ungünstigen Kreditverhältnisse, die Unfähigkeit der Warenkonjunktur sich anzupassen u. s. w., dies alles führte dazu, dass der Besitzer des Sklaven die Arbeitskraft desselben in irrationeller Weise ausnutzte. Leichtsinn und Kurzsichtigkeit wurde ihm von zeitgenössischen, philanthropischen Schriftstellern vorgeworfen, wenn er seinen Sklaven nicht genügend ernährte, ihm keine Ruhe gönnte, Rohheit und Grausamkeit wenn er den Ermatteten mit Peitschenhieben zu neuer Arbeit antrieb. „Bei dieser Traktirung der armen schwarzen Heiden," schrieb der Pfarrer Bolzius aus Georgia um 1750, werden die Herren selbst zu Heiden, leben in den schändlichsten Unordnungen und bleiben doch arme miserable Leute, die endlich von Gottes Gerichten hingerissen werden".

Aber wir dürfen im Allgemeinen nicht so hart urteilen. Wenn wir uns heute dem Süd-Osten Europas zuwenden und etwa eine ruthenische Klein-Bauernwirtschaft uns ansehen oder uns in die Ökonomie eines süditalienischen Kleinpächters versetzen, so finden wir dort schlecht genährtes Arbeitsvieh, das mit fortgesetzten Peitschenhieben vor der Karre und dem Pflug dahingetrieben wird und doch fast nichts leistet. Warum verfährt der Mann so, warum verwüstet er sein Kapital, mit dem er so viel leisten könnte? Ihm fehlt derjenige Besitz, um das wenige, was er hat, ordentlich zu verwalten. Er kämpft mit der Not, ebenso wie der Sklavenhalter auf dem südländischen Kleinbetrieb und wenn auch dieser im Sklaven die Menschennatur hätte achten sollen, so wollen wir doch nicht vergessen, dass nach der Anschauung jener Zeit der Neger nur als Mensch zweiter Ordnung galt, und dass die guten Eigenschaften des Herzens unterdrückt werden, wenn die tägliche Sorge selbst um eine jammervolle Existenz alles Denken und Fühlen sich unterwirft.

Schlimm genug sah es für einen Negersklaven auf einem solchen Gute aus. Von Sonnenaufgang bis es dunkelte musste er unter Geisselhieben im staubigen Felde oder im Sumpfboden schaffen und die gesetzlichen Ruhestunden am Sonntag wurden ihm durch Hausarbeit gekürzt. Eine elende verrauchte Bretterbaracke, durch welche der Nachtwind fegte, ein erbärmliches Strohlager und eine unreinliche Decke zum Schutz gegen die Kälte, ein paar Maiskolben um den nagenden Hunger zu stillen, halbnakte Kinder, die unter Krankheiten und in tierischer Rohheit zu kraftlosen Arbeitern heranwuchsen, die mehr als kindischen Ergötzungen der Erwachsenen, der Verkehr der Geschlechter eine rohe Parung durch den Willen des Herrn, das war eine Welt, die zu besuchen einem Kulturmenschen aus Europa schwerer fallen mochte als ein Gang durch das Irrenhaus.[131]

Mit dem steigenden Wohlstande begegnen wir besserer Sitte und menschlicherer Empfindung. Auf den grossen wohlgeleiteten Betrieben entrollt sich uns daher ein anderes Bild. Selbstverständlich kann es sich bei dessen Wiedergabe auch nur um das überwiegend typische handeln und zwar aus solchen Zeiten, in denen die erzeugten Produkte in der Hauptsache regelmässigen Absatz fanden. Waren Jahre lang die Ernten schlecht oder nicht gut zu verkaufen, war der Besitzer durch irgend welche andere Umstände verarmt, so treffen wir auf Sklaven-Zustände, welche denjenigen des geschilderten Kleinbetriebes nahe kommen.

Freilich war auch auf den virginischen und karolinischen Gütern die Lage der Sklaven, wenn wir mit den heutigen Ansprüchen etwa nordamerikanischer Lohnarbeiter messen wollen beklagenswert, aber einerseits war sie im Allgemeinen eine viel günstigere als in den kleinen, unordentlich geführten Haushaltungen, andererseits wurde sie als einigermassen erträglich wenigstens von dem im Lande geborenen Sklaven empfunden, die selbst mit sehr geringem Massstabe den Lebensgenuss abschätzten. Der Grund der besseren Behandlung lag in der Einsicht der Herren, dass dieselbe zu grösseren ökonomischen Resultaten für sie führte und darin, dass sie die Mittel hatten auch dieser Einsicht entsprechend zu wirtschaften. Sie sagten sich, dass mit starken und willigen Negern viel mehr zu erzielen sei als mit schwächeren und widerspenstigen. Daher kam es erstens darauf an, keine den Mann völlig erschöpfende Arbeit zu fordern, sie zugleich in ein solches System zu bringen, dass sie möglichst produktiv wirkte, ferner auf eine Gewährung von Kost, Kleidung, Wohnung, Vergnügen zu achten, welche der Arbeitskraft die nötige Frische verschaffte, endlich durch gleichmässige, gesicherte, die Willkür ausschliessende Gesamtbehandlung dem Sklaven die starke Hand und den billig denkenden Sinn des Herrn zum Bewusstsein zu bringen und so ihn zur Willigkeit zu erziehen.

In der Kolonialzeit Nordamerikas war dieses System zur vollen wissenschaftlich technischen Ausbildung noch nicht gelangt, wie in den Baumwoll- und Zuckerplantagen der Südstaaten in der ersten Hälfte des neunzehnten Jahrhunderts, aber auch damals schon bestanden bestimmende Regeln für den rationellen Betrieb nach dieser Richtung hin.

Es gab Plantagen in Virginien und Karolina um die Mitte des achtzehnten Jahrhunderts, auf denen 400 Neger lebten. Nach Abzug der Kinder, der altersschwachen Personen, der Haussklaven waren darunter 100 - 150 Feldarbeiter, auf einzelnen Gütern, wo die Familienzahl gross war, noch weniger. Washington hatte auf Mount Vernon, seinem Landgute unter seinen 400 Negern nur 70 eigentliche Arbeitssklaven. Wo die Pflanzer viele aus Afrika oder Westindien importierte Neger, die ohne Familie waren, nahmen, war die relative Zahl der Arbeitssklaven grösser. Familien zu erhalten war zwar teuer, aber die Kinder der Sklavin waren wiederum Sklaven und die im Lande geborenen und auf der Plantage aufgezogenen waren die fügsamsten. Mit dem steigenden Wohlstande wurde die Sklavenzucht immer eifriger betrieben.

Der Kongoneger Tom, — nennen wir ihn so mit seinem amerikanischen Namen — war in seiner afrikanischen Heimat als ein eben erwachsener Jüngling im Kreise seiner Familien- und Stammesgenossen um 1750 in den Krieg gezogen, zu dem sein Volk, das an hundert Meilen ostwärts von Cabanda lebte, von den menschenräuberischen der Küste zu wohnenden Nachbarn gezwungen worden war. Nach furchtbarem Ringen war es der Macht der feindlichen Feuerwaffen gewichen und die nicht getötet worden waren, wurden als Gefangene nach dem Westen fortgeschleppt. Tom gehörte zu den letzteren, welche einige hundert an der Zahl, die starken Männer gefesselt, in einen engen, von hohen Wänden umgebenen, oben offenen Hofraum in der Residenz des siegreichen Königs getrieben wurden, in dem ihnen täglich einmal für alle gemeinsam, zum Streit aller gegen alle, eine unausreichende gemeine Nahrung geboten wurde. Nach einigen Wochen kamen weisse Männer, ein Schiffskapitän mit Matrosen herbei um die Kriegsbeute als Ware zu besichtigen. Sie waren von einem englischen Sklavenschiff gekommen, das schwer beladen im Hafen lag und nur noch auf seine letzte Befrachtung wartete. Zwanzig der Gefangenen wurden von dem Kapitän bestimmt, darunter unser Kongoneger, ein Arzt untersuchte die Körperbeschaffenheit eines jeden, dann erfolgte ein gieriges, bald zorniges bald listiges Handeln, endlich die Hingabe von einigen Pistolen, einem Fass Pulver, einiger Stücke bunten Tuches, und unter Kolbenstössen der Matrosen die Wegführung der Sklaven zur See. Fern vom Vaterlande, getrennt von Eltern, Geschwistern, gepeinigt durch die Furcht vor der Plantagenarbeit, springt Tom von dem Boote, das ihn zu dem draussen auf der Rhede regungslos daliegenden schwarzen Schooner, der sein Grauen erregt, bringen will, ins Meer, zu fliehen oder zu sterben. Aber er vergass, dass die Fessel, die ihn an die andern band, nicht zu zerreissen war und so sehr er sich auch bemühte mit den Zähnen das Seil zu zerbeissen, es gelang nicht, er wird zurückgezogen mit den Rudern der Matrosen blutig geschlagen, bis er bewusstlos ist. Als er erwacht, befindet er sich die Arme gebunden in einem dumpfen, niedrigen, fast finstern Ort. Allmählich bemerkt er, dass er mit seinem linken Fuss an den rechten eines anderen Mannes mit eiserner Fessel geschmiedet und dass der ganze Raum mit Genossen seiner Leiden angefüllt ist. Es sind ihrer 300, zu denen abgesondert im hinteren Schiffsteile noch 100 Frauen und Kinder gehören.

Verständigen können sich immer nur wenige unter ihnen mit einander, denn sie kommen von den verschiedensten

Gegenden von Nieder-Guinea, dessen lange Küste zur Aufnahme der Fracht das Sklavenschiff abgefahren hatte. Ein Teil der geduldigen Gefangenen nach dem andern durfte bei ruhigem Wetter das Deck betreten, dort musste getanzt, geschrieen, mit den Händen geklatscht werden, damit die Gesundheit der Sklaven, um welche der Kapitän sehr besorgt war, auf der Seereise nicht leide. Dennoch starben viele dahin. Ansteckende Krankheiten kamen bei einigen zum Ausbruch, die an einem ungesunden, sumpfigen Küstenstrich vor ihrer Einschiffung unbedeckt im Freien einige Nächte hatten zubringen müssen. Als die Fahrt infolge ungünstigen Windes sich verzögerte, wurden die Rationen an Wasser und Bohnen gekürzt. Dazu kamen die Leiden der Seekrankheit, der Trübsinn der über ihre Lage Verzweifelnden, die rohe Behandlung durch das Schiffsvolk — und als endlich das Schiff vor Barbados Anker warf, war die Zahl der Schwarzen um ein Fünftel vermindert worden. Schon nach kurzer Zeit kamen Käufer in Booten herangefahren, aber keiner von ihnen wurde an Bord gelassen, bis die Ware auf dem Deck genau nach Geschlecht, Alter und Herkunft sortiert und der Preis bestimmt worden war, die Kranken ausgeschieden und alle von dem Eisen befreit worden waren. Dann liess der Kapitän sämtliche Käufer zugleich zum Aussuchen der Ware zu. Wie besessen stürzten dieselben jetzt herbei um in gieriger Eile das Beste zu ergreifen und andern dabei zuvorzukommen. Aufs höchste erschreckt liefen mit lautem Angstgeschrei die armen Neger durcheinander und glaubten, dass ihr letztes Stündchen gekommen sei, aber bald waren die gekauften von Plantagenbesitzern und deren Aufsehern zusammengebunden, ins Boot gebracht und in die Zuckerplantagen abgeführt. Das Deck war leer geworden, nur einige schwer Kranke, darunter Tom waren zurückgeblieben. Abends kam ein Wundarzt von einem südkarolinischen Schiff, untersuchte ihn genau, bot für ihn fünf Dollars, um aus seiner Heilkunst ein spekulatives Geschäft zu machen. Dasselbe glückte und als nach 14 Tagen der Südkarolinier nach Charleston gereist war, wurde dort der gesunde Tom mit einem Dutzend anderer Neger nackend durch die Strassen der Stadt getrieben und ausgeboten. Ein Mann vom Lande nahm sie alle Mann für Mann um 30 £, brannte ihnen mit einem glühenden Eisen die Anfangsbuchstaben seines Namens auf die Brust ein und brachte sie auf sein grosses Gut, wo schon bei verschiedener landwirtschaftlicher Arbeit an 100 Schwarze beschäftigt wurden.

Jetzt begann für unseren Kongo-Neger ein Leben der Arbeit, Tag für Tag vom frühen Morgen bis späten Abend in vorgeschriebener Weise, dreissig Jahre hindurch. Bei Sonnenaufgang wurde in Gruppen von 10 bis 20 Arbeitern unter der Führung eines Aufsehers zur Feldbestellung ausgezogen, in den Wintermonaten nach dem Frühstück, in den Sommermonaten vor demselben, welches dann in kurzer Arbeitspause um 7 oder 8 Uhr Morgens nachgeholt wurde. Dann folgte, stets im Kreise der Gruppe bis Mittag eine weitere Arbeit, eine Stunde für Mittagessen und Ruhe und dann wieder Feldarbeit bis tief in den Nachmittag hinein, selbst bis zum Abend hin, je nach dem durch die Jahreszeit bestimmten Bedürfnisse der Landwirtschaft. Die ersten 10 Jahre wurde Tom auf den Reisfeldern verwendet, deren Umfang fortgesetzt ausgedehnt wurde. Der Herr liess Reis bauen, um mehr Neger kaufen zu können, und kaufte Neger um mehr Reis zu gewinnen! Jetzt wurde Tom in den Indigopflanzungen hauptsächlich beschäftigt, wozu seine Kraft, die in den sumpfigen Reisniederungen geschwächt war, eher ausreichte. Auch hier wurde unter einem Aufseher geschafft, den der Herr um ihn zum Eifer anzuspornen mit einem Anteil am Ertrage, neben dem festen Gehalte lohnte. Der Herr, der täglich seine Felder besichtigte und Anordnungen traf war von seinen Negern gern gesehen, er war zwar streng, aber vermied die Willkür und wollte nicht die übermässige Arbeit seiner Neger, während die Aufseher nur ihrem Verdienst nachgingen und gar oft die Sklavenpeitsche schwangen, die so konstruiert war, dass sie fürchterlich schmerzte, aber einen ernstlichen Schaden dem armen Negerrücken nicht zufügen konnte.

Tom war ein gehorsamer Sklave geworden, die Arbeit

hatte seinen Rücken gebeugt, er liebte und hasste die Weissen nicht, die sein Schicksal geworden waren.

Als er auf der Pflanzung ankam, verstand er die Sprache seines Herrn nicht, auch von seinen Arbeitsgenossen verstanden die im Lande geborenen nur englisch, während die Afrikaner sich allmählich einer Redeweise bedienten, die aus Guinea-Dialekten und englischen Worten gemischt war. Mit vier von denen, die mit ihm zusammen gekauft waren, wurde er in einer Holzhütte einquartiert, deren einige 30 da waren, jede von der andern so weit entfernt, dass ein etwa ausgebrochenes Feuer nicht um sich greifen konnte. 2—300 Schritte vom Herrnhause lag dies Negerdorf entfernt, im Schatten von hohen Bäumen, die in heisser Zeit Kühle, bei Sturm und Regen Schutz spendeten. Von den solide gebauten beiden Häusern der Aufseher konnte die ganze Ansiedelung wohl übersehen werden. Nach einigen Jahren durfte Tom der Neigung seines Herzens folgen und heiraten. Mit Hilfe einiger im Hüttenbau erfahrener Neger, baute er sich auf Befehl seines Herrn ein Heim, es wurde von einem Gärtchen umgeben, in dem er Mais, Bohnen, Kürbisse, Kartoffeln und etwas Tabak anpflanzte, auch einiges Federvieh im Hofraum daneben halten durfte. Die ganze Ausstattung der Wohnung bestand zuerst nur aus einigen wollenen Decken zum Schlafen, etwas Koch- und Essgeschirr. Im Verlaufe der Jahre wurde es anders; einige rohe Holzmöbel, die der Sklave selbst gefertigt hatte, wurden aufgestellt, es fehlte nicht an etwas buntem Schmuck, einigen Bildern mit der Darstellung christlicher Legenden, und einigen Naturmerkwürdigkeiten, die Tom im Walde gefunden hatte. Sein Herr war wohl zufrieden mit ihm, gestattete ihm am Sonnabend Nachmittag, wenn die Negerin die Hütte und Kleidung der Familie säuberte, in dem nahen Forst Schlangen zu suchen, deren Häute in Charleston ihm einen Erlös brachten, den er behalten durfte. Farbige Bänder und Glaskorallen, dann für seine Rosetta mitzubringen, für sich selbst sogar ein Taschenmesser kaufen zu dürfen, das war ein Glück, dessentwegen es sich doch zu leben lohnte.

Die Familie unseres Toms wurde zahlreich, was Aufseher und Herr mit Wohlgefallen bemerkten. Wenn die Negermutter ein Kind zur Welt gebracht hatte, war sie eine Woche von der Arbeit befreit. Das Kleine wurde auf das Feld mitgenommen, um von der dort auch arbeitenden Frau genährt zu werden. Als die Kinder heranwuchsen, wurden sie zu leichter Arbeit bald verwendet, zum Füttern der Hühner auf dem Herrnhof, zum Verscheuchen der Reisvögel aus den Reisfeldern, zum Ausjäten von Unkraut, das die Indigopflanzen umwucherte, zur Nachsuche auf den Kartoffelfeldern, nachdem die Hauptsache schon eingebracht war. Die Kinder wurden in der Hütte der Eltern aufgezogen, im Sommer leisteten sie sich den Luxus der Kleidung nicht, für den Winter wusste Toms erfindungsreiche Frau aus einem Haufen von Lumpen kunstreiche Hemden für sie zu fertigen. Die Erwachsenen auf der Plantage erhielten jährlich beim Beginn der kalten Jahreszeit einen Anzug von grobem Tuch, zwei Hemden von Leinen, ein paar Schuhe, Mütze oder Hut, im Frühjahr von leichtem Stoff ebenfalls ein Hemd und einen Kittel. Toms ältester Knabe wurde mit 8 Jahren zur Hausarbeit bestimmt und von nun an vom Herrn gut gekleidet.

Das Hauptnahrungsmittel war der Mais, von dem täglich zwei Pfund für jeden erwachsenen Neger durch des Aufsehers Frau verabreicht wurden; auf einer Handmühle wurde er des Abends von der Sklavin gebrochen und dann zu einem Brei bereitet (hominy), der für die Mahlzeiten mit auf das Feld genommen wurde. Nach der Reisernte wurde auch zerstossener Reis gegeben, der zum Export nach Europa nicht zu brauchen war. Nicht täglich aber doch mehrmals die Woche, wurden Salz, gesalzenes Schweinefleisch, oder gesalzene Fische verteilt und dazu kam noch was der Hühnerhof und das Gärtchen darbot: indianische Bohnen, süsse Kartoffeln und Kürbisse. Bisweilen wurde am Sonntag Nachmittag im nahen Bache der Fischfang unserer Familie erlaubt, und wenn es Tom einmal gelang ein schwarzes Eichhörnchen zu fangen, so fehlte es auch nicht an einem delikaten Sonntagsbraten.

Durch Liebe zur Familie und zum kleinen Besitz sind

Tom und Rosetta ganz konservative Leute geworden und nur selten taucht ihnen die Erinnerung an die afrikanische Vergangenheit auf. Aber doch hin und wieder, wenn in grossem Kreise am Sonnabend Abend nach gethaner Wochenarbeit die ganze Dorfbewohnerschaft um ein Feuer sich gelagert hat, wenn die Lohe zum sternglänzenden Nachthimmel emporschlägt und der Rauch geheimnisvoll sich in der Dunkelheit des nahen Waldes verliert, — dann fängt einer an zu erzählen von einer längst verschwundenen, prächtigen Zeit, von Kriegszügen, von Königen und grossen Thaten, von Gespenstern und altem Glauben. Bald ertönt im Anschluss daran in nicht unmelodischer, rythmisch höchst gleichförmiger Weise ein alter Sang, eine uralte Klage, begleitet von dumpfklappernden und schnarrenden Intrumenten. Da geht plötzlich eines derselben in eine leichte Weise über, die Paare springen auf, und bald wirbelt ein toller Tanz um das Feuer. Der sorglose Sinn des Negers hat alles vergessen, Arbeit, Peitsche, afrikanische Heimat und Geisterspuk, er schwelgt im Genusse des Augenblickes, der Liebe und Freude in wildester Ausgelassenheit nachgebend.

Am Sonntag Morgen, der dieser Nacht folgt, haben wie gewöhnlich alle Neger dem christlichen Gottesdienst beizuwohnen, den der methodistische Prediger im Hofe des Herrnhauses abhält. Verschlafen trollen sich die einen dahin, den alten heidnischen Spuk in den Gliedern die andern. Furchtsam folgen einige der Menge, denn es wird noch etwas abgeben, weil die Tanzmusik ohne Erlaubnis der Aufseher, die gerade nach Charleston gefahren waren, abgehalten worden war. So geht die schöne Rede des Pastors von der Gleichheit im Himmel und von der Ungleichheit auf der Erde allen ganz verloren. Am Nachmittag wird vom Herrn und seinen Verwaltern das Negerdorf sehr genau inspiciert. Einige Neger liegen krank danieder, da eine Eifersuchtsscene in der letzten Nacht mit einer Rauferei und Messerstichen einen Abschluss gefunden hatte. Der begleitende Arzt wird nur mit Misstrauen empfangen. Wer irgend kann, verbirgt seine Wunde, weil eine Strafe wegen des Vergehens unausbleibbar ist, und vertraut mehr den Geheimmitteln, welche der alte Jack im Dorfe aus Afrika her noch kennt und verwaltet, als der Hand des weissen Doktors. Auch in Toms Behausung kommt ein Aufseher, als sich hier gerade ein kleiner ehelicher Konflikt abspielt und Frau Rosetta ihrem Mann vorwirft, der jungen Schwägerin Rahel die Cour gemacht zu haben. Jetzt wird Ruhe geboten und die Drohung ausgesprochen, dass einer von beiden sofort nach Jamaica verkauft werde, wenn sie sich nicht vertrügen. Musikanten und Sänger vom letzten Abend werden ergriffen und in Gegenwart aller auf eine Holzbank geschnallt und blutig geschlagen, dann mit Salzwasser zur Heilung und zum Schmerz eingerieben und in die Hütte gejagt. Der Herr ist heute gegen seine Gewohnheit streng, denn in der Nachbarschaft hat eine Empörung gegen einen verhassten Aufseher stattgefunden. Sklaven sind entflohen und in der Nähe des Dorfes sind fremde Neger gesehen worden.

Alle Weissen der ganzen Gegend sieht man bis an die Zähne bewaffnet, die Pistolen im Gürtel sind sie morgens in die Kirche gegangen. Von einer Plantage zur andern wird fleissig patrouilliert und bei der Arbeit der nächsten Tage stehen fremde Weisse, die aus der Stadt herbeigeholt worden sind, mit der Flinte in der Hand neben den Verwaltern auf dem Felde.

Das waren seltene Ereignisse in Toms Leben, welche die einförmige Arbeit unterbrachen. Ein Jahr verlief wie das andere und eines Tages sagte der Herr zu seinem herangewachsenen Sohne: Tom hat weisse Haare bekommen, er wird nicht viel mehr machen, der Gärtner mag ihn bei der leichten Gartenarbeit verwenden. Bald nachher, es war während des Unabhängigkeitskrieges kamen die Engländer um Charleston zu erobern. Viele der Südkarolinier wehrten sich umgeben von den Treuen ihrer Sklaven. Auch Tom war unter ihnen, als bei einem kleinen Gefechte eine wohlgezielte Kugel des Feindes den Alten niederstreckte und ihm für immer die Freiheit brachte, die er bei seiner Gefangennahme so ersehnt später aber vergessen hatte.

FÜNFZEHNTES KAPITEL.

DIE BESEITIGUNG DER SKLAVEREI IN DEN NÖRDLICHEN UND MITTLEREN STAATEN.

Wir haben in den letzten Kapiteln wiederholt gesehen eine wie verschiedene Stellung während des achtzehnten Jahrhunderts die Negersklaverei in dem Wirtschaftsleben der nördlichen und mittleren Kolonien einerseits, der südlichen andererseits, eingenommen hat. Das Interesse an der Erhaltung dieses Arbeitssystems war daher in ihnen durchaus verschieden, und danach richtete sich auch wesentlich das partei-politische Eintreten für und gegen dasselbe, sobald von Staatsmännern oder Geistlichen seine Abschaffung aus Gründen der Zweckmässigkeit oder der Humanität ernstlich gefordert wurde. Einen ziffermässigen Ausdruck dafür, wie sich die Sklaverei in den einzelnen Staaten entwickelt hatte, geben die nachfolgenden verschiedenen Schriftstellern entnommenen, im Grossen und Ganzen zuverlässigen Angaben über die Zusammensetzung der Bevölkerung nach Weissen und Negern, resp. Freien und Sklaven in der Zeit des Unabhängigkeitskrieges: Massachusetts (1776) zählte 342 835 Weisse und 5249 Neger, Connecticut (1782) 202 877 Weisse, 6273 Neger, New-Hampshire (1776) 81 765 Freie, 629 Sklaven, Rhode Island (1774) 19 206 Weisse, 756 Neger, 609 Sklaven; New-York (1786) 219 996 freie Weisse, 18 889

Sklaven, New-Jersey (1784) 129 934 Weisse, 10 501 Neger, 8524 Sklaven, Pennsylvanien (1783) etwa 320 000 Seelen, darunter 3—4 % Neger. Dagegen waren in Delaware (1776) etwa 36 000 freie Weisse und 9 000 Sklaven, in Maryland (1782) 170 688 Weisse und 83 985 Neger, in Virginien (1782) 296 851 Freie und 270 762 Sklaven, in Nordkarolina (Census 1790) 288 204 Weisse, 105 546 Neger, 100 571 Sklaven, in Südkarolina (Census 1790) 140 178 Weisse, 108 895 Neger, 107 094 Sklaven, in Georgia (Census 1790) 52 886 Weisse, 29 662 Neger, 29 264 Sklaven.[132] Wenn um 1783 die unabhängigen Vereinigten Staaten, wofür sich manche einflussreiche Stimme aussprach, die Negerklaverei aufgehoben hätten, so wären wie wir aus den angeführten Zahlen ersehen können z. B. die Virginier, wo ungefähr auf jeden Freien ein Sklave kam, ganz anders betroffen worden als die Einwohner von New-Hampshire, wo etwa unter 130 Freien ein Sklave lebte. Dies dürfen wir nicht vergessen, wenn wir ergründen wollen, warum schon 1780—84 die Neuenglandstaaten und Pennsylvanien freiwillig, die 6 Südstaaten erst durch den Secessionskrieg gezwungen 80 Jahre später die Sklaverei aufgegeben. New-York und New-Jersey nahmen eine mittlere Stellung ein, der 12. bis 14. der Bevölkerung war ein Sklave, daher haben diese Staaten mit der gesetzlichen allgemeinen Emancipation 20 Jahre lang gezögert, bis in New-Jersey etwa nur der 18., in New-York der 29. Einwohner ein Sklave war.

Nach der Beendigung des Unabhängigkeitskrieges musste sich in den nördlichen und mittleren Staaten jeder sagen, dass der wirtschaftliche Fortschritt in denselben an erster Stelle an die Zunahme der europäischen Einwanderung gebunden sei. Nachdem das englische Handels- und Industriemonopol durch den Krieg beseitigt worden war, das solange die Entfaltung der amerikanischen wirtschaftlichen Kraft unterdrückt hatte, kam es jetzt darauf an, alle die Gewerbe zu schaffen, soweit sie die Natur des Landes gestattete, welche bisher England für die Amerikaner ausgeübt hatte, sowohl auf dem Gebiete der Industrie und des Bergbaues als auch des Verkehrs. Dazu waren Handwerker,

Industriearbeiter, Bergleute und Kaufleute aus Europa nötig, keine Neger, die man in der Regel nur bei einfacher mechanischer, nicht bei neuer, bisher unversuchter Arbeit gebrauchen konnte. Dieselben in ihrer Zahl nicht zu vermehren um den Europäern stets Platz zu schaffen und ihnen durch Rassengegensätze und Streitigkeiten das Einwanderungsland nicht abschreckend zu machen, musste daher die Aufgabe einer einsichtsvollen Politik sein. Durch Beseitigung der Sklaverei musste aber die Zuwanderung erst recht gefördert werden.

Zu diesen praktischen Erwägungen kamen noch auf ethischem Gebiete die idealen Bestrebungen, welche sich gegen das Recht der Sklaverei wandten. Wir dürfen nicht vergessen, dass wir uns in der Zeit befinden, welche der französischen Revolution von 1789 unmittelbar vorausging. Die gebildete Welt war freidenkend und konnte in der Theorie die Sklaverei der Neger noch weniger gutheissen, als die Hörigkeit europäischer Bauern. Dass die Menschen alle gleichgeschaffen, und dass sie alle zur Freiheit berechtigt seien, hatte die Unabhängigkeitserklärung und die Verfassung der Vereinigten Staaten als Glaubenssatz aufgestellt; konnte es eine bessere Waffe für die amerikanischen Gegner der Sklaverei geben als diese beiden historisch so wichtigen Manifeste, welche der Liberalismus zu Proklamationen der Menschheit gestempelt hat? Daneben wirkte, wenn auch auf weit engerem Gebiete, in gleicher Richtung die religiöse Lehre von der christlichen Brüderlichkeit, der Gotteskindschaft und als ihre Vertreterin die organisierte Kirchengemeinschaft, besonders der Quäker in Pennsylvanien, der Presbyterianer in Neu-England.

Alle diese Ideenrichtungen lassen sich geschichtlich auf die gleiche Wurzel zurückführen: auf die geistige Erhebung Europas im 16. Jahrhundert. Ihr zu Folge hatte in Nordamerika diejenige Kolonisation stattgefunden, deren treibende Kraft der Wunsch nach freier, der Autorität entrückter Religionsausübung gewesen war, und der hier im Anschluss daran gepflegte und entwickelte demokratische

Gedanke fand in der Bundesverfassung einen Ausdruck. In der Kirchenreformation lassen sich jedoch von vornherein zwei Strömungen, die gemässigte und die rasch vorwärts treibende deutlich unterscheiden. Während zwar von beiden die Lösung von der päbstlichen Herrschaft angestrebt wurde, wollte die erstere die Kirchenorganisation mit einer leitenden Geistlichkeit an sich nicht beseitigen, die andere dagegen eine das ganze Volk umfassende Religionsgemeinschaft schaffen, als das irdische Bild eines himmlischen Reiches, in welchem alle als gleichstehende Brüder gedacht wurden. Diese Verschiedenheit äusserte sich auch auf dem wirtschaftlich socialen Gebiete, jene, die besonders in Virginien vertreten war, bezog ihre Anschauung über die Autorität auch auf die Sklaverei, diese dagegen wurde zu dem geistigen Kampf für die „Abolition“ d. h. für die Sklavenbefreiung gedrängt.

Freilich hat sich diese letztere Logik der Gedanken nur ganz allmählich vollzogen, sie brauchte mehr als hundert Jahre um zum vollen Bewusstsein grösserer Volkskreise zu gelangen und konnte erst dann sich hier behaupten als die Interessen des wirtschaftlichen Lebens nicht mehr dagegen Einspruch erhoben, vielmehr damit übereinstimmten.

Der Gang der Entwickelung, welche bezüglich ihres viel bearbeiteten Details ausserhalb des Rahmens unserer Untersuchung liegt, ist in den Hauptzügen dieser gewesen: Zuerst sind es nur einzelne Männer, die um die Mitte des siebzehnten Jahrhunderts in Gedanken weit über ihre Zeit hinausgreifen, wenig verstanden und wenig beachtet die Freiheit der Negersklaven als eine Konsequenz der christlichen Lehre fordern.[133] Aber was sie gesagt haben, ist doch nicht spurlos verhallt, ihre Ideen werden aufgenommen von thatkräftigen, auch fanatischen Männern, deren Leben eine ununterbrochene Agitation für den einen Zweck, die Sklavenbefreiung, ist. Ihre Wirkungsgebiete sind vor allem bestimmte kirchliche Gemeinschaften, welche schliesslich die Sache jener Männer zu der eigenen machen.

Damit ist die zweite Stufe der Entwickelung erreicht.[134] Die Angelegenheit hat ihren individualistischen Agitationscharakter verloren, sie ist in das Fahrwasser der socialen Propaganda gekommen. Alle Mitglieder des kirchlichen Verbandes werden genötigt und zwar in steigendem Masse sich mit ihr zu befassen. Die Quäker in Pennsylvanien sind im solchen Verband. Zuerst wird auf ihren Jahresversammlungen beschlossen den Kauf von Sklaven möglichst zu vermeiden und wer Sklaven habe, solle sie gut behandeln, und sie zum Glauben „der Freunde“ erziehen. Dann kommt die Kontrole des Verbandes über das Thun des Einzelnen: Wer einen Neger kauft wird der monatlichen Quäkerversammlung denunziert, welche mit dem Schuldigen so verfahren solle „wie es die Weisheit und die Wahrheit am besten eingebe“. Weiterhin erging die Forderung der Manumission an jeden Sklavenbesitzer, und wer sich irgendwie mit dem Kauf oder Verkauf eines Sklaven befasste, wurde aus der Gemeinschaft der Gläubigen schimpflich ausgestossen. Und zuletzt drohte die gleiche Strafe einem jeden, der sich weigerte seinen Sklaven die Freiheit zu geben.

Gleichzeitig finden wir ein eifriges Bemühen in den einzelnen Glaubensverbänden ihnen fernstehende Leute und Vereine für ihre Sache zu gewinnen. Nachdem dies in einigem Umfange gelungen ist, können wir einen dritten Fortschritt wahrnehmen, die Gründung von abolitionistischen Gesellschaften in denen es auf die Zugehörigkeit zu einer bestimmten Sekte nicht mehr ankommt, in denen sich vielmehr alles dem einen Zweck der allgemeinen Sklavenbefreiung unterordnet. Diese Gesellschaften versuchen zuerst durch Wort und Schrift ihre Ideen zu verbreiten, dann aber und damit ist der Abschluss der ganzen Entwickelung gegeben, die gesetzgebende Gewalt zu beeinflussen, dass sie der Verwirklichung ihrer Wünsche den starken Arm leihe.[135]

Die ethische Begründung für die Negerbefreiung, stets freilich verbunden mit religiösen Anschauungen ist dieselbe, welche seit uralter Zeit bis zum Socialismus unserer Tage immer wieder aufgetaucht ist, wenn es gilt an Befähigung, Bildung, Besitz niedere Klassen oder Rassen gegen die an Geist, Kraft und Reichtum überlegenen zu schützen, jene zu heben auf Kosten dieser. Es ist die Moralität der Gleichheit, welche die Natur dem menschlichen Geiste und Gefühlsleben eingefügt zu haben scheint, um dann aber deren Folgen, sobald sie sich in einem grossen Masse verwirklicht haben, immer wieder zu vernichten. Mitleid, Menschenliebe, Menschenrecht, Kommunismus oder, wie man das Ding auch nennen mag, sind das Menschengeschlecht als Ganzes oder in Gruppen schirmende Kräfte, Anlagen oder daraus erwachsene Principien, die dafür sorgen, dass sich nicht die in Wenigen stets vollziehende Entwickelung zu einer vollkommeneren Ausbildung und Macht das Ganze zerstörend vollzieht, sondern sich fortsetzen, sich stets erneuern kann.

Einer der am eifrigsten in Nordamerika für die Sklavenemanzipation kämpfenden Quäker, John Woolman (1720 bis 1772) sprach sich so aus: „Der Mensch ist zur Arbeit geboren und die Erfahrung zeigt zur Genüge, dass diese gut für uns ist. Wenn aber die Mächtigen die Last auf Geringere legen und ihnen nicht nur keine Gelegenheit zu einer christlichen Erziehung geben, sondern ihnen auch die Ausbildung ihres Gemütes erschweren, wenn sie ihnen ferner, um selbst in Behaglichkeit und Überfluss leben und für ihre Nachkommenschaft Schätze zurücklegen zu können eine solche Behandlung angedeihen lassen, wie sie sie von ihnen nicht annehmen möchten, so scheint dieses dem Zweck der Vorsehung zu widersprechen und muss in vielen Fällen als die Wirkung eines verkehrten Gemütes angenommen werden. Denn während das Leben des Einen durch die Strenge des Andern elend gemacht wird, wird es für beide Gram und Kummer enthalten.“ [136]

Nachdem bereits in den sechziger und siebenziger Jahren des achtzehnten Jahrhunderts in Massachusetts mehrere Prozesse stattgefunden hatten, welche mit der Freigebung einzelner Sklaven endigten und bei denen Rechtsdeduktionen vorgetragen worden waren, welche das Recht der Sklaverei im Lande in Zweifel stellten, machte sich während der ersten Jahre des Unabhängigkeitskrieges in der öffentlichen Meinung der Gedanke immer mehr geltend, dass die Freiheitsrechte, an deren Erkämpfung die Bürger

Gut und Blut setzten, auch diejenigen der geknechteten Neger in sich schlössen. Der erste Artikel der Konstitution von 1780, welcher Freiheit und Gleichheit für alle Menschen aussprach, wurde daher auch als auf die Neger sich beziehend angesehen, ohne dass sich indessen eine sofortige praktische Folge daraus ergeben hätte. Erst drei Jahre später erklärte eine oberste gerichtliche Entscheidung, dass die Verfassung zu Gunsten der Negerfreiheit auszulegen sei, so dass das Jahr 1783 als dasjenige anzusehen ist, von dem an die Sklaverei ihrem Ende entgegen eilte. Um 1790 gab es keinen Sklaven mehr in dem Staate. Eine Entschädigung ist den Eigentümern nicht gegeben worden.[137]

In New-Hampshire ist es ebenfalls ein allgemeiner Satz der neuen Verfassung von 1783 gewesen, aus dem die Abschaffung der Sklaverei gefolgert wurde. Nur wurde hier angenommen, dass nach diesem Jahre niemand mehr als Sklave geboren werden könne, und da zudem die Einfuhr von Sklaven verboten war und weiter verboten wurde, so konnte die Institution rasch verschwinden. Um 1776 zählte man 629 Sklaven, 1790 158, 1800 8. Ähnlich gestaltete sich das Recht in Vermont, wo sich 1777 die Ansiedler unabhängig von New-Hampshire und New-York erklärt und sich eine Konstitution gegeben hatten. Um 1790 waren daselbst noch 16 Sklaven.[138] Im Staate Rhode Island und im Staate Connecticut wurden im Jahre 1784 im Gegensatz zu den ebengenannten Staaten Specialgesetze gegeben, durch welche die Sklaverei und zwar auch, ohne dass dem Herren eine Entschädigung gewährt wurde, allmählich beseitigt wurde. In dem ersteren wurden alle Kinder einer Sklavin, die nach dem ersten März dieses Jahres geboren seien, als Freie angesehen, und es hatte der Herr der Negerin und im Falle von dessen Unvermögen der Staat für den Unterhalt derselben zu sorgen. Connecticut gewährte dem Sklaveneigentümer grössere Rechte. Auch hier wurde zwar die Freiheit derer ausgesprochen, welche nach dem ersten März 1784 geboren seien, sie wurde aber erst unter der Voraussetzung perfekt, dass dieselben das 25. Lebensjahr erreicht hätten. Sklaven einzuführen war in beiden Staaten verboten. Connecticut gestattete auch seinen Bürgern nicht, sich an dem auswärtigen Sklavenhandel zu beteiligen.[139]

Das Vorbild des Connecticuter Gesetzes ist das schon 1780 von Pennsylvanien erlassene. Seine socialpolitische Weisheit und Bedeutung, sein humaner Geist sind oft gerühmt worden, weil es das erste gewesen ist, welches mit voller Klarheit die Sklaverei beseitigt habe, noch mehr vielleicht, weil Quäker und andere Abolitionisten es auf das Konto ihrer Thätigkeit gesetzt haben. Wenn wir indessen bedenken, dass während des Krieges die Negerzufuhr nach Pennsylvanien von der See her fast gänzlich unterbunden worden war, und von den Engländern nicht wenige Sklaven den Eigentümern genommen waren, dass die wirtschaftliche Verwendung der Sklaven in der Kriegszeit gering war, endlich dass von der Gesamtbevölkerung nur 3–4% Neger, darunter zahlreiche Freigelassene, waren, so werden wir in der parlamentarischen Besiegung der die Sklaverei verteidigenden Minorität eine grosse That nicht zu erblicken vermögen. Noch weniger Enthusiasmus müssen wir derselben entgegenbringen, wenn wir den Inhalt des Gesetzes genau prüfen. Die vorhandenen Sklaven bleiben solche bis zu ihrem Tode, die nach dem Erlass des Gesetzes Geborenen sind bis zum 28. Lebensjahre zum Dienste dem Herrn verpflichtet, dem die Mutter gehört. Der Sklavenimport ist verboten, dagegen der Verkauf nicht, weder im Inlande noch im Auslande. Um 1790 zählte man noch 3737 Sklaven, 1800 1706, 1810 795, 1820 211, 1830 386. Dass von 1820 bis 1830 die Sklavenzahl wieder zugenommen hatte wird vor allem damit erklärt, dass die Kinder der bis zum 28. Jahre zum Dienst verbundenen Negerinnen wieder als dienstpflichtig angesehen wurden, falls sie während der Dienstzeit geboren waren. Diese Anschauung, welche die Sklaverei hätte permanent machen können und erst durch ein Gesetz von 1826 beseitigt wurde, ist bezeichnend für die Art und Weise, wie man das Emancipationsgesetz auslegte: Die bis zum 28. Jahre Dienstbaren waren Sklaven auf Zeit, in der manches geschehen konnte — z. B. ein Verkauf nach Virginien, wo die lebenslängliche Sklaverei noch bestand.

1788 wurde zwar das Befreiungsgesetz durch die Bestimmung ergänzt, dass es strafbar sei Neger oder Mulatten mit List oder Gewalt aus dem Staate fortzubringen um sie zu verkaufen und dass alle von einer Sklavin geborenen Kinder in eine öffentliche Liste eingetragen werden müssten, damit sie ihre spätere Freiheit beweisen könnten. Allein diese Vorschriften kamen acht Jahre zu spät und sind auch dann nicht streng durchgeführt worden, denn 1820 wurde ein neues Gesetz erlassen, welches den Negerverkauf seitens der Pennsylvanier in andern Staaten verhindern sollte.[140]

Im Staate New-York wurde 1799, in New-Jersey 1804 die pennsylvanische Gesetzgebung in den Hauptzügen kopiert, nachdem der Import von Sklaven schon vorher verboten und die alte koloniale Sklavengesetzgebung in mehreren Punkten gemildert worden war.[141]

Wenn wir auf die dargestellte Sklavenbefreiung in den 7 nördlichen und mittleren Kolonien zurückblicken, so ist für sie im Allgemeinen bezeichnend, dass keinerlei Entschädigung den Eigentümern vom Staate gezahlt worden ist. Die übele finanzielle Lage der Staaten während des Krieges kann als entscheidender Grund davon nicht angesehen werden, denn durch dieselbe konnte höchstens die Geltendmachung eines Anspruches verschoben, niemals derselbe aber selbst beseitigt werden. Dagegen musste von denen, welche Freiheit und Gleichheit als natürliche, unantastbare Menschenrechte proklamierten, die Beseitigung der Sklaverei als die Aufhebung eines Unrechtes gefordert werden, wegen dessen straffrei zu sein die Sklaveneigentümer eigentlich hätten froh sein müssen. Dem gegenüber konnten nun zwar die letzteren sich mit Wendungen wie Heiligkeit des Eigentums und Schutz wohlerworbener Rechte verteidigen und sogar einen Entschädigungsanspruch begründen. Dass sie dies nicht ernstlich versucht haben, darf man wohl weniger der allgemeinen Freiheitsstimmung während des Krieges und nach demselben zuschreiben als dem Umstande, dass in Wahrheit eine ernstliche Verletzung der Interessen gar nicht existierte. Mit der Aufhebung der Sklaverei wurde in den genannten Staaten kein Mangel an landwirtschaftlichen Arbeitern und damit der Ruin oder die Einschränkung der Produktion hervorgebracht, denn die Sklaven machten nur einen geringen Teil der Landarbeiter aus, sowohl wegen ihrer Zahl überhaupt, als auch weil sie überwiegend als Hausgesinde beschäftigt wurden. Ausserdem war ja die Sklavenbefreiung mit Ausnahme von Massachusetts so eingerichtet worden, dass nur das Recht an der Nachkommenschaft der Sklavin verloren ging und zwar, wie wir gesehen haben, z. T. erst dann, wenn das Sklavenkind sein halbes Leben hinter sich hatte, während dessen es zwar von dem Herrn der Mutter erhalten werden musste, aber natürlich auch zur Arbeit, welche der Herr verlangte, herangezogen wurde. Dazu kam noch, dass im Süden die Sklaverei fortbestand und damit auch der Markt offen war für einen jeden im Norden, der seine Neger gegen Geld abzuschieben gesonnen war. Der Staat bemühte sich zwar hier hindernd einzugreifen, aber seine Gesetzgebung kam zu spät und eine wirksame Kontrole war nachher nicht durchzuführen, teils wegen des regen Seeverkehrs der Staaten, die einem und demselben Bunde angehörten, und nicht wie fremde Staaten zu einander standen, teils wegen der im unbebauten Westen liegenden unkontrolierbaren Landesgrenzen, die noch einer genauen Festsetzung harrten um dann zum erstenmale von einem Beamten betreten zu werden. In Massachusetts wurden zwar alle bisherigen Sklaven nach 1783 als frei angesehen, aber vorher waren einige Jahre für die Herren vorhanden gewesen, in der sie ihr Sklavenkapital in Geldkapital umwandeln konnten. In welchem Masse dies geschehen ist, lässt sich nicht ermitteln, in vielen Fällen lag gewiss hier wie in den übrigen Staaten gar kein Bedürfnis dafür vor, denn die älteren Negersklaven blieben als freies Hausgesinde nur mit dem Lebensunterhalt bezahlt in gleicher Arbeit wie ehedem lieber bei der Herrschaft, bei der sie aufgewachsen waren, als dass sie auf die Arbeitssuche ausgingen und ebenso hielten es die Negerinnen, die Kinder aufzuziehen hatten.

So vollzog sich in den nördlichen und mittleren Staaten die Sklavenbefreiung ohne nennenswerte wirtschaftliche Schwierigkeit, während im Süden das alte Arbeitssystem weiter fortbestand. Hier blieb es eine ökonomische Angelegenheit ersten Ranges eng verknüpft mit den Existenzinteressen der exportierenden Landwirte. Neue Bedeutung gewann es mit der Enstehung der Baumwollplantagen und verschwunden ist es erst unter anderen Verhältnissen, nachdem die Gewalt der Waffen den nördlichen Kapitalismus gegenüber dem südlichen Grossgrundbesitz siegreich gemacht hatte.

Indem wir auf den Gang der Entwickelung zurückblicken, den wir in den vorliegenden Untersuchungen durch fast zweihundert Jahre verfolgt haben, so sei hier zum Schluss noch kurz das koloniale Unternehmertum — d. h. hier die Gruppe aller wirtschaftlich und selbständig vorangehenden Leute — und seine Stellung zu den Handarbeitern charakterisiert.

In einer Kolonie, d. h. in einem solchen Gebiete, welches die Kultur noch erwartet und für sie fähig ist, welches mit einem Lande oder mehreren Ländern in Verbindung oder Abhängigkeit von ihnen steht, die bereits auf einer solchen wirtschaftlichen und socialen Stufe sich befinden, dass Menschen und Kapitalien von ihnen ausströmen können, ist die Klasse oder der Stand der Unternehmer die oberste, erste. Alle Felder der wirtschaftlichen Thätigkeit müssen noch bestellt werden, und sie sind zugänglich jedem, der es versteht sie zu bestellen. Dies muss aber erst gelernt werden. Aus dem Mutterlande wird zwar ein Schatz technischen Wissens mitgebracht, aber die Verwendung desselben unter den neuen Verhältnissen setzt Nachdenken, praktischen Sinn und Erfindungsgabe voraus. Der Staat, die Gemeinde, die kapitalistische oder Arbeiter-Association kann hier wenig schaffen, für sie alle kommt erst die Zeit, wenn die Bevölkerung dicht, der Reichtum gewachsen, die Technik der Güterproduktion einigermassen ausgebildet, die wirtschaftliche Erfahrung vorhanden ist. Vorher ist es die Initiative des Privatmannes fast allein, von der jeder wirtschaftliche Fortschritt abhängt. Denn nur er wird den geschäftlichen Gefahren trotzen wollen und können, welche unvermeidlich von allen Seiten drohen. Wenn er verdient, wird er um seinen Gewinn nicht beneidet, vielmehr erscheint sein Anspruch darauf ethisch begründet. Er wird zuerst danach gemessen, was er Neues, Selbständiges leistet oder leisten könnte. Daher wird jeder, der überhaupt einer höheren gesellschaftlichen Stellung entgegenstrebt, entweder Unternehmer werden, oder wenn er dies bereits ist, in höherem Masse werden wollen. Die überseeische Auswanderung aus Europa war im siebzehnten und achtzehnten Jahrhundert weit mehr erschwert als in dem folgenden nicht nur wegen der rechtlichen Schranken, welche Staat und Gesellschaft gezogen hatten, sondern auch wegen der Gefährlichkeit und Unbequemlichkeit des Landtransportes und Seeverkehrs jener Tage. Wer daher freiwillig kam, dokumentierte durch die Thatsache des Kommens bereits eine besondere zielbewusste Energie, und damit war in dem Koloniallande schon der Wille zur unabhängigen Wirtschaft auf eigne Kraft und auf eigene Gefahr gegeben. Wie das System des indented servants damit rechtlich und faktisch in Zusammenhang gebracht wurde, ist in einem früheren Kapitel erörtert worden. Die Negerarbeiter lebten nicht unter dem Trieb nach ökonomischer Selbständigkeit wie die weissen freien Lohnarbeiter und die Dienstbaren. Ihr Fühlen und Wollen war die Folge einer niederen Kultur, in der die Unternehmerfreiheit nicht als hohes Gut geschätzt wurde, und Arbeit konnte ihnen wegen des lebenslänglichen drückenden Zwanges weder zur Ehre noch zur Lust werden. In Folge dessen musste sich das öffentliche und private Leben im Süden, in dem die Negersklaven ja überwiegend waren, anders gestalten als im Norden. In diesem wurden aus den dienenden Handarbeitern immer von neuem freie Bauern, Handwerker, Händler, in jenem folgte einer Generation von Negersklaven nur eine zweite an Zahl grössere. Während in Neuengland, New-York, Pennsylvanien u. s. w. die Summe der Freien und ökonomisch und gesellschaftlich Gleichen absolut und relativ anwuchs, konzentrierte sich in Virginien und in den Karolinas ein immer grösserer Reichtum und eine wachsende Sklavenmenge in den Händen verhältnismässig Weniger. Das politische Ideal, das sich aus diesen wirtschaftlichen und socialen Dingen ergab, war dort die liberale Demokratie, hier die grundbesitzende Aristokratie. Was die erstere in ihrer Verwirklichung seit 1789 auch für Europa bedeutet hat, ist bekannt. Sie fusste in Amerika auf einem relativ grossen, mässig begüterten Mittelstand, der zugleich ein Unternehmerstand war, in Europa hat der politische Liberalismus diese amerikanische Voraussetzung für sich als sociales Postulat formuliert, ohne es jedoch in befriedigender Weise zu erreichen. Die Südländer sind zu einer vollen Realisierung ihres aristokratischen Prinzips niemals gekommen, nicht allein deshalb nicht, weil ein staatsrechtlicher Ausdruck dafür nicht gewonnen und der Adelstitel in der Konstitution der Vereinigten Staaten verpönt wurde, sondern auch meist aus dem Grunde nicht, weil die wirtschaftlichen Voraussetzungen dazu nicht vollständig da waren. Denn dieselben beziehen sich nicht bloss auf den Besitz, sondern auch auf den Betrieb. Eine ländliche Aristokratie, welche den Beruf des Herrschens in vollem Masse übernehmen soll, bedarf sicherlich zunächst des grossen Grundbesitzes, der möglichst ungeteilt in der Familie sich vererbt, dann einer genügenden Menge von Arbeitern, auf deren Leistung auch dauernd gerechnet werden kann. Beides war den Südländern vollständig zur Verfügung, aber die ökonomische Dauerbarkeit und Festigkeit, ohne welche die Ausbildung zum Herrschen nicht gewonnen werden kann, und ohne welche die Zeit und die geistige Ruhe dazu nicht besteht, war ihnen damit noch nicht gewährleistet. Es fehlte die Stabilität der Technik im Betriebe und die volle Sicherheit des Absatzes der erzeugten Produkte. Neue Methoden der Produktion mussten sie sich zu eigen machen und den Handel und den Markt tagtäglich studieren. So war es in der Koloniezeit mit Tabak, Reis und Indigo und im 19. Jahrhundert mit der Baumwolle. Kurz die Plantagenbesitzer waren immer auch Unternehmer. Wer aber seine Kraft auf den wirtschaftlichen Erwerb verwenden muss, verfügt nicht über die Freiheit, aus der die volle Pflichterfüllung und die Fähigkeit zu politischer und socialer Verwaltung hervorgehen kann.

Waren nun auch das nordländische und das südländische Unternehmertum verschiedener Art, waren auch die geschäftlichen Interessen beider noch so divergierend, wollte auch jedes die politische Macht in der Union ausüben und wurde der Streit schliesslich mit dem Schwerte ausgefochten, gemeinsam war ihnen der energische immer neues schaffende, dem Koloniallande eigene Unternehmersinn in national-amerikanischer Form. Er ist die Brücke geworden, über die der Norden nach dem Süden und dieser nach jenem schreiten konnte um einander brüderlich die Hand zu reichen zum Aufbau der amerikanischen Grossmacht im zwanzigsten Jahrhundert.

ANMERKUNGEN.

Die zu den vorliegenden Untersuchungen benutzte Litteratur ist umfangreich und mannigfaltig. Zahlreich sind zunächst die allgemeinen geographischen und geschichtlichen Werke, welche über die amerikanischen Kolonien geschrieben worden sind, zahlreich die Reisebeschreibungen von 1600 bis 1800. Ferner sind zu nennen die juristischen Abhandlungen über das öffentliche und private Recht und die vielen Bände kolonialer Aktenstücke, die von den Einzelstaaten und gelehrten Gesellschaften herausgegeben worden sind, enthaltend Berichte der Gouverneure an die englische Krone, die Verhandlungen der Ratsversammlungen und der Volksvertretungen, Statistiken, Pamphlete, Agitationsschriften, Urkunden von Verträgen, Schenkungen u. s. w. Über die Sklaverei mangelt es nicht an Specialarbeiten vom Standpunkt des Rechtes, der Kirche, der Moral, der Abolition. Schilderungen privatwirtschaftlichen Inhalts und volkswirtschaftliche Betrachtungen über den kolonialen Handel, die Landwirtschaft, die Gründung von Manufakturen zeitigt schon die Mitte des achtzehnten Jahrhunderts.

So gab es reichliches Material zu einer Darstellung der Arbeitsverfassung bei der Kolonisation Nordamerikas. Ich habe im Gegensatz zu dem vielen, was darüber geschrieben worden ist, drei Ziele besonders zu gewinnen gesucht:

1) Ein Gesamtbild der rechtlichen und thatsächlichen Lage der Handarbeiter,

2) ein Verständnis für den inneren Zusammenhang der einzelnen Arbeitssysteme, Dienstbarkeit, Lohnarbeit, Sklaverei,

3) den Nachweis, dass die Produktions- und Austauschverhältnisse der Kolonien an erster Stelle der Arbeits-Verfassung Form und Inhalt verliehen haben.

Die Bibliotheken von Strassburg, München, und Göttingen boten mir den Stoff für den Beginn der Studien, das britische Museum in London ermöglichte mir eine Vertiefung und die Vollendung derselben.

ERSTES UND ZWEITES KAPITEL.

1) Bei der Einleitung ist folgende Litteratur zu Rate gezogen worden: K. F. Neumann, Geschichte der Vereinigten Staaten von Amerika, Berlin 1863. — George Bancroft, Geschichte der Vereinigten Staaten von Nordamerika, deutsch von A. Kretschmar, Leipzig 1843. — Richard Hildreth, The History of the United States, New-York 1849. — H. Handelmann, Geschichte der Vereinigten Staaten, Kiel 1860. — W. E. H. Lecky, Geschichte Englands im achtzehnten Jahrhundert, deutsch von F. Löwe, Leipzig 1880. — Lord Mahon, Geschichte von England, deutsch von Steeger, Braunschweig 1858. — C. D. Ebeling, Erdbeschreibung und Geschichte von Nordamerika, Hamburg 1794—1816.

DRITTES KAPITEL.

2) Der Darstellung der landwirtschaftlichen Betriebs- und Besitzverhältnisse der 13 Kolonien liegen folgende Bücher zu Grunde: The New-England Farmer or georgical dictionary by Samuel Deane, Worcester Mass. 1790, von Wichtigkeit für die Kenntnis der nördlichen Produktionsweise. — American Husbandry containing an account of the soil, climate, production and agriculture of the British Colonies, London 1775 2 Bd., ein umfassendes und gründliches Werk über die nord-

amerikanische Landwirtschaft in der Mitte des achtzehnten Jahrhunderts. — The american Traveller or Observations on the present State, Culture and Commerce of the british Colonies in North America, London 1759, ist von Bedeutung für die Kenntnis des Exportes landwirtschaftlicher Produkte aus Nordamerika im 18. Jahrhundert. — A. Summary, historical and political of the first planting progressive Improvements in North America by William Douglass, Boston 1750, gibt eine Übersicht über die Produktionszweige wie über Verkehr und Geldwesen. — Political Essays, concerning the present State of the British Empire, London 1772, bespricht die gesammte nordamerikanische Güterproduktion und kurz die damalige Lage der landwirtschaftlichen Arbeiter. — The Writings of George Washington ed. Jared Sparks, Boston 1758, Bd. XII enthält Briefe Washingtons an Arthur Young über die nordamerikanische Landwirtschaft. — A statistical View of the commerce of the United States of America, its connection with agriculture and manufactures by Th. Pitkin, New-York 1817, gibt auch produktionsstatistische Angaben über die Kolonialzeit. Commerce of the United States by Enoch Hale in Hunts Merchants Magazine 1854—56, Aufsätze über den Handel auch der Kolonialzeit der Vereinigten Staaten. — The english Empire in America or prospect of his Majesties Dominions in West Indies by R. B(urton) London 1685, berichtet über die Landwirtschaft von Virginien und Karolina. — A State of the Province of Georgia attested upon oath in the court of Savannah, London 1742, Betriebsverhältnisse in Georgia. — Ebeling a. a. o. — Account of the british Settlements in America in Gentleman's Magazine 1756. — Mazzei, Recherches historiques et politiques sur les Etats Unis de l'Amerique, Paris 1788. — W. Th. Raynal, Geschichte der Besitzungen und Handlungen der Europäer in den beiden Indien, deutsch, Kempten 1787. — St. John Crevecoeur, Lettres d'un cultivateur americain Paris 1787. — Franklins Nachrichten von Nordamerika mit Köhlers Anmerkungen in J. Tob. Köhlers Sammlung neuer Reisebeschreibungen, Göttingen 1769. — Anburey's Reisen im innern America, deutsch von Georg Forster, Wien 1792 (Magazin von merkwürdigen neuen Reisebeschreibungen). —

Elting, Dutch Village Communities in John Hopkings University Studies IV. 1. — Des Herrn Peter Kalm's Beschreibung der Reise, die er nach dem nördlichen America unternommen hat. (1748—50), deutsch, Göttingen 1757, enthält manches über die Farmer der mittleren Staaten. — Reise durch einige von den mittleren und südlichen vereinigten nordamerikanischen Staaten von Joh. D. Schöpf (1783) Erlangen 1788. — Voyage dans les états unis d'Amerique par la La Rochefoucauld-Liancourt, Paris l'an VII de la Republique. — Über das Erbrecht in den Kolonien, vgl. N. Dane, A general Abridgement and Digest of american Law, Boston 1824 ch. 126, 127; ausserdem die weiter unten citierten kolonialen Gesetzsammlungen.

VIERTES KAPITEL.

3) Seit 1740 bestand durch eine Akte des Parlamentes eine einheitliche Regel in allen Kolonien über die Naturalisation: „declaring that all persons born out of the legiance of the king residing seven years in a colony, taking the oaths (or in case of a Quaker an affirmation) of fidelity and abjuration, making a profession of christian faith before a judge of the colony should be taken as natural born subjects". Th. Gordon, History of Pennsylvania from its discovery by Europeans to the declaration of independence. Philadelphia 1829. — Über die Kosten, welche bei der Eidesleistung in New-York vor 1776 erhoben wurden vgl. The historical Magazine 2[d] Series Vol. VI; es erhielt der „Speaker of the Assembly" 10 sh. Kolonialgeld, der Richter, vor dem geschworen wurde 6 sh., der Gerichtsschreiber 3 sh., die Urkunde über den Huldigungseid kostete 6 sh. Die Gesamtkosten waren in heutigem Gelde etwa 3¹/₈ Dollars. — Über die Eidesform in Pennsylvanien um 1727 ist eine Angabe in Minutes of the Provincial Council of Pennsylvania III S. 283. — Die Eidesleistung fand in Virginien in älterer Zeit vor dem Gouverneur statt, The history and present State of Virginia (R. Beverly) London 1705 III S. 44.

4) Nur die Manors in New-York kannten den Mühlenzwang aus der holländischen Zeit her; eine geringfügige Ausnahme von der Regel.

5) Über die Landgesetzgebung der Kolonien geben Aus-

kunft: Melville Egleston, The Land System of the New-England Colonies, in John Hopkins University Studies 1886. — Edward Jngle, Virginia Local Institutions, Lewis W. Wilhelm, Local Institutions of Maryland ibid. 1885. — Th. Gordon a. a. O. — Neueste und richtigste Nachricht von der Landschaft Georgia in dem Engelländischen Nordamerika von J. N. K. Göttingen 1746. — Th. Sergeant, View of the Land Laws of Pennsylvania, Philadelphia 1838.

6) Über das Vordringen der Kolonisten nach dem Westen, während des achtzehnten Jahrhunderts finden sich Angaben bei J. P. Brissot, Reise durch die Vereinigten Staaten von Amerika im Jahre 1788, deutsche Übersetzung, Dürkheim 1792, 25. Brief; ferner bei J. Doddrige, Early History of Western Pennsylvania, notes on the settlements and Indian Wars of the western Parts of Virginia and Pennsylvania, Wellsburg 1824; bei J. Daniel Rupp, History of Lancaster County, Lancaster 1844, wo manche Beispiele mit detailierter Schilderung mitgeteilt werden; bei Elliot, The New-England History New-York 1857 Vol. I S. 460. — St. John de Crevecoeur, Reise in Ober-Pennsylvanien und im Staate New-York von einem adoptierten Mitgliede der Oneida Nation, aus dem Französischen, Berlin 1802, bemerkt folgendes: „Das herumschwärmende Leben hat bei allen grossen Unbequemlichkeiten seine Reize nicht blos für den Einzelnen, sondern auch für einen grossen Teil unserer Grenzbewohner. Die völlige Befreiung von jeder Art der Einschränkung, die geringe Anzahl der Wünsche, welche selten über die ersten Bedürfnisse gehen, die Sorglosigkeit, aus welcher das körperliche Glück dieser Lebensart quillt, die Gewohnheit in den unermesslichen Wäldern und in seiner eigenen Geschicklichkeit unversiegbare Hilfsquellen zu finden, das sind einige von den Ursachen dieses unwiderstehlichen Reizes, den ich kaum habe ahnen können, so oft ich noch davon habe reden hören".

7) Body of Liberties von 1641 sagt: „There shall never be any bond slaverie villinage or captivitie amongst us" u. s. w.

FÜNFTES KAPITEL.

8) Über die Entstehungszeit der Dienstbarkeit ist zu bemerken: In Virginien war sie von Anfang an eingeführt

worden, wie Bancroft, I. S. 153 ausdrücklich hervorhebt. Die erste Gesetzgebung über diesen Gegenstand ist aber erst aus dem Jahre 1642, vgl. Statute at large being a collection of all the laws of Virginia, New-York 1823 by W. Henning, ausserdem The English in America, Virginia, Maryland and the Carolinas by I. A. Doyle, London 1882 S. 511, und The english Colonisation of America during the seventeenth Century by Edward D. Neill, London 1871 S. 66. 67. In die Staaten südlich von Virginien wurde von hier aus die Institution übertragen, ihre frühe Existenz in Karolina bezeugt die Schrift: The present Staate of Carolina with advice to settlers by R. F., London 1682. In Maryland war die Maximalzeit des Dienstes schon drei Jahre nach der Gründung der Kolonie gesetzlich geregelt worden; Gowans Bibliotheca Americana, Vorwort zu Nr. 5: A Charakter of the Province Maryland by George Alsop. New-York 1869.

Über die Dienstbarkeit der ersten Jahre der Kolonie Pennsylvanien geben Auskunft Minutes of the Provincial Council of Pennsylvania published by the State gewöhnlich bezeichnet als Colonial Records, Vol. I S. 61, 74, 80, 117, 128. Ferner Good order established in Pennsylvania and New-Jersey in America by Thomas Budd 1685. Schon 1683 wurde ein Gesetzentwurf ausgearbeitet des Inhalts, dass Dienende nicht in andere Provinzen verkauft werden sollten.

Neuengland kannte wenige Jahre nach der ersten Kolonisation die zeitlich beschränkte Arbeitsknechtschaft der Weissen, die ersten abhängigen Arbeiter sind dort jedoch Lohnarbeiter gewesen, wie sich ergibt aus: A voyage into New-England begun in 1623 and ended in 1624 performed by Christopher Levett. Die ersten Ansiedler hatten weder Kapital um Arbeiter auf Zeit zu kaufen noch genügend Lebensmittel sie zu erhalten. Levett schlägt vor, dass wohlhabende Einwanderer, die sich in Neuengland niederlassen wollten, Lohnarbeiter mitbringen möchten, für welche sie Kleidung und Nahrung für 18 Monate haben müssten. Der Rat wurde befolgt, denn 1626 sind schon ziemlich viel freie Arbeiter in Massachusetts; vgl. auch A general history of New-England by Hubbard, Neue Ausgabe 1878. Nach dem Calender of State Papers, Colonial Series 1574—1660, London 1860, wurden 1630 nach Providence Island sechs „apprentices" übersandt. Die Gesetzgebung von Massachusetts von 1641 (Body of Liberties) kennt bereits die Dienstbarkeit von 7 Jahren. Über New-Hampshire vgl. The republic of New-Haven, a history of municipal evolution by Ch. H. Levermore, Baltimore 1886 S. 36.

Während der holländischen Epoche der Kolonie New-York sind die abhängigen weissen Arbeiter wohl durchweg Lohnarbeiter gewesen. Die westindische Kompagnie und die Stadt Amsterdam beförderten auf ihre Kosten in das Gebiet des Hudson niederländische Emigranten, die wenigstens drei Jahre lang nicht in die Heimat zurückkehren durften, also an das Land, aber nicht an ihren Herrn gebunden waren. Der Kompanie kam es darauf an Renten vom vergebenen Land zu ziehen, der Stadt Amsterdam den Handel mit der Pflanzung zu kräftigen. Daher sollten die Einwanderer denen im Hinblick darauf die Passage kreditiert wurde, möglichst bald selbständige Landwirte werden. Vgl. Documents relating to the colonial history of New-York Vol. I S. 152, 379, 389, 619, 630 II 218, 223. Von Löhnen, Lohnarbeitern ist in diesen Dokuments öfters die Rede, nicht von der Dienstbarkeit, die in den englischen Kolonien damals bestand.

Als New-York englisch wurde, wurde auch die Dienstbarkeit gesetzlich eingeführt. In den Dukes Laws von 1674 ist dieser Satz enthalten; „Bond slavery, villinage or captivity except such as shall be judged thereunto by Authority or such as willingly have sold or shall sell themselves, in which case a record of such servitude shall be entered in court of sessions held for that jurisdiction where each master shall inhabit; Provided that nothing in this law contained shall be to the Prejudice of Master or Dame, who have or shall by such Indenture or Contract taken apprentices for terms of years or life". Vgl. G. F. Mather Slavery in the Colony and State of New-York in the Magazine of American History Vol. XI S. 408.

9) An historical Review of the Constitution and Governement of Pennsylvania, London 1759 S. 93 „The labour of the plantations is performed chiefly by indented servants".

10) Über die irländische Einwanderung: Thomas d'Arcy Mc. Gee, A history of the irish Settlers in North America, Boston 1852.

11) Indent bedeutet eigentlich Einschnitt, Kerbe, Auszackung, welche ursprünglich an der auf Leder geschriebenen Kontraktsurkunde zu sehen war. Im übertragenen Sinne wird nur an den Kontrakt gedacht, nicht an eine Äusserlichkeit der Form. -- In Virginia wurden die indentured Servants auch Kids genannt vgl. The present State of Virginia by Hugh Jones, London 1724 S. 36. — J. D. Schöpf a. a. O. B. I. S. 158 spricht von serben und geserbt haben, ebenso G. Mittelberger s. u. Anm. 29.

12) Die servants sold for the custom erwähnt R. Beverly a. a. O. Das Gesetz bestimmte die Zeit des Dienstes. So in Virginien dasjenige von 1642, 1654, 1661, 1748, 1753, vgl. Statutes at large ed. W. Henning; Karolinas Gesetz ist angeführt in The present State of Carolina with advice to settlers by R. F., London 1682. In Nordkarolina sagte 1741 das Gesetz, dass jeder Servant einen Dienstvertrag haben müsse.

13) 29. Geo. II. c. 35 § 1 verlangt die Einregistrierung aller amerikanischen Servants durch eine Kolonialbehörde.

14) John Codman Hurd, behandelt in The law of freedom and bondage in the United States, Boston 1858 2 B., den Unterschied von apprentice und indented servant, B. I. S. 218 u. 326. Dieses juristische Werk ist scharfsinnig und gründlich, es befasst sich besonders mit der Sklaverei.

15) Es seien hier zwei Beispiele eines Dienstvertragformulars (indenture) mitgeteilt. Das erstere ist aus dem Jahre 1635, als die Kolonie Maryland gegründet wurde, genommen aus dem Vorwort zu Gowans Bibliotheca Americana Nr. 5. Das zweite aus Pennsylvanien vom Ende des achtzehnten Jahrhunderts befindet sich in der Geschichte der deutschen Gesellschaft von Pennsylvanien von Oswald Seidensticker Phil. 1876.

a. This indenture made ... day of .... in the .... yeere of our Soverainage Lord King Charles etc. betweene .... of the one party, and .... on the other party, witnessth that the said .... doth hereby covenant promise and grant to and with the said .... his Executors and assignes, to serve him from the day of the date hereof, until his first and next arrivall in Maryland and after for and during the tearme of .... yeeres in such service and employment as the said .... or his assignes shall there employ him, according to the custome of the country the like kind. In consideration whereof the said .... doth promise and grant, to and with the said .... to pay for his passing and to find him with meat drink apparell and lodging, with other necessaries during the said terme; and at the end of the said terme, to give him one whole yeeres provision of corne and fifty acres of Land, according to the order of the countrey. In witnesse where of, the said .... hath hereunto put his hand and seale the day and yeare above written.

b. Dieser öffentliche Kontrakt bezeugt, dass .... von freien Stücken und mit seines Vaters Einwilligung sich als Diener verpflichtet hat, dem A. B. von Philadelphia wegen den 80 Thl., bezahlt an Capitän N. N. für die Überfahrt von Amsterdam, wie auch aus andern Gründen hat sich der Genannte .... verpflichtet und überlassen und überlässt sich durch gegenwärtige Verbriefung als Diener an den A. B. um ihm, seinen Vollziehern, Verwaltern und Agenten treulich und gehorsam zu dienen, wie es einem guten und redlichen Diener geziemt. Und der genannte A. B., seine Vollzieher, Verwalter und Agenten sollen während dem besagten (?) Zeitraum dem genannten Diener verschaffen und reichen hinreichende Speise, Trank, Anzug, Wäsche und Wohnung; ihm auch sechs Wochen lang Schulunterricht geben lassen in jedem Jahre seiner Dienstzeit und am Schluss derselben ihm belassen zwei vollständige Ankleidungen, wovon eine neu. Und für die genaue Haltung haben beide benannten Teile sich gegeneinander durch diese Urkunde festiglich verbunden. Zur Beglaubigung haben sie es wechselseitig mit eigener Handschrift und Siegel versehen. — Andere Beispiele bei F. Kapp, Die deutsche Einwanderung in New-York, Leipzig 1868 S. XXV und J. R. Brackett The Negro in Maryland, Baltimore 1889.

16) In dem Gesetzbuche Body of liberties von 1641 war für Massachusetts bestimmt worden, dass der Servant, welcher treu und fleissig 7 Jahre gedient habe, nicht ohne Belohnung gehen solle. Vgl. The general Laws and Liberties of the Massachusetts Colony in New-England, Boston 1672, revid. Lon-

don 1675. — Das ältere virginische Recht sprach dem Knecht am Ende der Dienstzeit zehn Bushel Mais, dreissig englische Schillinge in Geld oder Ware und eine gute Muskete wenigstens im Werte von zwanzig Schillingen zu, der Magd 15 Bushel und vierzig Schillinge. Die neuere Gesetzgebung von 1705 kennt 15 Bushel Mais und zwei Anzüge, einen wollenen und einen leinenen. Der Servant darf auch 50 Acker Land unentgeltlich vom Staate annehmen, wenn die Dienstzeit abgelaufen ist; R. Beverly a. a. O. — Gesetz von Pennsylvanien über die den Servants schuldige Gabe aus dem Jahre 1682. — In Karolina erhielt der Diener gewohnheitsmässig 1680 am Schlusse der Arbeitszeit zwölf Bushel Mais, eine Flinte und vom Staat fünfzig Acker Land; The present State of Carolina with advise to settlers by R. F. London 1682; in Nordkarolina um 1737 einen neuen Anzug, eine Flinte, Pulver, Schrot und Kugeln, zehn Bushel Mais und fünzig Acker vom Staate; The natural history of North Carolina by John Brickell, Dublin 1737. — Über Maryland heisst es um 1666, dass die Ausgedienten funfzig Acker Land erhalten, Mais um ein Jahr davon zu leben, drei Anzüge und Gerätschaften für die Arbeit, so dass sie einen landwirtschaftlichen Betrieb sich einrichten können; George Alsop a. a. O. In Georgia erhielt der freigewordene Servant 1746 zwanzig Acker Land vom Staate: „So lange ihre Dienstzeit währet, sollen die Herren Commissarien sothane ihre Servants oder Dienstleute sämmtlich nicht allein in nothwendiger Kleidung, Wohnung, Speis und Trank, Wäsche und allen übrigen Nothwendigkeiten gebührend unterhalten, sondern auch nach verflossenen Dienstjahren einem jeden Manne zwanzig Acker übergeben etc.“; Neueste und richtigste Nachricht von der Landschaft Georgien, Göttingen 1746.

17) Kalm a. a. O. II, 535 bemerkt, dass die Belohnung am Schlusse der Dienstzeit der erste Herr geben muss, falls dieser nicht dem zweiten Herren besonders dazu verpflichtet hat. Vgl. auch über die Cession des Anspruches auf den Dienst: Wilhelm Th. Raynal a. a. O. B. IX, S. 149, J. P. Brissots Reise a. a. O. S. 213 und J. R. Brackett a. a. O. 1889 S. 24. — Ein Beispiel einer solchen Verkaufsannonce aus dem Staatsboten 4. Aug. 1766 von Philadelphia: „Es ist zu verkaufen

einer deutschen verbundenen Magd Dienstzeit. Sie ist ein starkes frisch und gesundes Mensch, nicht mehr als 25 Jahr alt, ist letzt verwichenen Herbst in's Land gekommen und wird keines Fehlers wegen verkauft, sondern nur weil sie sich nicht für den Dienst schickt, in welchem sie jetzt ist. Sie versteht alle Bauernarbeit, wäre auch vermuthlich gut für ein Wirthshaus. Sie hat noch für fünf Jahre zu stehen."

18) Servants transported out of Virginia shall compleat such time of servitude here as they ought to have served there and no more; Laws of Maryland at large with proper Indexes by Th. Bacon, Annapolis 1765. — Gesetz von Delaware 1739 c. 77 Sect. 1. „No indentured servant to be sold into another Government without the approbation of at least one justice." — Gesetz von Pennsylvanien 1700 „No servant to be sold out of this government without his consent" wiederholt 1788 mit strenger Strafe für den schuldigen Herrn.

19) Alles Geld oder sonstiges Vermögen, das Servants mitgebracht haben oder später zugesandt erhalten, darf der Herr nicht berühren. Beverly, Virginia a. a. O.

20) Gesetzgebung: Connecticut 1650, 1702 und 1715: Servants not to trade without licence, vgl. Acts and Laws of his Majestys Colony of Connecticut in New-England, London 1715. — Massachusetts 1672, indented servants dürfen keinen Handel treiben ohne Genehmigung des Herrn, Geldstrafe für den Dritten, körperliche Züchtigung des Dieners. — Pennsylvanien 1700, Nordkarolina 1682, 1741 „No free person to trade with servants or slaves in penalty of the treble the value traded for and 6 £". Virginia 1639, 1642, 1648, 1662, 1705; Strafe bei Geschäften mit „other men's servants or apprentices"; ein Monat Gefängnis und vierfacher Ersatz dem Herrn. Das Gesetz von 1642 wurde 1705 wiederholt. Der schuldige Dienstbare wird gepeitscht, Gesetz von 1639. Digest of the Laws of Virginia by J. Tate, Richmond 1841 und Henning a. a. O. — Gesetz in Maryland von 1715: „No person shall deal with any servant whether hired or indented or with any slave without leave or licence from the master or owner under Penalty of 2000 p. Tobacco: One half to the support of Government, the other half to the master mistress or true owner of the goods. If the goods

are so dealt for exceed the value of 1000 p. tobacco the owner there of shall have action of damage against the Party dealing for the same. And, offenders not being able to satisfy the same shall be bound over to the Provincial or County Court and on Conviction shall be punished by whipping with 30 stripes."

21) Brickell a. a. O.

22) Virginische Gesetze von 1705 und 1748, maryländisches von 1705.

23) Gesetzgebung. Maryland 1715: „Imported servants committing offences punishable by imprisonment shall serve their owner day for day and no more which the owners shall lose of their service by such Imprisonment. Such servants being fined for breach of the peace their owners shall pay the fine and the servants shall make satisfaction for the same by service or otherwise at the Expiration of their first time of servitude. The several County Courts where the case shall happen shall determine any dispute which may arrise between owners and their servants in the above case and adjudge them according to this act." Laws of Maryland at large with proper Indexes by Th. Bacon Annapolis 1765. Gewöhnliche Streitigkeiten zwischen Herr und Diener kamen vor das County-Gericht, wichtige Angelegenheiten vor den Provinzialgerichtshof. — Virginien 1665 u. 1748; wo Strafe in Tabak von dem Freien zu leisten war, trifft den Servant die Peitsche; 20 Schläge werden gleich 500 ℔ Tabak gerechnet. 1705, Servants-Angelegenheiten werden vor dem County-Gericht entschieden. 1741, mit Gefängnis bestrafte Dienstbare hatten die doppelte Strafzeit nachzudienen.

In Virginien hatten 1705 die Servants bei Prozessen mit dem Herrn keine Kosten zu tragen, ist der Herr schuldig, so sind sie von ihm zu vergüten, sonst trägt sie der Staat. Beverly a. a. O. IV. S. 35. — In demselben Jahre wurde bestimmt, dass der Herr vermögensrechtlich haften muss für seinen Servant, der ein Schwein gestohlen hat. Den Wert muss dann der Knecht später abarbeiten.

Südkarolina 1744; in den Fällen, bei denen die Freien mit Geld bestraft werden, werden die Dienstbaren gepeitscht, 20 sh. = 9 Schläge, Maximum 39 Schläge. Ebenso in Georgia, wo dies Gesetz kopiert wurde.

Pennsylvanisches Gesetz von 1771; für alle Gesindeangelegenheiten sind die vierteljährlich tagenden County-Gerichte massgebend.

24) Im Jahre 1663 fand in Virginien eine Empörung der Servants statt, welche ihren Ursprung in der Ungeduld über lange Knechtschaft und harten Druck hatte; Bancroft a. a. O. II, S. 170. — Ein Servant, der die Hand gegen den Herrn oder dessen Aufseher erhob, wurde mit 2 Jahren Extraarbeit bestraft. Virginische Gesetze von 1659 und 1666.

25) Gesetzgebung über die Runaways:

Virginien 1642, Strafen für Flüchtlinge und die, welche sie verbergen; Ausstellung eines Certificates nach beendigtem Dienst; alle Kosten die ein Servant durch sein Fortlaufen veranlasst, hat er durch Mehrarbeit einzubringen; 1655, 56, 57, 58 ähnliche Gesetze; 1659 wird bestimmt, dass jeder Flüchtling, der eingefangen wird, stets ganz kurze Haare tragen soll, damit er bei etwaigem Wieder-Entweichen leicht kenntlich ist; 1660, wenn ein weisser Servant mit einem Negersklaven davonläuft, so muss er auch die bei diesem dem Herrn verlorene Zeit nachdienen. Massachusetts 1630, Bestimmungen über die Verfolgung. Connecticut 1650 ebenso, 1702 u. 1715 Strafe für Entlaufene. New-Hampshire, Acts and Laws passed by the general Court or Assembly of his Majestics Provence of New-Hampshire in New-England, Boston 1716—26, Strafe für Kapitäne, welche Dienstbare ohne Pass des Herrn auf ihrem Schiff aufnehmen. New-York 1664, Strafe für das Fortlaufen ist die Verdoppelung der dem Herrn verlorenen Arbeitszeit. New-Jersey 1675 und 1676 Verbot des heimlichen Transportes flüchtiger Dienstbarer. Pennsylvanien 1700, 1728 und später für einen Tag Entweichen 5 Tage Arbeit zur Strafe. Maryland 1641 und 1676 Todesstrafe für Flüchtlinge und Aufhebung des Gesetzes. 1715 Verpflichtung von Schiffskapitänen keine Personen ohne Legitimation aufzunehmen. Nordkarolina 1715, Strafe für heimlichen Transport von Servants. Die Kapitäne und Schiffsrheder dürfen keine Leute auf ihren Schiffen befördern, ohne sich versichert zu haben, dass diese frei sind. Sie haben ihre Abreise mehrere Tage vorher öffentlich bekannt zu machen, damit die Herren nachsehen können, ob sich dort etwa ein entlaufener

Servant befindet. J. Brickell a. a. O. — 1741, Flüchtige werden als ausserhalb des Gesetzes betrachtet. Südkarolina 1682, 1744. Eingefangene Servants werden bei wiederholtem Entlaufen öffentlich gepeitscht.

26) Über die Ehe der Servants, den Konsens des Herrn und dgl. sind massgebend in Virginien die Gesetze von 1619, 1642, 1657, 1705. — In Nordkarolina sagte das Gesetz von 1741, dass eine Magd mit einem ausserehelichen Kinde, dessen Vater der Dienstherr war, verkauft werden, dass sie ein Jahr extra dienen müsse, und dass die Kaufsumme der Kirchenverwaltung zufalle. Das Kind wurde zum späteren Dienst verkauft. — In Pennsylvanien kamen in Frage die Gesetze von 1701 und 1728. Nach dem letzteren wurde die Magd, welche ein uneheliches Kind hatte nach dem Urteil des Friedensrichters mit nicht weniger als ein und nicht mehr als zwei Jahre Extraarbeit bestraft und erhielt ausserdem 21 Schläge „well laid on at the common whipping post". — In Georgia war bei der Gründung der Kolonie festgesetzt worden „dass die Kinder der Dienstfamilien, welche unter sechs Jahr alt sind, bei ihren Eltern bleiben und von ihnen erzogen werden mögen bis sie das sechste Jahr erreicht haben." Neueste und richtigste Nachricht etc. a. a. O. S. 50.

27) Virginische Gesetzgebung über die relative Maximalarbeitszeit von 1642, 1654, 1657, 1659, 1661 und 1748, speziell angegeben bei Henning a. a. O., maryländische von 1635, 1637, 1638, 1666, südkarolinische von 1682 und 1687 und 1744. Nach dem Gesetz von Massachusetts von 1636 konnte die kontraktlich festgesetzte Zeit später nicht abgekürzt werden. In New-Jersey wurden durch die Armenvorsteher die Kinder von erwerbsunfähigen Leuten in Dienst gegeben, für den die Zeitdauer gesetzlich geregelt worden war. Gesetze von 1774, 1798 und 1799.

28) Virginien 1642: der Herr soll seine Servants gut behandeln und nicht Mangel leiden lassen, sie können sich sonst bei der Obrigkeit beklagen; 1657 und 1660 und 1705 Strafe für Misshandlen der Servants; 1748 wurde den Herren befohlen: „that they shall not give immoderate correction nor whip a christian white servant naked without an order from a justice

of the peace". Lahme oder kranke Knechte dürfen nicht entlassen werden; der Herr hat, wenn es geschieht, sie bis zum Ende der Dienstzeit zu erhalten. Erfolgt die Entlassung mit Einwilligung des Knechtes, so haftet der Herr dennoch für den Unterhalt, falls jener dem Kirchspiel zur Last fallen sollte. Maryland: Im Jahre 1705 bestimmte das Gesetz, dass Herren, welche ihre weissen Knechte nicht genügend mit Nahrung, Kleidung und Wohnung versehen, zu wenig Ruhe gegönnt oder über das zulässige Mass (10 Schläge) gezüchtigt hätten, eine Strafe bei der ersten und zweiten Übertretung von 1000 ℔ Tabak zu zahlen hätten, und dass bei der dritten gesetzlich nachgewiesenen Übertretung der Knecht frei sein solle; Bacon Laws. — In Nordkarolina wurde 1741 die üble Behandlung von Servants strafbar erklärt, für Südkarolina sind massgebend in ähnlichem Sinne die Gesetze von 1717 und 1744. 1712 wurde daselbst das Verbot der Sonntagsarbeit für Servants und Sklaven ausgesprochen und die Verletzung der Vorschrift mit 5 £ bestraft. — Seit 1641 bestand in Massachusetts zu Recht: „if any man smite out the eye or tooth of his man servant or maid servant or otherwise maine or much disfigure him, unless it be mere casualty, he shall let them go free from his service, and shall have such further recompense as the court shall allow him." Ganz ähnlich spricht sich das Gesetz von New-Hampshire von 1718 aus.

29) Über die Behandlung der Servants geben besonders Reiseschriftsteller Auskunft. Man vergleiche: Brissot a. a. O., der S. 213 sagt: „Man muss sich wohl hüten dies verkaufte Gesinde (in Pennsylvanien) mit den schwarzen Sklaven zu verwechseln und sie für unglücklich halten. Sie standen und machten sich nie früher zur Arbeit auf, als beim Aufgang der Sonne, bei deren Untergang sie sie auch wieder verliessen. Zum Frühstück giebt man ihnen Thee oder Kaffee mit vielem Zucker, Butter, Rahm, Brod oder Kuchen von indianischem oder türkischem Korn; zu Mittag Suppe, Zugemüse, ein gutes Stück Fleisch, Kartoffeln, Kohl, Butter oder Käse, Zider oder Bier; zum Abendbrod Butter, Thee oder Kaffee und Fleisch. Bei harten Arbeiten, als in der Ernte, kriegen sie Rum."

Gottlieb Mittelbergers „Reise nach Pennsylvanien im Jahre 1750 und Rückreise nach Teutschland im Jahre 1754, enthaltend nicht nur eine Beschreibung des Landes nach seinem gegenwärtigen Zustande, sondern auch eine ausführliche Nachricht von den unglückseligen und betrübten Umständen der meisten Teutschen, die in dies Land gezogen sind und dahin ziehen Stuttgard 1756.“ Der Verfasser dieses Buches brachte die erste Orgel, die in Heilbronn gefertigt worden war, nach Pennsylvanien, wo er als Schulmeister und Organist vier Jahre angestellt war. Er schildert die Lage der Servants nur nebenbei und etwas einseitig ungünstig. Über den Zweck des Berichtes vgl. Anm. 32. Er sagt u. A. über die Servants: „Unsere Europäer, welche erkaufft werden, müssen immer hart arbeiten, weil man beständig neue Felder machet, dahero erfuhren dieselben, dass wahrlich die eichene Stumpen so hart in Amerika als in Teutschland stehen. Es wird absonderlich in diesen heissen Landen reichlich erfüllet, was Gott der Herr um der Sünde und um des Ungehorsams willen im ersten Buch Mosis den Menschen auferlegt hat, da es heißet: Im Schweiß deines Angesichts solt Du dein Brod essen.“ — Raynal a. a. O. IX 149: „Dieser Dienst hat nichts schimpfliches, der Käufer des Dienstboten thut alles, was er kann, um den Schimpf des Kaufes und Verkaufes erträglich zu machen.“ — Über den Süden ist hervorzuheben: J. Hammond, Leah and Rachel (d. i. Virginien und Maryland), 1656 und George Alsop, A Character of the Province of Maryland, London 1666, dazu das Vorwort in Gowans Bibliotheca Americana No. 5, New-York 1869, woraus der im Text citierte Vers übersetzt ist. — Alsop beurteilt die Lage der Servants wohl zu günstig, da sein Buch vor allem geschrieben war Einwanderer heranzulocken. Er hatte aber selbst die Dienstbarheit durchgemacht und war daher wohl unterrichtet. — Doyle, The English in America, London 1882, berichtet über die Verschlechterung der Lage der Servants im Süden, dass dieselbe für das siebzehnte Jahrhundert aus den freilich etwas dürftigen Berichten wohl nachweisbar sei.

SECHSTES KAPITEL.

30) Kalm a. a. O. II S. 535; Alsop a. a. O.

31) In England griff 1686 die Regierung in der Weise ein, dass die Arbeitskontrakte nur vor der Behörde abgeschlossen wer-

den, dass Kinder nur mit Einwilligung der Eltern verhandelt werden durften. Doyle a. a. O. S. 514. — Fr. Kapp, Deutsche Einwanderung S. 302: „Die verschiedenen Reichserlasse und Verfügungen gegen das leichtsinnige Auswandern (aus Deutschland) verhallten nicht allein ungehört, sondern erwiesen sich thatsächlich als eine ebensogute Empfehlung für Rheder und Speculanten, welche an dem Geschäft reich wurden. Das älteste bekannte Ausschreiben ging am 1. Mai 1753 von Hannover aus, ihm schlossen sich die Kur-Braunschweigischen Verordnungen zur Verhütung der Emigration von 1753, 1765 und 1786 an; Mecklenburg-Schwerin folgte 1760, 1763 und 1792; die freien Hansastädte erliessen wiederholte Verordnungen und Kaiser Josef II. verbot unter dem 7. Juli 1768 namentlich auch das Auswanderungswesen nach Amerika." Gegen diese Beschränkungen wendet sich 1787 in dem damaligen revolutionären Geiste Raynal a. a. O. IX S. 151: „Durch Verbote, durch Drohungen, durch Strafen glaubt man sie zu fesseln, und man erbittert sie und treibt sie nur durch das Verbot zum Ausreissen an."

32) Mittelberger a. a. O. Der Schwerpunkt dieses Buches liegt in der Schilderung der deutschen Auswanderung nach Amerika: „Die wichtigste Veranlassung dieses Büchleins war der erbärmliche und kummervolle Zustand derer, die aus Teutschland nach diesem neuen Lande reisen und das unverantwortliche und unbarmherzige Verfahren der holländischen Menschenhändler und ihrer ausgesandten Menschendiebe, ich meyne die sogenannten Neuländer, dann sie stehlen gleichsam die Leute aus Teutschland unter allerhand schönen Vorspiegelungen und liefern sie den holländischen grossen Seelen-Verkäufern in die Hände." Bericht des Pfarrers Melchior Mühlenberg und des Mühlenberg jun. in den Hallischen Nachrichten von den lutherischen Gemeinden in Nordamerika 1737 und 1787. — Fr. Kapp, die deutsche Auswanderung, in welchem Buche die soeben angeführten Berichte ebenfalls benutzt worden sind. — Oswald Seidensticker, Geschichte der Deutschen Gesellschaft von Pennsylvanien, 1876. — Schöpf's Reisen a. a. O., Kalm a. a. O., Raynal a. a. O., J. Weld, Reisen durch die Vereinigten Staaten, Berlin 1800, I, S. 112; D. von Bülow, Der Freistaat von Nordamerika in seinem neuesten Zustand, Berlin 1797. — Über die ältere Ein-

wanderung in Virginien ist zu vergleichen: Virginia impartially examined by William Bullock, London 1649.

33) In England wurden diese Agenten Geister, spirits genannt; vgl. Bancroft a. a. O. I. S. 153, Doyle a. a. O. S. 512, besonders Bullock a. a. O. Derselbe erzählt, dass dieselben allerlei faules Gesindel zusammentrieben, dem vorgeredet werde, dass es in ein Land käme, wo ihm die Speise nur so in den Mund flöge. Durch strenge Arbeit und schmale Kost enttäuscht, arbeiteten diese Einwanderer dann wenig, nicht ein Fünftel von dem, was ein ordentlicher Mann leisten könne. Beachtenswert ist auch diese Notiz: „The servants are taken up by such men as we here call spirits and by them put into Cookes houses about St. Catharines (in London) where being once entered, are kept as prisoners until a master fetches them off, and they lye at charges in these places a month or more before they are taken away. When the ship is ready the spirits charges and the Cooke for dieting paid they are shipped and this charge is commonly £ 3, the passage money for a man 5 £ 10 sh. and the money to the chyrurgion 2 sh. 6 d." Man hat hier ganz das gleiche, wie bei dem heutigen chinesischen Kulihandel; vgl. Sartorius v. Waltershausen: Die Chinesen in den Vereinigten Staaten von Amerika in der Zeitschrift für die gesamte Staatswissenschaft, 1883, S. 395. — Die Schiffe waren überladen und verpestet; in Virginien angekommen, setzten die Kapitäne die Leute, deren Fracht bezahlt worden war, an's Land, wo es ihnen gerade passte, oft dreissig oder vierzig Meilen entfernt von den Plantagen, für die sie sich verpflichtet hatten und kümmerten sich nicht weiter darum. Bullock schlägt vor, die Virginier sollten das Geschäft selbst übernehmen, was billiger und sicherer sein werde. — Schon 1657 wurde in Virginien ein Gesetz erlassen, welches den Schiffskapitänen, die Einwanderer brachten, befahl ausreichend Nahrung an Bord zu haben und jedem Passagier genügend Raum zu gewähren. Henning a. a. O.

34) Pennsylvania Archives, IV, 472, enthaltend den Bericht darüber von Ludwig Weiss, Anwalt der Deutschen Gesellschaft an den Gouverneur John Penn. Aus demselben ist hervorzuheben: „Passagiere, welche Hab' und Gut von einigem Werthe auf dem Schiffe, womit sie reisen, mitnehmen, lassen sich

fast nie einen Frachtbrief darüber ausstellen, indem die Kaufleute und Capitaine ihnen weismachen, dass solcher von keinem Nutzen sei und ihnen bei ihrer Ankunft nur Scheererei verursache. Wenn sie ihr Gut dann dem Frachtverwalter in Verwahrung geben, so bekommen sie dann und wann ein kleines Memorandum, dass der Kaufmann die betreffenden Kisten, Fässer, Ballen u. s. w. hat und mit dem nächsten Schiffe frachtfrei mitschicken wird. Der Passagier steckt das Papier in sein Taschenbuch, wo er auch ein Verzeichnis seiner Sachen hat, sein Geld verwahrt er in einem zugenähten Lappen oder in seinem Gürtel, den er um den Leib trägt. Aber auf der Reise wird er oder seine Frau oder seine Kinder oder die ganze Familie krank. Dann geht die Plünderung der Kranken oder Todten los. Wenn die Eltern besser werden oder die Kinder sie überleben, so sind die Sachen fort, sowie die Beweise, dass sie etwas besassen." Übersetzt bei Seidensticker a. a. O.

35) Die Schiffe liefen von Rotterdam aus auch andere englische Orte an, wie Falmouth, Portsmouth, Dover, Deal. Pennsyl. Col. Records, III, S. 283.

36) Citiert bei Kapp, Deutsche Einwanderung, S. 287. — Über entsetzliche Behandlung von Irländern auf den Seeschiffen berichtet Bülow a. a. O.

37) Bericht Mühlenbergs 1787.

38) Vgl. auch Kalm a. a. O. S. 181.

39) Weld a. a. O., I, 112 erzählt: „Im Jahre 1793, als das gelbe Fieber in Philadelphia so sehr wüthete, dass nur wenige Schiffe der Stadt näher als bis Fort Mifflin, 4 Meilen unterhalb der Stadt, fahren mochten, kam ein Handelskapitän (mit Servants) im Flusse an. Er hörte die Krankheit habe so um sich gegriffen und sei so ansteckend, dass man für keinen Preis Wärter für die Kranken bekommen könne; sogleich kam ihm der menschenfreundliche Gedanke ein es könne vielleicht diesem Mangel durch die Passagiere seines Schiffes abgeholfen werden", was dann auch geschah. — Beispiele von Zeitungsannoncen über zu verkaufende Deutsche bei Seidensticker a. a. O. Zwei seien hier angeführt: „Das Schiff Polly, Capitän Robert Porter ist von Rotterdam angelangt mit 250 deutschen Leuten. Selbige sind alle frisch und gesund. Man melde sich u. s. w." — „Es

sind noch 50—60 deutsche Leute, welche neulich von Deutschland angekommen sind, vorhanden .... darunter zwei Schulmeister, Handwerksleute und Bauern, auch artige Kinder, sowohl Knaben als Mädchen. Sie möchten für ihre Fracht dienen." — In der New-York Gazette vom 10. Mai 1774 findet sich diese Anzeige: „Servants just arrived from Scotland to be sold on board the Commerce, Capt. Ferguson master, lying at ferry Stairs; among with are a number of weavers, taylors, blacksmith's, nailors shoemakers, butchers, sawyers, wheelwrights, hatters and spinsters from fourteen to thirty five years of age. For terms apply etc."

40) v. Bülow I, S. 99: „Rüstige Ackerknechte und Handwerker lassen sich gar leicht verkaufen, zuweilen aber schleicht sich ein unverkäuflicher Artikel mit ein. Dergleichen, schlechte Artikel sind Offiziere und Gelehrte. Der Kapitän, welcher dergleichen Waare importiert, kennt den Markt nicht." Es wird von einem russischen Hauptmann erzählt, der nicht verkauft werden konnte und in der Stadt Philadelphia umhergeschickt wurde um den Leuten Lust zu machen ihn zu kaufen. Da er aber nur vom Aufspiessen mit Bajonetten sprach, welches er gar vielfältig gegen Türken und Polen wollte getrieben haben, wollte ihn niemand nehmen. Der Kapitän gab ihn endlich frei gegen eine Verschreibung in sechs Monaten seine Fracht zahlen zu wollen, als demselben Hoffnung auf eine Schulmeisterstelle auf dem Lande gemacht worden war, die er auch erhielt.

41) Über Pennsylvanien ist zu vergleichen: Gordon a. a. O. Seidensticker a. a. O., Colonial Records IV, 315. The laws of the Province of Pennsylvania now in force, Philadelphia 1728 ch. 98.

Ein Virginisches Gesetz betreffend einen solchen Zoll aus dem Jahre 1699. Henning a. a. O. III, 193.

42) Anno Regni quinto Georgii III Regis, a supplement to the act intituled, An Act for the prohibiting the Importation of Germans and other Passengers into great numbers in any vessel.

43) Über diese deutschen Gesellschaften vergl. besonders Seidensticker a. a. O., ferner Kapp a. a. O. und Schöpfs Reisen S. 613, Beilage: Auszug aus des Herrn Prof. Kunze

zu Philadelphia Rede von den Absichten und dem bisherigen Fortgange der privilegierten deutschen Gesellschaft zu Philadelphia in Pennsylvanien.

SIEBENTES KAPITEL.

44) Über die Beschäftigung der ausgedienten Servants im Süden: A letter from South Carolina giving an account of the soil etc. written by a Swiss Gentleman, London 1710. — John Brickell, R. Beverly, Hugh Jones. a. a. O.

45) Hildreth a. a. O. III. 190; Henning, a. a. O. Virginische Gesetze von 1775 und 1777. The official Records of Robert Dinwiddie in Virg. Hist. Society Vol. I. u. II.; Pennsylvania Archives I. II. V. VIII., Second Series I; Die Colonial Records of Pennsylvania enthalten ebenfalls verschiedene Berichte vgl. den General Index von 1860.

46) Von den Servants nach der Revolution sprechen: Weld a. a. O. I. S. 112, Kapp a. a. O. S. 288, Brissot a. a. O. S. 215, C. Hurd a. a. O. I. 221, Bülow a. a. O. I. 97, Schöpf a. a. O. S. 521, Pennsylvania Gazette 1791, 1793. — Im Jahre 1819 griff die Regierung der Vereinigten Staaten wegen der schlechten Beschaffenheit der Einwandererschiffe ein und ordnete eine strenge Kontrole derselben an; vgl. The public and general Statutes of the United States, Boston 1827 Vol. VIII ch. 170: An Act regulating passengerships and vessels, ausserdem Annals of Congress 1818, 1819 2 Sess. Vol. I. S. 414 und 1037.

Im Jahre 1819 sind in den Büchern der deutschen Gesellschaft von Pennsylvanien noch 255 Verdingungen alter Art verzeichnet, 1820 nur 35, von 1821—31 nur 37. Seidensticker a. a. O.

47) Über die durch die Reisekosten verschuldeten nordamerikanischen Arbeiter unserer Zeit: Sartorius v. Waltershausen, Die nordamerikanischen Gewerkschaften unter dem Fortschritt der Produktionstechnik, Berlin 1886 S. 90 und die Chinesen in den Vereinigten Staaten a. a. O. S. 398. — In Pennsylvanien verfügte ein Gesetz von 1820, dass die auf die Lehrlinge bezüglichen Erlasse sich auch auf die Auslöslinge er-

strecken sollten. In Delaware wurde 1827 die Dienstbarkeit erwachsener weisser Personen ausdrücklich aufgehoben; Laws of the State of Delaware, Wilmington 1829.

ACHTES KAPITEL.

48) Über Neuengland ist bezüglich der geschilderten Entwickelung zu vergleichen: The general Historie of Virginia, New-England and the Summer Isles by Capitaine John Smith, London 1632 S. 247; A general History of New-England by W. Hubbard, neue Ausgabe Boston 1848; New-England Prospect by William Wood, London 1634. Derselbe bemerkt: „There is as much freedome and liberty for servants as in England and more to (d. h. für freie Lohnarbeiter); a wronged servant shall have right volens nolens from his injurious master and a wronged master shall have right of his injurious servant, as well as here"; im weiteren wird ausgeführt, dass die Löhne hoch seien und jeder der fleissig sei, viel verdienen könne. — Über die allgemein hohen Löhne in New-York zur Zeit der Holländer: N. Y. Documents relating to the early history of New-York Vol. II 51, 90 ff., über New-Hampshire ebendaselbst IV. 502.

49) A State of the Province of Georgia attested upon oath in the court of Savannah, London 1742 spricht von landwirtschaftlichen, auf ein Jahr angestellten Lohnarbeitern in Georgia. — Kalm a. a. O. II. S. 533. — Einem freien Knecht gab man nach Kalm um 1748 in Pennsylvanien 16—20, einer Magd 8 - 10 £ Lohn (1 £ engl. = 2 £ pennsylvanisches Papiergeld), in drei Jahren also einem Ehepaar etwa 80 £. Die gesamte Einwanderungsreise kostete nach Mittelberger in derselben Zeit einem Pfälzer Ehepaar ohne Kinder etwa 300 Gulden = 60 £ Papiergeld, rechnet man dazu die gesamte Kleidung derselben als indented servants für drei Jahre nur zu 20 £, so sehen wir, dass ein Lohnarbeiter dem Landwirte ungefähr so viel kostete wie ein indented; dabei ist noch nicht berücksichtigt, dass letzterer das Risico des Fortlaufens dem Herrn mitbrachte, also ihm im Durchschnitt noch höher zu stehen kam. — Übereinstimmend damit American Husbandry a. a. O. über New-York etwa um 1760; ein dienstbarer Knecht kostete das Jahr ohne Kleidung

11, ein Lohnarbeiter 12 £ englisch. — In Political Essays concerning the present State of the British Empire, London 1772, einem grossen, sorgfältig gearbeiteten Werke, wird berichtet, dass in den amerikanischen Kolonien die in der Landwirtschaft beschäftigten Jahresarbeiter 4—5, die Frauen 2—3 £ engl. als Lohn erhielten. Dies wäre noch viel weniger. Der Verfasser erklärt den damals so niedrigen Lohn mit dem erst später berühmt gewordenen Lohngesetz der liberalen Ökonomik: „The price of labour is always in proportion to the necessities of life, which their plenty of land renders cheap and consequently labour“ (S. 272).

50) Schon 1630 wurde der Lohn in Massachusets fixiert, im folgenden Jahre wurde aber das Gesetz wieder aufgehoben. 1641 wurde allen Städten des Landes gestattet von Zeit zu Zeit durch ihre freien Bürger die Löhne zu regeln. 1649 wurden in Springfield für den Sommer und den Winter besondere Löhne festgesetzt: vgl. Th. Pitkin, Political and civil history of the United States, New-Haven 1831 Vol. I.. 1672 Verbot Wein oder Branntwein den Lohnarbeitern als Zugabe zu dem Lohn zu verabreichen, der Lohn sei schon hoch genug. Strafe 20 sh. The general Laws and Liberties of the Massachusets Colony in New-England, Boston 1672, revid. London 1675. — In der Stadt Philadelphia, (anno Regni primo Georgii III. Regis, an Act for regulating Wagooners, Carters, Draymen and Porters within the city of Philadelphia) fühlten sich die Kaufleute durch die Lohnforderungen der Fuhrleute und Träger bedrückt und setzten eine Preisliste für deren Leistungen damals durch. — In Georgia wurden 1758 die Löhne von Tischlern, Zimmerleuten, Maurern und Malern einem Tarif unterstellt. Das Gesetz hing mit der Konkurrenz der schwarzen Sklaven-Handwerker zusammen, worauf im XIII. Kapitel zurückzukommen ist.

51) Über die hohen Löhne der gelernten Handwerker und Handelsgehilfen vergl. New-York Documents a. a. O. V. 196, 688, 888, VII. 828; Bibliotheca Americana or a chronical catalogue of books etc., London 1789, Vorwort S. 15 über die hohen Löhne der Buchdrucker in allen Staaten. — Ellis H. Roberts, New-York, The planting and growth

of the Empire State, Boston and New-York 1888, über Handwerkerlöhne in New-York 1712. — Kalm a. a. O. II. 533, III. 362. — A letter from South Carolina giving an Account of the soil etc. written by a Swiss Gentleman, London 1710. — Histoire et Commerce des Colonies anglaises dans l'Amerique septentrionale (Dumont-Butel), London 1755. — Continuatio der Beschreibung der Landschaft Pennsylvanien v. Gabriel Thomas, Frankfurt und Leipzig 1702.

52) Political essays a. a. O. S. 271. „Day labourers are only to be found in popolous and well improved countries, where they have a variety of employements, which afford them a daily subsistence. — Thus the day labourers of the colonies if there are any, are only the vagrants and not the labourers of the country; who stroll from place to place without house or home, are clothed in rags and have not bare necessities, notwithstanding they supposed high price of their labour".

NEUNTES KAPITEL.

53) Doyle a. a. O. S. 512 „Children and apprentices were stolen". — Brissot a. a. O. S. 248 „Korsaren machen es sich zum Geschäft Kinder zu rauben und sie nach Amerika auf eine bestimmte Zeit zur Arbeit zu verkaufen".

54) 4. Geo. I. c. 9, 11, 6. Geo. I. c. 33, 4. Geo. II. c. 11, 17. Geo. II. c. 5 § 28. — Lecky, Geschichte Englands im achtzehnten Jahrhundert B. II. S. 11. — C. Hurd a. a. O. I. 219, Chalmers, Polit. Annals of the present united Colonies, London 1760 S. 47.

55) Pitkin, political and civil history a. a. O. — Stith, History of the first discovery and settlement of Virginia, Williamsburg 1747. — Historical Magazine 2[d] Series VII. 53, Berichte von Gefangenentransporten aus den Jahren 1732, 1734, 1749 von London und Dublin aus.

56) Diese Arbeiter wurden in den Kolonien bezeichnet „jail birds" Galgenvögel, J. W. Leeds, A history of the United States of America, Philadelphia 1778 S. 105, C. Hurd a. a. O. I. 233.

57) In einer New-Yorker Zeitung von 1752 heisst es: „We want people 'tis true, but no villains ready at any time encouraged by impunity and habituated upon the slightest occasion to cut a mans throat for a small part of his property“, citiert bei Pitkin a. a. O. — Historical Magazine 2[d] Series VII. 53. — William Hill, Colonial Tariffs in Quaterly Journal of Economics Oct. 1892. — C. Hurd a. a. O. I. u. II. Titel der Gesetze gegen die Verbrechereinfuhr. Vorwort des Gesetzes von Pennsylvanien aus dem Jahre 1729: „Whereas many persons trading into this province have, for lucre or private gain, imported, sold or disposed of, and daily import passengers and servants into this province, who by reason of age impotence or idleness, there of; and likewise as frequently divers persons convicted of heinous crimes, who after their coming into this province, do often commit many felonies, robberies thefts and buglaries to great hurt of his Majesty's good subjects trading to and inhabiting the same“. 1751 wurde dies Gesetz wiederholt.

58) Laws of Maryland by Bacon 1765. Gesetze von 1728 und 1729.

59) z. B. New-Jersey 1797, An act to prevent the importation of convicts to this State.

60) G. Bancroft, Geschichte der Vereinigten Staaten I. S. 153, vgl. auch A history of Virginia from its discovery and settlement by Europeans, Philadelphia 1846 S. 395 und Documents relating to the colonial History of New-York V. S. 605. Die gefangenen Rebellen von Preston wurden 1715 in die Kolonien zur Arbeit verschickt.

61) Gesetz über die Schuldknechtschaft in Connecticut von 1650 und von 1725 über die Zwangsarbeit verurteilter Verbrecher: C. Hurd a. a. O. I. 272; in Pennsylvanien 1705 Gesetz über die Schuldknechtschaft insolventer Personen. Colon. Records, of Pa. II. S. 210 und The laws of the Province of Pennsylvania 1728 S. 145. Die Schuldknechtschaft der Erwachsenen sollte nicht über 7 Jahre dauern. Mittelberger a. a. O. S. 80 äussert sich in dieser Weise: „Wenn Jemand Schulden macht und solche auf bestimmte Zeit nicht zahlt oder zahlen kann, so wird ihm sein Bestes, das er hat,

genommen, hat er aber nichts oder nicht zulänglich, so muss er unverzüglich in die Prison und in derselben bleiben, bis Jemand vor ihn gut spricht oder bis er verkauft wird. Dies geschieht, mag er Kinder haben oder nicht, will er aber loss sein und hat Kinder, so wird ein solcher oft genötigt ein Kind zu verkaufen. Wenn ein solcher nur 5 Pfund schuldig ist, so muss er ein Jahr oder länger davor servieren und so nach Proportion der Schuld; gibt man aber ein Kind von 8, 10, 12 Jahren dafür hin, so muss es servieren bis es 21 Jahre alt ist". — Über Massachusetts George H. Moore, Notes on the History of Slavery in Massachusets, New-York 1886 S. 15 u. 33.

62) In Criminalprocessen gegen importierte Verbrecher durften andere desselben Standes gültiges Zeugnis ablegen, das Zeugnis des Negers dagegen galt nichts. Gesetz von Maryland 1751.

63) Documents relating to the colonial history of New-York, IV. S. 31, VII. S. 87, VIII. 756.

ZEHNTES KAPITEL.

64) G. Bancroft a. a. O. I. S. 147 und J. A. Doyle a. a. O. S. 101. Ein interessanter Bericht über diesen Sklavenraub in Nordamerika befindet sich in: A briefe Narration of the Originall Undertakings of the advancement of Plantations into the Parts of America etc. especially New-England 1658, by Sir Ferdinando Gorges.

65) J. R. Brackett, The Negro in Maryland S. 13. — An historical account of the Rise and Progress of the Colonies of South Carolina and Georgia, London 1779 S. 91. — C. Hurd a. a. O, I. S. 230, 236, 257, 283, über den Verkehr der Ansiedler mit den befreundeten Indianern in Virginia, New-Jersey und Massachusetts. -- D. Wheeler, A practical Treatise on the Law of Slavery, New-York 1837 S. 18 über Virginien.
W. Knox, Three tracts respecting the conversion and instruction of the free Indians and Negro Slaves in the Colonies 1768. — Über Pennsylvanien: The laws of the Province of Pennsylvania now in force, Philadelphia 1728 S. 96.

66) Über die Indianerkriege Neuenglands und die Versklavung der gefangenen Indianer ist zu vergleichen: George H. Moore, a. a. O. S. 1—10 und S. 30 48. — Biography and history of the Indians of North America by Samuel G. Drake, Boston 1837 B. II. S. 107, Krieg der Neuengländer mit den Pequods; B. III S. 40: „Great numbers of Philip's people were sold for slaves in foreign countries. In the beginning of the war Captain Mosely captured 80, who were confined at Plimouth. In September following 178 were put on board a vessel commanded by Captain Spargue, who sailed from Plimouth with them to Spain". Dieser Indianerkrieg, der sog. König Philipp's Krieg war 1676 beendigt. — Reverend Daniel Clark Sanders, A history of the Indian Wars particulary in New-England, Montpellier Vt. 1812, über den King Williams and Queen Anne's Krieg: „Even the good christians of New-England with all their faith in the doctrine of disinteressed benevolence sold those whom they took in war as slaves to the west Indies". — Thomas Church, The history of Philips War, Boston 1827 S. 162, 400 Indianer werden von Capitän Waldron gefangen genommen, 8—10 davon wurden als Mörder gehenkt und der Rest wurde in die Sklaverei verkauft. — Elliot, New-England History S. 32. — Robertson, History of America, Basel 1800 B. X. S. 151. Verkauf von kriegsgefangenen Indianern nach den Bermudas. — G. Bancroft a. a. O. B. I. 233 II. 62, 262.

67) Die angeführte Gesetzgebung bei Moore, Hurd, Brackett, Henning a. a. O. — Ein Gesetz gegen den Indianerimport in Pennsylvanien aus fremden Kolonien wurde zuerst 1707 berathen; Minutes of the Provincial Council of Pennsylvania II. 213.

68) Documents relating to the colonial history of the State of New-York V. 433, VI. 556.

69) G. Drake a. a. O. B. III. S. 104 „Many of the eastern Indians had been kidnapped and sold for slaves about the time of Philip's war commenced. This it will not be questioned was enough to cause a war without Philip's instigation".

70) Lewis H. Morgan, Ancient Society, New-York 1878 S. 80. — R. Beverly a. a. O. spricht von Servants der Indianer

genannt black boys. Dieselben seien selten anzutreffen, da die Herren meist nicht mehr als zum Leben für sich hätten.

71) In seinem grossen Werke über die nordamerikanischen Indianer bemerkt Henry R. Schoolkraft, Historical and Statistical Information respecting the Indian tribes etc., Philadelphia 1851—60, VI. 332 u. IV. 475. „The refugees in the Indian territories furnished the nucleus of slavery among the Creeks Seminoles, Choctaws, Chickasawas and Cherokees. The Africans were not adopted as members of the tribes but held as persons in servitude; and by performing the field labor, ennabled these tribes to pursue agriculture without being themselves compelled to engage in manual labor; thus producing the relations continued to this day of master and slave". Der Indianer Census von 1832 zeigt, dass im Stamme der Creeks 445 (457 andere Angabe) Sklaven gewesen seien. — Voyage dans les États-Unis d'Amerique fait en 1795, 1796 et 1797 par La Rochefoucauld-Liancourt B. IV. S. 181: „Ces Indiens cultivent avec plus de soins que ceux du nord; ils ont même des nègres, qu'ils enlèvent dans leur petites guerres ou qui souvent désertent à eux. Ils les tiennent esclaves, mais les traitent doucement les menagent dans leur travail et leur font partager leur nourriture". — William Bartrams Reisen durch Nord- und Südkarolina, Georgien und Florida (im Jahre 1773) deutsch von Zimmermann 1793. Der Verfasser berichtet aus Nordflorida, dass ihm ein Krieger begegnet sei, der von vielen indianischen Sklaven, die dieser in seiner Jugend gefangen genommen habe, umgeben gewesen sei. Die Kinder dieser Sklaven seien frei, die Eltern hingegen blieben in ihrem Stande, so lange sie lebten. Auch fand er dort Sklaven, welche bei der Viehzucht, die von den Spaniern gelernt worden war, gebraucht wurden. Diese Sklaven erhielten die Freiheit, wenn ihnen die Heirat gestattet wurde. Es ist dies wohl als die Fortsetzung des alten Brauches der Aufnahme in den Stammverband anzusehen.

72) C. Hurd a. a. O. I. 265, 266, 271, 276 288. — A dissertation on Slavery: with proposal for the gradual abolition of it in the State of Virginia by St. George Tucker, Philadelphia 1796. S. 35: „In 1705 an act was made, authorizing a free and open trade for all persons at all times and at all

places with all Indians whatwever. On the authority of this act, the general court in April term 1787 decided that no Indians brought into Virginia since the passing thereof, nor their descendants can be slaves in this commonwealth". — Henry Wilson, History of the rise and fall of the slave power in America, Boston 1878 ch. I. „John Elliot the apostle to the Indians presented in 1675 a memorial to the Governor and Council against selling captured Indians into slavery. His objections were that it prolonged the war, that it hindered the enlargement of Christ's Kingdom and that the selling of souls is a dangerous merchandise".

ELFTES KAPITEL.

73) Über die Zahl der importierten Neger: G. Bancroft a. a. O. IV. S. 104, Henry Ch. Carey, The Slave Trade, London 1853 S. 18, Documents relating to the colonial history of New-York IV, 413 V. 814, New-Jersey Archives, New-Ark 1882-88 V. 152, Hildreth a. a. O. — W. O. Blake, The history of slavery and the slave trade, ancient and modern, Columbus 1859.

Über die Neger- resp. Sklavenbevölkerung habe ich abgesehen von den im Text gegebenen Ziffern noch folgende aufgefunden:

Massachusetts 1676, 200 Neger, 1680 125, 1708 550, 1720 2000, 1735 2600, 1754 4489, 1765 5779, 1776 5249, 1784 4377, 1790 6001, G. H. Moore Notes on the history of Slavery in Massachusetts und History of the Negro Race in America from 1619 to 1880 by G. H. Williams. New-York u. London.

New-Hampshire 1716 9000 Weisse, 150 Sklaven, N. Y. Doc. V. 595, 1742 24 000 Weisse, 500 Neger, 1776 629 Sklaven, 1790 788 Neger darunter 158 Sklaven, Ebeling a. a. O.

Rhode Island 1730 15302 Weisse, 1648 Neger, 1748 28 449 W. 3077 N., 1755 35 939 W. 4679 N., 1774 54 435 W. 3761 N., 1783 48 565 W. 2342 N., Henry Wilson, Williams, Ebeling a. a. O.

Connecticut 1730 700 Sklaven, 1756 126 975 W.

3019 N., 1762 141 000 W. 4200 N., 1774 190 487 W. 5085 N., 1782 202 877 W. 6273 N. Ebeling, Williams a. a. O.

New-York 1723 6174 Sklaven, Gesamtbevölkerung 44564 F. G. Mather, Slavery in the Colony and State New-York, Magazine of am. History VII, 408; 1731 43040 W. 7202 N., davon Männer über 10 Jahre 2930, Frauen 1853, unter 10 Jahre männlich 1375, weiblich 1044, N. Y. Doc. V. 895; 1746 Neger männlich unter 16 J. 1964, 16—60 J. 2529 über 60 J. 364, Frauen unter 16 J. 2216, über 16 J. 2034 ibid. VII, 392; 1756 83 233 W. 13 542 N., 1776 148 124 W. 19 883 N., 1786 219 996 W. 18 889 N., Brissot a. a. O., E. H. Roberts New-York, 1888, New-York.

New-Jersey 1738 43 388 W. 3981 N., 1745 56 797 W. 4606 N., 1784 139 934 W. 10 501 N., 1790 169 954 Weisse 141 85 N., Williams, Brissot, Ebeling a. a. O.

Pennsylvania 1720 60 000 W., 5000 N., N. Y. Doc. V. 604, 1755 250 000 W. 11 000 N., 1790 430 636 W. 3737 N., G. Bancroft a. a. O.

Maryland 1710 34 790 W. 7935 N., 1719 55 000 W. 25 000 N., N. Y. Doc. V. 605; 1748 36 000 N., 1750 100 000 W. 40 000 N. 1756 46 225 N., 1761 49 675 N., 1775 80 000 N., 1782 170 688 W. 83 895 N., 1790 208 649 W. 111 079 N. Brackett, Ebeling, Williams a. a. O.

Delaware 1790 46 310 W. 12 786 N., Census. 1790.

Virginia 1619 20 Sklaven, 1624 24, 1649 300, 1661 2000 N. 1683 3000 N., Doyle, Williams, a. a. O.; 1768 130 000, 1782 296 851 Freie und 270 762 Sklaven, Observations sur la Virginie par M. J. (Jefferson) Paris 1786, 1790 442 117 W. 305 493 N., Census.

Nordkarolina 1721 5—600 N., N. Y. Doc. V. 609, 1761 39 000 N., 1790 288 204 W. 105 546 N.

Südkarolina 1712 6000 W. 10 000 N., 1721 9000 W. 12 000 N., N. Y. Doc. V. 609, 1734 30 000 N., 1776 93 000 N., Hüne, vgl. Anm. 74, 1790 107 094 N., 1801 146 151 N., Census.

Georgia 1768 13 000 N., Sell. vgl. Anm. 74, 1790 29 264 N., 1801 59404 N., Census.

74) Über die Geschichte des Negersklavenhandels jener Zeit gibt besonders Auskunft Albert Hüne in seinem Buche: Vollständige historisch-philosophische Darstellung aller Veränderungen des Neger-Sklavenhandels von dem Ursprung bis zu seiner gänzlichen Aufhebung, Göttingen 1820 2 Bd. Als Vorarbeiten zu diesem äusserst fleissigen, klar geschriebenen, auch von amerikanischen Schriftstellern oft citierten Sammelwerke sind zu nennen: J. J. Sell, Versuch einer Geschichte des Negersklavenhandels, Halle 1791 und S. N. Ch. Sprengel, Vom Ursprung des Negerhandels, Halle 1779. Bei Hüne in den Anmerkungen weitere Litteraturangabe. In den späteren amerikanischen Werken findet sich wenig Neues über den afrikanischen Sklavenhandel mit den Kolonien. Gelegentliche Ausführungen bei Bancroft, Hildreth und bei G. W. Williams a. a. O.

Von den schon mehrfach genannten Büchern über die Sklaverei während der Kolonialzeit Nordamerikas nimmt in Bezug auf Gründlichkeit, Objektivität und Vielseitigkeit die erste Stelle ein: Notes on the history of slavery in Massachusetts by G. H. Moore, New-York 1866. Leider gibt es aber nur über den einen Staat Auskunft. Brackett, The Negro in Maryland geht ebenfalls auf die historischen Quellen zurück und gibt manches Detail. St. George Tucker verfasste: A Dissertation on Slavery with a proposal for the gradual abolition of it in the state of Virginia 1796, Philadelphia, mit fast ausschliesslicher Betonung der juristischen Seite der virginischen Sklaverei. Das Werk von George W. Williams, einem Farbigen, History of the Negro Race in America from 1619 to 1880, New-York 1882, enthält mancherlei Material besonders darüber, wie die Neger in America übel behandelt worden sind, ohne dass ein objektives historisches Urteil hervortritt. Wilson, Rise and fall of the Slave Power in America behandelt die Kolonialzeit nur kurz, die Schilderung der Kämpfe des 19. Jahrhunderts ist der Schwerpunkt des dreibändigen Werkes. Der Aufsatz von F. G. Mather, Slavery in the colony and State New-York, Mag. of a History VII gibt eine gedrängte Übersicht über die Rechtsinstitution der Sklaverei in New-York, derjenige von Edward Bettle, Notices of Negro Slavery as connected with Pennsylvania in den Memoirs of the historical Society of Pennsylvania, Philadelphia 1864 Vol. I,

S. 388, hat nur wesentliche Bedeutung für die älteren abolitionistischen Bestrebungen.

75) Wann die ersten Neger nach Nordamerika gebracht worden sind, wie viele ihrer waren, ob das sie importierende Schiff ein holländisches, ob es ein englisches war, ob ein Kriegsschiff, ob ein Kauffahrteischiff — darüber haben sich die Geschichts-Gelehrten verschiedentlich herumgestritten. Vgl. besonders The english Colonisation of America during the seventeenth Century by Edward D. Neill, London 1871, R. A. Brook, Miscellanous Papers in den Virginia Historical Society Collections VI und G. W. Williams a. a. O. Für die ökonomisch-sociale Geschichte der Negersklaverei ist dieser Streit vollständig gleichgültig.

76) Eine spezielle Angabe ist mitgeteilt in den N. Jersey Archives Vol. VI. S. 90. Bis 1740 seien auf die englischen Inseln Westindiens 231000 Neger gebracht worden und zwar nach Jamaica 90000, nach Barbados 72000, Antigua 28000, St. Christophers 20000, Nevis 9000, Mount Serrat 9000, Virginia Islands 3000.

77) A. Smith, Natur und Ursachen des Volkswohlstandes VI, 7. Man vergleiche auch Fr. List's nationales System der politischen Ökonomie über das Merkantilsystem, ferner Bancroft a. a. O. I, 6, Lecky Geschichte Englands B. II, Einleitung, Th. Pitkin Political and civil history of the United States I, S. 131, Andreson, Geschichte des Handels B. V, VI, VII, Macpherson, Annales of Commerce B. III.

78) Observations on the trade carried on between our plantations and the foreign Colonies in America, printed in Daily Post Boy, March 1th 1730.

79) In den Reflections on the importation of Bar-iron from our Colonies of North America, 1757, wird die Erfolglosigkeit der englischen Bestrebungen geschildert, die auf die Unterdrückung der amerikanischen Manufakturen hinzielten und zugleich auf die Gefahren hingewiesen, denen England entgegengehe.

80) A short View of the smuggling trade carried on by the british northern Colonies, in Violation of the

act of Navigation and several other acts of Parliament (ohne Orts- und Jahresangabe).

81) 1687 Beschwerde der Royal African Company, dass die Amerikaner Neger und Elfenbein aus Afrika holten. F. G. Mather a. a. O.

82) In den Reflections on the importation of Bar-iron a. a. O. wird erörtert, in welchem Masse die Neger in der Roheisenindustrie zu verwenden seien.

83) Die Vorteile Englands, welche aus der Sklaverei in den Kolonien erwuchsen, sind erörtert in: The african trade the great Pillar and Support of the British Plantation trade in America, London 1745; ferner in: The national and private advantages of the african Trade, London 1736.

84) Die Gesetzgebung und Veordnungen zu Gunsten des Negerhandels sind citiert C. Hurd a. a. O. I, 209 Anm.

85) Über die von den Kolonien erlassenen Massregeln gegen den Negerimport ist im einzelnen noch folgendes bemerkenswert:

Massachusetts erliess 1705 ein Gesetz, demzufolge der Importeur für jeden eingebrachten Neger 4 £ zu zahlen hatte, und die Zolldefraudation mit der doppelten Summe bestraft werden sollte. 1728 und 1739 wurden ähnliche Gesetze gegeben alle, wie es scheint, in der Meinung, dass die Einwanderung der Weissen der der Neger vorzuziehen sei. G. H. Moore a. a. O. S. 59 ff. 106, Williams a. a. O. S. 208.

Schon vor 1715 war in New-Hampshire ein Gesetz gegen den Import von Negersklaven ausgesprochen, das aber nicht zur Durchführung gelangt ist. Magazine of am. History XX. 235.

Rhode Island's erstes Gesetz zur Erschwerung der Negereinfuhr ist aus dem Jahre 1708; Rhode Island Col. Records IV. 34. Der Zoll von 3 £ wurde zurückvergütet, wenn die Wiederausfuhr in bestimmter, kurzer Zeit erfolgte, so dass das auswärtige Sklavengeschäft der dortigen Kaufleute und Rheder wenig gestört wurde. 1715 wurde eine Negertaxe aus finanziellen Gründen eingeführt, aber 1732 von England beseitigt, da sie zu streng durchgeführt worden war; Williams a. a. O. S. 273 ff.

In Pennsylvanien sind durch das ganze achtzehnte Jahrhundert Gesetze gegeben worden, welche sich gegen die als nachteilig anerkannte Negereinfuhr gerichtet haben. Die Agitation für diese Gesetzgebung beginnt 1711, worauf im folgenden Jahre der Gouverneur dem Council einen Entwurf vorlegte: „An act to prevent the Importation of Negroes and Indians in this Province.“ Aus den Motiven ist hervorzuheben: „Diverse Plots and Insurrections not only in the Islands but on the Main Land of America by Negroes, which have carried so far that several of the Inhabitants have been thereby barbarously murthered, an Instance whereof we have lately had in our neighbouring Colony of New-York“. Die Assembly stimmte dem Entwurfe bei, der 20 £ als Zollsatz vorschlug, eine Rückvergütung zuliess, wenn der Farbige binnen 20 Tagen wieder exportiert wurde. 1714 wird von England aus das Gesetz widerrufen. 1715, 17, 21, 26, 29, 61, und 73 sind neue Zollgesetze erlassen, die längere oder kürzere Zeit in Kraft und auch wirkungsvoll waren. Seit 1761 war der Zoll auf 10 £ fixiert für jeden Neger, der in das Land gebracht wurde; darauf hin betrug 1762 die Zolleinnahme 1855 £, 1763 1500, 1773 nur 100 £. — Vgl. Slavery in Pennsylvania by G. H. Moore im Historical Magazine, Second Series Vol. I. S. 112 ff. — Pennsylvania Colonial Records III, S. 250. — C. Hurd a. a. O. I, 286 ff. — Bettle a. a. O.

New-Yorks Zölle auf importierte Neger sind seit 1640, schon in der holländischen Zeit zu verfolgen. Sie trugen entsprechend der Thatsache, dass auf den dortigen Grossbetrieben Negersklaven sehr erwünscht waren, wesentlich einen finanziellen Charakter und waren daher nicht hoch; einigemale (1717, 1735) hatte man bei der Fixierung des niedrigen Zolles auch den Vorteil der Schiffahrt im Auge. Die wichtigsten Zollgesetze sind aus den Jahren 1650, 1709, 1710, 1714, 1717, 1720, 1728, 1734, 1735, 1753, 1774; vgl. F. G. Mather a. a. O., New-York Documents a. a. O. I, 500; V, 178, 185, 379, 509, 551, 895; VI, 33, 37, 38; VII, 907; VIII, 452.

In New-Jersey lagen die Dinge ähnlich wie in Pennsylvanien. Man wollte keine Neger, da die weisse Einwanderung dadurch vom Kommen abgeschreckt werde und diese Gefahr wurde als besonders naheliegend angesehen, als Pennsylvanien von seinen Zöllen nicht abging. Gesetzgebung von 1714, 62, 63, 64, 69. Documents relating to the colonial history of the state of

New-Jersey, New-Ark 1882—88; IV, 196; IX, 344, 347, 383, 444, 458.

Virginien hat überwiegend Finanzzölle gehabt, welche schon 1699 beginnen und die 21 mal bis zum Jahre 1772 neu geregelt worden sind, vgl. St. George Tucker a. a. O. Die finanziellen Motive zu diesen Zöllen bei Henning a. a. O. Das Gesetz von 1710 kennt einen erhöhten Zoll, der ein ökonomischer Schutz sein soll, der Preis des Tabaks sei sehr gefallen und die Überproduktion sei durch die Masse der Neger hervorgebracht worden; Virg. Historical Society Collections VI Miscellanons Papers ed. R. A. Brook. Im Jahre 1772 fühlten sich die Virginier von der zu grossen Negermenge bedrückt und petitionierten daher an den König Georg III. mit diesen Worten: „Die Importation von afrikanischen Sklaven in die Kolonien Ew. Majestät wird schon lange als ein unmenschlicher Handel betrachtet; bei seiner jetzigen Ausdehnung und der Ermutigung seitens der königlichen Regierung bedroht dieser Handel die Existenz und die Wohlfahrt Ew. Majestät Unterthanen in Amerika. Wir bezweifeln nicht, dass viele Unterthanen Ew. Majestät Vorteile aus diesem Handel ziehen, allein wenn wir bedenken, wie sehr dadurch die Ansiedlung und das Gedeihen der Kolonien gehemmt wird, so wagen wir die Hoffnung auszusprechen, es werden die Interessen einiger der Sicherheit und dem Glücke vieler weichen. Von diesem Gefühle tief durchdrungen bitten wir Ew. Majestät unterthänigst, solche Befehle zu erteilen, welche geeignet sein dürften, einen so schändlichen und gefährlichen Handel zu beschränken.“ Über die Höhe der Zollsätze W. Hill, Colonial Tariffs in dem Quaterly Journal of Economics Oct. 1892.

In Maryland lagen die Verhältnisse ähnlich wie in Virginien. Die meisten Zölle trugen einen finanziellen Charakter. Brackett, Ebeling V, a. a. O. C. Hurd I, S. 247 ff.

Über Nord- und Südkarolina finden sich Angaben ebenfalls bei Hurd I, 293 ff., bei Bancroft III, 349 und W. Hill a. a. O. Die finanziellen Einnahmen aus dem Negerzoll waren hier im Süden bedeutend, sie konnten hoch sein und wurden doch bezahlt, weil das Land ohne neue Negerzufuhren nicht weiter kolonisiert werden konnte. 1731 floss von der gesamten Zolleinnahme im Betrage von 12 500 £ $^2/_3$ aus der Negerabgabe.

Direkt importierte Sklaven aus Afrika wurden geringer bezollt als die aus andern Kolonien, da von diesen vielfach verurteilte und widersetzliche Sklaven ausgeführt wurden, von denen man nichts gutes erwarten durfte. Als man 1740 eine Negerinsurrektion entdeckte, griff man zu einem Prohibitivzoll von 50 £ für kurze Zeit. Um 1760 machte die Sklaverei, als sich die Neger einmal schneller vermehrt hatten, als die Kolonisation absorbieren konnte, den Südkaroliniern viel zu schaffen und viele Leute sahen in derselben „die strafende Vorsehung Gottes". Jetzt nahm die Volksversammlung sogar ein Gesetz an, das die Einfuhr von Afrikanern verbot. Dasselbe wurde aber alsbald von der englischen Regierung annuliert und gleichzeitig wurde an alle Gouverneure der königlichen Kolonien ein Zirkular versandt, worin sie angewiesen wurden bei Strafe der Absetzung eine solche Gesetzgebung nicht zu begünstigen.

86) 1712 wurde in New-York eine Negerverschwörung entdeckt, die von Sklaven wegen ihrer schlechten Behandlung angezettelt worden war. 21 Neger wurden hingerichtet, davon 13 verbrannt. Die Kolonisten verlangten jetzt eine strenge und grausame Gesetzgebung gegen Negerverschwörungen. Obgleich die englische Krone wie der Gouverneur dagegen waren, wurde sie doch durchgesetzt. N. Y. Documents V. 341. 356. 461. 905. — Im Jahre 1741 wurde angeblich eine neue Negerverschwörung entdeckt, die darauf gerichtet gewesen sein soll, die Stadt New-York niederzubrennen. Auch Papisten sollen dabei beteiligt gewesen sein. 3 Weisse und 29 Neger wurden hingerichtet, 88 Sklaven wurden in fremde Provinzen verkauft. New-York Doc. VII 186, 197—203. Eingehend ist der Negerprozess von 1742 geschildert worden von Daniel Horsmanden: The New-York Conspiracy or a history of the Negro Plot 1741—42, 1744: 1810 wieder zu N. Y. abgedruckt; vgl. auch The New-York Negro Plot of 1741 von John G. Shea in dem historical Magazin 1863, und F. G. Mather a. a. O.

Über Negerverschwörungen in Maryland aus den Jahren 1695, 1739 und 1745 Brackett a. a. O. S. 92. Über Karolina: Account of the history of South Carolina II, 52.; ein Negeraufstand von 1738, der von den Spaniern angezettelt worden war.

87) Die verschiedenen Gesetze bei Hurd a. a. O. II, S. 2 ff.

Eine eingehende Besprechung derselben liegt ausserhalb des Rahmens der in diesem Buche zu lösenden Aufgabe.

88) Fr. Kapp, Geschichte der Sklaverei in den Vereinigten Staaten von Amerika, Hamburg 1861, S. 61 ff. H. Handelmann a. a. O. S. 254.

89) Eine Statistik des Importes in Charleston vom 1. Jan. 1804 bis 31. Dez. 1807 in The historical Magazine 2[d] Series V, 209. Es waren 38776 Sklaven aus Afrika gebracht worden, die Hälfte etwa durch englische, die Hälfte durch amerikanische Schiffe, die besonders Rhedern aus den nördlichen Staaten angehörten.

ZWÖLFTES KAPITEL.

90) Über den Anfang der Negersklaverei in den Kolonien sind die Angaben nicht durchweg gleichlautend. Die Abweichungen betreffen aber nur wenige Jahre und haben für die sociale Geschichte keine Bedeutung. Vgl. N. York Documents I. 99. 123, II. 222, J. D. Wheeler A practical tratise on the Law of Slavery New-York 1837, G. W. Williams a. a. O. Part II. Hüne a. a. O. II. 114.

91) Hüne I. 414 ff., Hurd I. 291, G. Bancroft II. 247.

92) Rhode Island Records I. 248.

93) Stevens, History of Georgia S. 312; Bancroft III. 367. 386; An Extract of the Journals of M. Commissary von Reck, who conducted the first transport of Saltzburgers to Georgia, London 1734; The History of the Rise, Progress and present State of the Colony of Georgia in Navigantium atque itinerantium bibliotheca, London 1748 II. 325: „It was forseen that if a white man kept a negro he would be less willing and less able to labour himself. If such as were in circumstances to go over at their own expence were allowed to make use of Negroes, it was jugded this would dispirit the poor planters would incline such as were possessed of Negroes to absent themselves as in other Provinces; might enable them if successful, to eat up and oppress their poorer Neighbours or tempt them if insuccessful to mortgage or sell their lands to the negro

merchants". — Ferner: An Account shewing the progress of the Colony of Georgia in America from its first Establishment, London 1741. — A journal of the proceedings in Georgia beginning Oct. 20 1737 by W. Stephens, London 1742, I. 273 II. 129.

94) Über Klima und Negerarbeit: An historical Account of the rise and progress of the Colonies of South Carolina and Georgia London 1779 I. 120; The present State of Virginia by Hugh Jones, London 1724, S. 36 ff. The english Empire in America or prospect of his Majesties Dominions in Westindies by R. B(urton), London 1685; N. Y. Documents IX. 398.

95) N. Y. Documents V. 57; und Burton a. a. O.

96) Die ausführlichen Nachrichten von der königlich Grossbritannischen Kolonie Salzburgischer Emigranten in Amerika von Samuel Urlsperger, Halle und Augsburg 1747—1753, drei Teile, enthaltend sehr interessante detailierte Berichte über die Negersklaverei von Südkarolina und Georgia in den abgedruckten Briefen des Pfarrers Bolzius an die Trustees der Kolonie und an deutsche Auswanderer. Derselbe hat Jahre lang in Georgia als Seelensorger gewirkt und erhielt von Auswanderungslustigen zahlreiche Anfragen über die dortigen socialen und wirtschaftlichen Zustände, die er dann gründlich beantwortet.

97) Schöpf's Reise a. a. O. Urlsperger a. a. O.

98) An Act to certain Commissioners herein appointed to regulate the hire of Porters and Labour Slaves in the Town of Savannah; Acts passed by the General Assembly of the Colony of Georgia 1755—1774, Wormsloe 1881.

99) An Act to incourage white tradesmen to settle in several town within this province of Georgia by preventing the employing negroes etc. and other slaves being handicraft tradesmen in the said towns 1758. — Über die Negergewerbesteuer in Charleston siehe Schöpf a. a. O. S. 317.

DREIZEHNTES KAPITEL.

100) Eingehende juristische Untersuchungen über die rechtliche Begründung der Sklaverei in den Kolonien bei Hurd I, 206 ff., 225, 368. In England wurde das Sklavenrecht der

Kolonien gutgehiessen, zumal da bis 1772 in England Negersklaven gekauft und verkauft wurden.

101) Im achtzehnten Jahrhundert war der Satz partus sequitur ventrem allgemein anerkannt. Das Gesetz von Virginien aus dem Jahre 1662 spricht ihn zuerst aus, wiederholt wurde er dort 1705 und 1748, New-York folgte 1706, Südkarolina 1740, Georgia 1770. In Maryland bestimmte zuerst 1663 das Gesetz, dass der Stand des Vaters für die Kinder entscheidend sein solle, das Gesetz von 1715 nahm aber die virginische Regel an. In Connecticut galt der obige Satz unbestritten seit 1703, für Massachusetts wie für das übrige Neuengland ist es bestritten seit wann zuerst. Ebenso mit den übrigen nicht genannten Kolonien, vgl. die schon mehrfach citierte Gesetzessammlungen und C. Hurd a. a. O. I. 228 ff.

102) Schon im Jahre 1664 wurde in Maryland ein Gesetz gegeben, dass alle Neger die als Sklaven da seien oder als solche importiert werden würden, für Lebenszeit in der Knechtschaft gehalten werden dürften. Sieben Jahre später wurde noch speciell erklärt in dem Gesetz zum Zweck der Ermutignng des Negersklavenimports, dass die Bekehrung oder das Sakrament der Taufe weder für die Sklaven noch für deren Nachkommenschaft ein Recht auf Freilassung begründen könne. „Denn“, sagen die Motive „die Meinung dass die Taufe die Freiheit nach sich zöge, hatte manche gute Leute des Landes verhindert sich mit Neger zu versehen und andere die sich Sklaven gekauft hatten, bestimmt dieselben nicht im christlichen Glauben zu unterrichten und von der Taufe auszuschliessen“. Wenn jetzt auch die Heidenbekehrung etwas zunahm, so wurden doch die Zweifel der Pflanzer nicht völlig beseitigt, os dass 1692 und 1715 das Gesetz wiederholt wurde. Brackett a. a. O. S. 28 ff., Hurd a. a. O. I. 252, Bancroft a. a. O. III. S. 351. — In Virginien wurde 1667 das erste Gesetz erlassen, welches deutlich erklärte, dass auch christliche Neger Sklaven sein dürfen. Es wurde 1682, 1705 und 1748 von Neuem erlassen; Tucker a. a. O. S. 32 und Henning a. a. O. — In New-York griff in gleicher Weise die Gesetzgebung ein, 1674 durch die Dukes Laws und wiederum 1706; F. G. Mather

a. a. O. — Gesetze von Südkarolina 1690 und 1712. Ebenso galt in Neuengland die Regel, dass das Christentum den Stand des Sklaven nicht ändern könne; Moore a. a. O. S. 58 ff. Die englischen Juristen jener Zeit waren derselben Meinung, ein Gutachten der Kronanwälte Talbot und York vom Jahre 1729 wurde in Rhode Island gedruckt und in allen Kolonien verteilt; Brook a. a. O. in der Virg. Hist. Coll. VI., Bancroft a. a. O. III. 351. Auch Gibson der Erzbischof von London erklärte, dass das Christentum und die Annahme des Evangeliums nicht die mindeste Änderung im bürgerlichen Eigentum herbeiführe (ebendaselbst).

103) Dass die Bekehrung keine Fortschritte mache wird aus Südkarolina 1709, aus Rhode Island 1732, aus New-York 1686 und 1691 berichtet. In Virginien scheinen die Fortschritte noch am günstigsten gewesen zu sein. Brook a. a. O., Moore a. a. O. Um 1700 erschien eine Schrift, welche den Religionsunterricht der Indianer und Neger forderte. In derselben hiess es, dass die Neger nicht unterrichtet würden, weil die Pflanzer nicht die christlichen Sklaven halten zu können glaubten. Wenn man von der Seele eines Negers zu einem Pflanzer spräche, so liesse er bald durch That und Wort verstehen, dass diese ihm nicht einen Heller wert sei, während er den Körper auf 20 £ taxiere.

104) Kalm, Reise a. a. O. II. S. 543. — Vgl. auch N. Y. Documents IV. 810. Die Assembly von New York gab die Erklärung ab, als von England aus die Christianisierung der Neger gefordert wurde, dass diese eine Emancipation der Sklaven bedeuten werde, die Herren würden ihre Neger verlieren und hätten keine indented servants als Ersatz.

105) The public Laws of the State of South Carolina, Philadelphia 1790. — Über eine Negerschule von 1743 in Charleston, jedenfalls für Freineger: Magazine of Am. History XVII. S. 10.

106) Brook a. a. O.; E. D. Neill The english Colonisation of America during the seventeenth Century London 1871. — Im Jahre 1860 wurden kirchliche Gebäude gezählt:

	Maryland	Virginien
Episcopale	158	188
Presbyterianer	58	300
Baptisten	34	787
Methodisten	541	1403
Röm. Katholiken	82	33

107) Two Sermons, preached to a congregation of black Slaves at the Parish Church of St. Paul in the province of Maryland by an american Pastor London 1749. Es heisst dort u. A.: „You are to be obedient and subject to your Masters in all things, You are not to be Eye-servants, now Eye-servants are such as will work hard and seem mightly diligent, while they think that anybody is taking notice of them, but when their Masters and Mistresses backs are turned, they are idle and neglect their business. You are to be faithful and honest to your Masters and Mistresses not purloining or wasting their goods or substance. Take care that you do not fret or murmur, grumble or rapine at your condition as is the will of God, who hath by his Providence made you Servants, because no doubt he knew that condition would be best for you".

108) Gesetz in Maryland von 1723, Südkarolina 1712, 1740, Georgia 1755. In den meisten Kolonien war die Beschränkung der Sonntagsarbeit gewohnheitsrechtlich geordnet.

109) Kalm a. a. O. II. 537, Moore a. a. O. S. 56 ff. Hurd a. a. O. II. 82 u. 160, Brackett a. a. O. S. 145 über die Trennung der Kinder von den Eltern. In Georgia war diese Trennung verboten, Urlsperger a. a. O. S. 925. In Nordkarolina bestimmte 1787 das Gesetz, dass ein Freineger, der eine Sklavin heiratete ohne Einwilligung des Herrn 10 £ Strafe zu zahlen habe. Über die gewöhnliche Eheschliessung der Neger in Karolina gibt Nachricht John Brickell a. a. O. S. 272: „The man makes the woman a present such as a Brass Ring or some other toy, which if she accepts becomes his wife, but if ever they part from each other, wich frequently happens, upon any little disgust she returns his present. It frequently happens, when these women have no children by the first husband after being a year or two cohabiting together, the Planters oblige

them to take a second, third, fourth, fifth or more husbands or bedfellows". — Über die rechtlich gültige Sklavenheirat in Massachusetts ist zu vergleichen ein Aufsatz von G. H. Moore in The historical Magazine 2[d] Series V. 135. Hier wird die Form mitgeteilt, in welcher von dem Geistlichen nach Zustimmung des Herrn die rechtsgültige Ehe vollzogen wurde. Sie ist dem Geist der Zeit entsprechend und zeigt die niedrige Achtung der Neger durch die Puritaner: „I then (sagt der Prediger) agreeable to your request and with the consent of your masters and mistresses do declare that you have licence given you to be conversant and familiar together as husband and wife so long as God shall continue your Places of abode as aforesaid. — You must both of you bear in mind that you remain still as really and truly as ever your masters property as therefore it will be expected both by God and man that you behave and conduct yourselves as obedient and faithful servants etc."

110) Die Virginische Gesetzgebung von 1732 wird 1744 und 1748 wiederholt. Das Gesetz von 1794 erkennt das Zeugnis von Negern und Mulatten nur bei ihren Rechtsstreitigkeiten untereinander oder bei Kriminalsachen derselben an. Die Gesetze von Maryland 1717, New-York 1706, Südkarolina 1712 New-Jersey 1713 verbieten das Zeugnis eines Farbigen gegen einen Weissen.

111) In Virginien wurde 1692 für die Kriminalverbrechen ein County-Gericht errichtet, welches nach dem Ermessen des Gouverneurs zusammengesetzt werden, aber ohne Geschworene sein sollte. Weitere Gesetzgebung aus den Jahren 1705, 1723, 1748, 1765, 1772, 1792 und 1794. Im Verlaufe der Zeit wird das Verfahren näher geregelt, die Zahl der Richter wird grösser und seit 1792 wird dem Sklaven ein Vertheidiger gestattet, der von dem Herrn zu bezahlen ist. Tucker a. a. O. S. 55 ff. — In Maryland wurde im 17. Jahrhundert, als die Zahl der Sklaven noch gering war, das Kapitalverbrechen eines Sklaven vor dem Provinzialgericht entschieden, vor dem auch die Weissen sich zu verantworten hatten, seit 1751 genügte das County-Gericht, welches für die Freien nur bei geringen Vergehen zur Anwendung kam; Brackett a. a. O. S. 121. — In Delaware urteilten seit 1721 2 Richter und 6 Bürger über die Kapital-

verbrechen der Negersklaven. New-Jersey's Gesetzgebung ist aus den Jahren 1694, 1713 und 1768. Ursprünglich hatten Geschworene zu entscheiden, seit 1713 drei Richter und 5 Bürger. Seit 1765 galten die gewöhnlichen Gerichte auch für die Sklaven wieder. — In New-York haben nach dem Gesetz von 1712 zwei Richter und fünf angesessene Richter über die Verbrechen der Sklaven zu entscheiden, 1730 wurde noch besonders ein abgekürztes Verfahren vorgeschrieben. F. G. Mather a. a. O. — In Pennsylvanien Gesetzgebung von 1700 und 1705; zuerst bei schweren Verbrechen der Neger 2 Richter und 6 freie Bürger dann 3 Richter und 6 Beisitzer. E. Bettle a. a. O. und Minutes of the Provincial Council of Pa. II. 11, 160, 210 III. 485. — In Südkarolina bildeten seit 1690 das Gericht bei Kapitalverbrechen der Sklaven ein Richter und drei Bürger, seit 1714 zwei Richter und ein Bürger, seit 1740 zwei Richter. -- In Georgia hatte seit 1754 ein Richter allein die Entscheidung bei Kapitalverbrechen der Sklaven.

112) Virginisches Gesetz von 1705, maryländisches 1717 ($^3/_4$ des Wertes wurde ersetzt, später der ganze Wert) von Delaware 1731 ($^2/_3$ des Wertes) von New-Jersey 1713 von Südkarolina 1740, von Georgia 1770, von New-York 1702 u. 1730, (jedoch nicht über 30 und resp. 25 £) von Pennsylvanien 1707 (Gestattung der Deportation des verurteilten Sklaven, jedoch ist derselbe als abschreckendes Beispiel dreimal an Markttagen unter Peitschenhieben durch die Stadt zu treiben).

113) Es seien die wichtigsten Sonder-Kriminalgesetze kurz mitgeteilt: Virginia 1748, 1769, 1794: Der Sklave, der gegen den Weissen die Hand erhebt, wird mit dem Verluste des Armes gestraft, in späterer Zeit erleidet er nur 30 Peitschenhiebe. Entmannung als Strafe bei Notzucht oder Versuch dazu gegen eine weisse Frau. Maryland 1723, 1729, 1751: dem Neger, der einen Weissen geschlagen hat, werden die Ohren abgeschnitten, dem Brandstifter die Hand abgehauen, ehe er gehenkt wird. Massachusetts 1705, Connecticut 1708, 1730: der Negersklave, der in Streit mit einem Weissen kommt, wird gepeitscht, ebenso wenn er flucht. New-York 1702, 1713, 1730: Der Sklave der einen Christen oder Juden geschlagen hat wird in den Kerker geworfen und gepeitscht. Pennsylvanien 1700, Delaware

1721 Nordkarolina 1758. Südkarolina's Sklavenstraf-Gesetze von 1712, 1714 und 1740, die auch seit 1770 in Georgia eingeführt waren: Der Act der Todesstrafe des Sklaven ist dem Ermessen des Gerichtes überlassen. Der Diebstahl wird bei der ersten Überführung mit der Peitsche, bei der zweiten mit dem Verlust eines Ohres und einem Brandmal auf der Stirn, bei der dritten mit der Aufschlitzung der Nase, bei der vierten mit dem Tode bestraft. — Man muss übrigens bei der Beurteilung dieser Strafen bedenken, dass im achtzehnten Jahrhundert auch die Strafen gegen die Weissen roh und grausam waren, besonders dort wo viele Verbrecher von England importiert worden waren. Die Gesetzgebung bei Hurd a. a. O. I. 228 ff. und in den mehrfach angeführten Gesetzsammlungen. Ferner N. Y. Doc. III. 369. 547 1686, V. 89. 90. 138. VII. 464. N.-Jersey Archives III. 473. G. F. Mather a. a. O. Brackett a. a. O. S. 141.

114) Virginisches Gesetz von 1669: Wenn ein Herr seinen Sklaven bis zum Tode züchtigt, kann nicht angenommen werden, dass der Tod mit Absicht herbeigeführt worden sei, da kein Mann so unvernünftig sein könne, sein Eigentum zu zerstören. Dies Motiv der Straflosigkeit des Herrn wurde in den Gesetzen von 1705, 1723 und 1748 wiederholt. G. Bancroft bemerkt dazu (II, 171): „die Gesetzgeber kannten die menschlichen Leidenschaften schlecht“; es scheint mir wahrscheinlicher, dass sie sie nicht kennen wollten. In Nord- und Südkarolina waren für die absichtliche Tödtung des Sklaven Gefängnis- und Geldstrafen ausgesprochen. 1642 wurde in New-York festgesetzt, dass die äusserste Strafe für einen Weissen, der einem Negersklaven mit einem Messer Wunden beibrächte, 3 Monate Arbeit in Ketten sein solle, zusammen mit verurteilten Negern. Nach dem Gesetz von Georgia, 1755 wurde der Mord an einem Sklaven mit dem Tode bestraft, Todtschlag mit 50 £. Grausamkeiten gegen Sklaven sollen mit einer Strafe von 10 £ geahndet werden. — Gesetz von New-Hampshire in den Acts and Laws ed. zu Boston 1716—26 S. 99 über Pennsylvanien. Kalm a. a. O. II, 537; über das Gesetz von Massachusetts von 1641, vgl. Moore a. a. O. S. 52.

115) Gesetzgebung im einzelnen: Virginien 1672, 1680, 1705, 1748, 1753, 1772, 1792, 1801. Der flüchtige Sklave

durfte anfangs, falls er Widerstand leistete, straflos getödtet, später musste er von zwei Richtern erst als Flüchtling und ausserhalb des Gesetzes stehend erklärt werden. Unbekannte, aufgegriffene Sklaven wurden, wenn sich der Herr nicht meldete, mit einer eisernen Kette um den Hals ausgemietet und nach einem Jahre verkauft. Die Ächtung eines Flüchtigen wurde seit 1772 nur ausgesprochen, falls er etwa als Räuber dem Lande Schaden zufügte, 1792 wurde sie ganz beseitigt. Henning a. a. O.

Maryland 1666, 1669, 1695, 1715, 1719, 1751, 1752, 1772. Neger, welche ohne Pass angetroffen werden, werden festgenommen. Kann der Herr nicht sofort festgestellt werden, so wird der Sklave nach der Stadt Annapolis gebracht, deren Gefängnis als „clearing house“ angesehen wurde, wohin alle Nachfragen nach Entlaufenen gerichtet und von wo aus die Eingefangenen bekannt gemacht wurden. Wer einen Sklaven überredet zu fliehen, hat den vollen Wert dem Herrn zu ersetzen und im Falle des Unvermögens zu zahlen ein Jahr lang als Servant zu arbeiten. Ein Weisser darf keinen fremden Neger bei sich aufnehmen bei Strafe von 100 ℔ Tabak für jede Stunde, bei Zahlungsunfähigkeit wird er gepeitscht. Später wurde die Strafe nur auf zwei Dollars festgesetzt. Schiffsbesitzer dürfen keinem Neger, der sich nicht legitimieren kann, beim Reisen behülflich sein. Der umherschweifende, dem Ergreifen Widerstand leistende Sklave kann straflos getödtet werden und der Herr wird in diesem Falle durch den Staat entschädigt. Bis 1752 wurde ein solches Vorkommnis vor Gericht gar nicht untersucht. Brackett, Hurd, Bacon Laws a. a. O.

New-Jersey 1675, 1713 Verbot flüchtige Neger aufzunehmen. Alle Neger müssen mit Pässen versehen werden, falls sie das Haus des Herrn verlassen; die ohne Pass angetroffenen werden gepeitscht und ins Gefängnis geworfen.

New-York 1683, 1705, 1712, 1730. Wenn ein Sklave flüchtig ist, hat der betroffene Herr dem Friedensrichter davon Mitteilung zu machen, welcher nun, nachdem für erwachsende Kosten Sicherheit gegeben ist, durch das Land eine Verfolgung einleitet. Die Polizei wird ermächtigt zum Nachsetzen Leute Pferde und Schiffe zu requirieren. (to pursue such persons by sea and land to make diligent Hue and Cry). Ferner, Verbot einen

Flüchtling aufzunehmen. Freineger sollen weder Land noch Haus besitzen, damit sie die Flüchtlinge nicht aufnehmen können. Auch derjenige ist strafbar, welcher weiss, dass ein Sklave irgendwo verborgen ist und die Anzeige unterlässt. N. Y. Documents IV, 1168, F. G. Mather a. a. O. Verträge über Auslieferung der Entflohenen mit den „fünf Nationen", den Huronen, den Delawares im Jahre 1722, 1733, 1764, 1765 N. Y. Documents IV, 478, V, 674, VII, 693, 739. — Massachusetts kennt strenge Strafen für die Kapitäne, welche Neger ohne Pass auf ihren Schiffen mitnehmen; Hist. Magaz. II, 295. Schon bald nach der Gründung der Kolonie wurde ein Vertrag mit den Holländern abgeschlossen über die Auslieferung von Negersklaven. Auch besondere Verträge mit Indianern. — Rhode Island 1714, 1750. Verbot der Aufnahme farbiger Sklaven ohne Legitimation derselben. — Connecticut 1702, 1715. Indianische und Negersklaven ohne Pass können von jedem festgenommen werden. Schiffe dürfen solche Personen nicht befördern. — Nordkarolina 1741. Die Flüchtlinge werden rechtlos erklärt und dürfen von jedem straflos getödtet werden; Hurd a. a. O. — Dass das Entlaufen in dem ersten Drittel des achtzehnten Jahrhunderts nicht häufig vorgekommen sei, weil die Indianer die umherschweifenden Neger, gegen welche sie eine natürliche Abneigung hatten, erschossen hätten, berichtet des Genaueren Brickell a. a. O. — Südkarolina 1690, 1712, 1740. Sklaven dürfen nur mit einem Pass ausgehen; wer einem flüchtigen Sklaven begegnet und ihn nicht festnimmt, ist strafbar. Leistet der Sklave Widerstand, so darf er getödtet werden. Der Weisse, der einen Negersklaven eines andern veranlasst aus dem Lande zu fliehen, verwirkt das Leben, wie der Flüchtling selbst. Bleibt ein Sklave 20 Tage ohne Erlaubnis vom Gute seines Herrn fern, so wird er, sobald er ergriffen, das erstemal gepeitscht, das zweitemal auf der rechten Wange gebrandmarkt, das drittemal am Ohr verstümmelt, das viertemal, der männliche entmannt, die Sklavin gepeitscht, verliert das linke Ohr und wird mit einem glühenden Eisen auf der linken Wange gezeichnet. Falls der Herr diese Strafen nicht zur Ausführung bringen lässt, wird er streng bestraft bis zum Verluste des schuldigen Sklaven. Um 1740 wurden diese Grausamkeiten z. T. wenigstens beseitigt. Hurd a. a. O.

— Georgia 1755, 1770: Sklaven dürfen sich nur von der Plantage im Besitze eines Passes entfernen. Fehlt dieser, so wird der Sklave gepeitscht. Jeder Neger muss jedem Weissen Rede stehen über seinen Stand und Geschäft. Denn es wird praesumiert, dass alle Neger unfrei sind. Entschädigung von Staatswegen für die, welche bei der Verfolgung von flüchtigen Sklaven verwundet worden sind. Das Gesetz von Südkarolina von 1740 ist im übrigen massgebend. Staats-Belohnungen der Indianer für gebrachte Skalpe Flüchtiger werden gesetzlich festgestellt; schon Oglethrope trotz seiner oft ausgesprochenen Aversion gegen die Sklaverei schloss 1752 Auslieferungsverträge mit den Indianern ab! Vgl. Voyages du capitaine Robert Lade, Paris 1744, Tom. II, S. 170. In diesem Vertrage heisst es: „Que les Creeks rendroient tous les Nègres, qui s'étaient sauvés des habitants angloises et qu'ils les conduiront eux-mêmes ou à la Charlestown ou à Savannah ou à Patachucola à condition, qu'on leur payeroit pour chaque Nègre deux habits ou l'équivalent en autres effets; et que pour les Nègres qui prendroient la fuite en retournent chez les Anglois et que les Creeks pourroient tuer et representer morts, ou payeroit seulement un habit ou l'equivalent."

116) Virginische Gesetze von 1680, 1682, 1723; mit der Furcht vor der Negerrache hing auch das Gesetz von 1753 zusammen, nach dem kein Sklave einem Weissen Medizin geben, oder ihn während der Krankheit behandeln darf. Es seien durch schnelles oder langsames Hinsterben manche Weisse infolge des von Negern gegebenen Giftes ums Leben gekommen. Über diese Angelegenheit spricht sich auch aus Kalm a. a. O. II, 543 ff. — Maryland 1695, 1715, 1723. Pennsylvanien 1700, 1705: nicht mehr als drei Neger dürfen sich versammeln, falls sie nicht demselben Herrn gehören, Col. Rec. II, 210. New-York 1702, 1705, 1708, 1712, 1730. Südkarolina 1712, 1737, 1740, 1743; Georgia 1755, 1765, 1770; Connecticut 1702, 1715, New-Hampshire 1715, Massachusetts 1703.

Die Strafen bei Übertretung der Sicherheits-Gesetze waren für die Neger in leichteren Fällen Peitschenhiebe, bei schwereren der Tod. Das Auspeitschen nach der Verurteilung geschah durch die von der Gemeinde angestellten Leute, an welche der Herr dafür eine Gebühr zu zahlen hatte. Die Peitsche war zugleich

Folterwerkzeug, das lange zur Anwendung kam, bis der Verdächtige gestand. Bei den einzelnen Strafen war regelmässig das Maximum der Streiche bestimmt, bei kleinen Vergehen 10, bei schlimmeren 39. J. Doddrige, Early History of Western Pennsylvania, Wellsburg 1824.

117) Gesetz über die Beschränkung des Pekuliums in Nordkarolina von 1741, Maryland 1723, Virginia 1705, Georgia 1755.

118) Über die Art der Peculien vgl. Brickell a. a. O. bezüglich Nord-, Urlsperger a. a. O. bezüglich Südkarolinas. „Sie bewirtschaften" sagt der letztere „ihr Land Abends und Sonntags, pflanzen Korn, Kartoffeln, Tabak, Erdnüsse, Wasser- und Zuckermelonen, Kürbse, Flaschenkürbse, süsse und stinkende, welche zu Milch und Trinkgefässen und zu andern Dingen gebraucht werden. Wenn sie nicht arbeiten, treiben sie Unfug und thun Schaden. Ihre gepflanzte Frucht verkaufen sie u. s. w. — 1740 wurde in Südkarolina ein Gesetz erlassen, demzufolge die Sklaven einfach gekleidet sein sollten, sonst würden sie zu eitel und würfen sich aufs Stehlen. — Über Kostensparung für den Herrn durch das Peculium: Reflections on the importation of Bar-iron from our own Colonies of North America (1757), wo die Kosten der freien und Sklavenarbeit verglichen werden. — Für unser Jahrhundert: F. L. Olmstedt, The Cotton kingdom, London 1862 II, 239 ff.

119) Virginische Gesetzgebung von 1705, 1748, 1769; von Maryland 1692, New-York 1683, 1702, 1730, Pennsylvanien 1700, New-Jersey 1676, 1713, Connecticut 1650, Massachusetts 1698, Rhode Island 1750, Südkarolina 1682, 1712, 1714, 1740, Georgia 1765.

120) Virginia 1692, Nordkarolina 1753, New-York 1702, Pennsylvanien 1705.

121) Südkarolina 1690, 1735, 1740, Maryland 1692, 1715, Georgia 1755.

122) In den neuen Niederlanden wurde 1642 gestattet, kranke und wahnsinnige Neger aus dem Lande zu schaffen, damit sie bei ihren Verwandten leben möchten (?), doch musste für jeden so fortgeschickten ein anderer Gesunder importiert werden. Über Maryland vgl. Brackett a. a. O. S. 107;

Gesetz von 1752; in New-Jersey wurde 1798 bei Androhung der Nichtigkeit des Vertrages der Verkauf von Sklaven verboten, die so alt und hinfällig seien, dass sie sich nicht erhalten könnten. Natürlich waren solche Verkäufe nur Scheinverkäufe gewesen, um irgendwohin diese Sklaven abzuschieben, wo es schnell mit ihnen zu Ende ging, oder wo die Last auf Staat und Gemeinde geschoben werden konnte. Ähnliches Gesetz in New-York schon vor 1761.

123) Specialgesetze aus Virginien von 1710 und 1779 bei Henning a. a. O. X. XI; über Südkarolina Urlsperger a. a. O.; über New-York vgl. The Historical Magazine Sec. Series II, 44; über Rhode Island Hurd a. a. O. II, S. 48. — Historical Notes on the employment of Negroes in the american army of the revolution by G. H. Moore, New-York 1862.

124) In Virginien war vor 1668 die Manumission erlaubt, die aber zu keinem vollen Recht der Freiheit führte, dann wurde sie beschränkt; 1691 bestimmte das Gesetz bei Androhung hoher Strafe, dass der freigelassene Neger auf Kosten des Herrn aus dem Lande geschafft werden sollte, ein Grundsatz, der um 1750 aber bereits antiquiert war. Seit 1723 durfte der Herr nur wegen besonderer Verdienste den Sklaven freilassen und Gouverneur und Council des Landes mussten ihre Einwilligung erklären. Eine Manumission im Widerspruch damit war ungültig und der betreffende Neger wurde öffentlich zu Gunsten der Kirche verkauft. (Gesetz von 1748). 1782 wurden diese Erschwerungen der Freilassung aufgehoben, aber der freizulassende Sklave durfte nicht unter 18 und nicht über 45 Jahre alt und musste gesund sein. Der Herr hatte dafür zu haften, dass die Freigelassenen dem Lande nicht zur Last fielen und jeder Freineger musste ein Zeugnis über seine Freiheit besitzen, die ihm durch Testament oder inter vivos vor Gericht verliehen worden war. Tucker, R. A. Brook a. a. O. — In Maryland verbot 1752 das Gesetz die Freilassung durch Testament oder überhaupt während der letzten Krankheit des Herrn, welche Beschränkungen erst 1790 gefallen sind. Alte und gebrechliche Sklaven durften nicht emancipiert werden und immer hatte der Herr Sicherheit zu geben, dass seine Freineger von ihm unterhalten würden, falls sie erwerbsunfähig werden sollten. Nach dem Gesetz von 1790

durfte der Freizulassende nicht über fünfzig Jahre alt und musste arbeitsfähig sein; Brackett a. a. O. — Delaware 1739 und 1767 Beschränkungen der Freilassung ähnlich wie in Virginien. — In Nordkarolina war die Freilassung nur wegen bestimmter Verdienste gestattet, worüber das Grafschaftsgericht zu entscheiden hatte, in Südkarolina hatte seit 1735 der Herr für das Verhalten seiner Freigelassenen Garantie zu geben, seit 1740 war die Freilassung gesetzlich so erschwert, dass sie bis zum Jahre 1800 faktisch kaum noch vorkam. Urlsperger a. a. O., Hurd a. a. O. — Haftungsgesetze im Norden: Massachusetts 1703, Rhode Island 1728, New-Jersey 1769, New-York 1712, 1730; Pennsylvanien 1725; Moore a. a. O. S. 53, 121, 124; Kalm a. a. O. II, S. 540. Doc. N. York I, 302, 343; V, 461; Hüne a. a. O. II, 81; Wilson a. a. O. I, 18 ff.; Hurd a. a. O. 54 ff.; G. F. Mather a. a. O.

Über die Manumission im 19. Jahrhundert vgl. Fr. Kapp, Geschichte der Sklaverei in den Vereinigten Staaten von Amerika.

125) Nach dem virginischen Gesetz von 1723 können Freineger nur als Trompeter und Trommler in der Miliz sein, sollen aber keine Waffen tragen. Alle Freigelassenen werden durch direkte Steuern getroffen. Spätere Gesetze bestimmen, dass dieselben keinen Handel treiben dürfen, dass sie zur zeitweisen Zwangsarbeit vergeben werden, wenn sie ihre Steuern nicht bezahlen, dass sie sich alle drei Jahre die Bescheinigung ihrer Freilassung erneuern lassen müssen, dass solche aus fremden Kolonien nicht in Virginien zugelassen werden, dass sie keine politischen Rechte haben und keine Ämter bekleiden können. Tucker a. a. O. S. 17, Ebeling a. a. O. VII, 292. — In Maryland wurden 1783 die Freineger vom Stimmrecht, von allen öffentlichen Stellungen, vom Zeugnis gegen Weisse ausgeschlossen. Letzteres war eine Wiederholung des Gesetzes von 1717 und 1752; 1777 wurden die Neger im Milizdienst nicht zugelassen, während des späteren Bürgerkrieges wurden aber Ausnahmen gemacht. — Das Gesetz von New-York von 1712 gestattet den Negern nicht Grundbesitz zu haben, das von Delaware aus dem Jahre 1739 bestimmt, dass die Kinder von Freinegern als Servants durch den Staat vergeben werden, wenn die Eltern sie nicht genügend erhalten. — In Massachusetts wird 1707 ver-

ordnet, dass die Freineger bei Strassenbauten und zum Strassenkehren zu verwenden und dazu zu zwingen seien wie die Freien zum Milizdienste. — Connecticut's Gesetze von 1660 und 1711 gestatten den Milizdienst der Neger nicht.

Die Lage der Freineger hat sich in der ersten Hälfte des 19. Jahrhunderts kaum verbessert. Zu vgl. The condition of the free people of colour in the United States of America, New-York 1839, London 1841. Dort ist folgende Zusammenstellung gemacht: 1) Die freien Neger müssen Steuern zahlen, aber sind vom aktiven Wahlrecht ausgeschlossen mit Ausnahme von Vermont, Maine, Massachusetts. In New-York dürfen sie nur wählen, wenn sie einen Besitz von 250 $ haben, während für die Weissen eine solche Beschränkung nicht besteht. 2) Beschränkung der Freizügigkeit in Bezug auf die Einzelstaaten. 3) Versagung des Petitionsrechtes, 4) Ausschluss vom stehenden Heer und von der Miliz, 5) Ausschluss von allen Ämtern und vom Geschworenendienst, 6) schwere Hindernisse bei der Schulerziehung, 7) Ausschluss vom Kirchenbesuch an vielen Orten, 8) faktischer Ausschluss von allen liberalen Professionen, von der Advokatur, der ärztlichen Praxis etc., 9) die fortgesetzte Gefahr als Sklave angesehen zu werden, da die Hautfarbe die Präsumtion dafür begründete, 10) das stete Ausgesetztsein von Beleidigungen der Weissen. Vgl. ausserdem Moore a. a. O. S. 223, J. Val. Hecke, Reise durch die Ver. Staaten von Nord-Amerika in den Jahren 1818 und 1819; An Inquiry into the Law of Negro Slavery in the United States of Amerika by Thomas R. R. Cobb, Savannah 1858; Historical Magazine 3[d] Series I, 309 über Connecticut; Excursions in North America described in letters from a gentleman and his young companion, Priscilla Wakefield, London 1819, 3. Aufl.

VIERZEHNTES KAPITEL.

126) Eine Gerichtsentscheidung von 1630 sagte in Virginien: „Hugh Davis to be soundly whipped before an assembly of negroes and others for abusing himself to the dishonor of God and shame of Christians by defiling his body in lying with a negro, which fault he is to acknowledge next Sabath day; das Gesetz

von 1637 bestimmt, dass der weisse Mann der Kirchenbusse verfällt, wenn er mit einer Negerin Geschlechtsverkehr gehabt hat; das von 1640 wiederholt diese Bestimmung und spricht für die Negerin Peitschenstrafe aus, wenn sie ein Kind von einem Weissen hat. 1691: eine weisse Frau, welche von einem Neger ein Kind hat, hat 15 £ Strafe zu zahlen oder wird bei Zahlungsunfähigkeit bis zu 5 Jahren als Servant verkauft. 1705: Verbot der Ehe zwischen Weissen und Schwarzen, Strafe für beide und für den Geistlichen, welcher das Paar getraut hat. 1792 Wiederholung des Verbotes, doch besteht keine Strafe mehr für den Sklaven. Dies, bemerkt Tucker, ist der einzige Fall der Gesetzgebung, wo der Sklave milder behandelt wird als der Freie. — Maryland 1663: Eine frei Frau, welche einen Sklaven heiratet, soll so lange dienen als der Mann lebt. 1664: Strafbar die Heirat einer weissen Frau mit einem Neger. Ist dieser ein Sklave, so wird der Herr streng bestraft, ebenfalls strafbar der Geistliche und die Behörde, welche die Ehe zuliessen. 1681: Strafe für den Herrn, welcher die Heirat seiner weissen Servant mit einem Sklaven zulässt. 1715: Eine weisse Frau, die ein Kind von einem Neger hat, wird 7 Jahre Servant; ist der Vater ein Freier, so hat er dieselbe Strafe zu dulden. Das Kind ist bis zum 31. Jahre zum Dienst verbunden; auch der weisse Mann ist strafbar, der eine Negerin geschwängert hat. 1717: Freie oder als Servants dienende Neger und Mulatten, welche sich mit einer oder einem Weissen verheiraten, werden Sklaven für Lebenszeit. Ist die Mutter des Kindes eine Weisse, so hat sie 7 Jahre zur Strafe zu dienen, ebensolange das Kind. 1728: Eine freie Negerin, welche ein uneheliches Kind von einem weissen Mann hat, muss 7 Jahre als Servant dienen. — Delaware 1721: Die weisse Frau wird bestraft, die ein Kind von einem farbigen Manne hat. Dasselbe muss bis zum 31. Jahre dienen. Der weisse Mann, der mit einer Negerin oder Mulattin geschlechtlich verkehrt hat, ist strafbar. — Pennsylvanien 1725: Strafe für den Geistlichen und die Behörde, welche die gemischte Ehe zugelassen haben. Unehelicher Verkehr zwischen beiden Rassen wird bei dem Weissen mit Geld, bei dem freien Schwarzen mit Dienst bestraft. — Massachusetts 1700 u. 1705. Der Neger der mit einer weissen Frau sich verbunden hat, wird aus der

Provinz verkauft, der weisse Mann, der sich mit einer Negerin einlässt, wird gepeitscht und sie wird aus dem Lande verkauft. — Nordkarolina 1741: Die weisse Servant, welche ein Mulattenkind bekommt, wird bestraft und das Kind ist bis zum 31. Jahre dienstbar. — Südkarolina 1717: Die weisse Servant ebenfalls strafbar. Der weisse Mann der mit einer Negerin Kinder zeugt, hat strenge Strafen zu dulden. Vgl. über diese Gesetze: Henning, Tucker, Doyle, Moore, Brackett, Bettle, Hurd a. a. O. und die mehrfach citierten Gesetzsammlungen.

127) G. Bancroft a. a. O. III. S. 352.

128) Moore a. a. O. S. 94.

129) Insbesondere sind benutzt die nachfolgenden bereits öfter citierten Schriftsteller: Brissot, Kalm, Ebeling, Brackett, Weld, Moore, Liancourt, Hüne, Bartram, Mather, Schöpf, Urlsperger, Liancourt, Beverly, Anburey, Hugh Jones; ferner St. John de Crèvecoeur, Lettres d'un cultivateur americain, Paris 1787; John F. Watson, Annals of Philadelphia and Pennsylvania in the olden time, Philadelphia 1844, And. Burnaby, Reisen durch die mittlern Kolonien der Engländer in Nordamerika, übersetzt Hamburg 1776; Narrative of a french protestant refugee in Boston 1687, Historical Magazine II. 295; Memiors of an american Lady with sketches of manners and scenery in America as they existed previous to the revolution London 1809; Ferdinand M. Bayard, Voyages dans l'interieur des Etats Unis pendant l'Eté 1791, Paris an VI; J. F. D. Smyth, A tour in the United States of Amerika, London 1784.

130) Weld a. a. O. schildert Grossbetriebe im Süden mit Eigenproduktion; auch zu vgl. Bartram a. a. O.

131) Ferdinand M. Bayard a. a. O. S. 23. — Für das 19. Jahrhundert zu vgl. Martineau, de la societé americaine, Paris 1838; Val. Hecke, Reise a. a. O.

FÜNFZEHNTES KAPITEL.

132) Vgl. Anmerkung 73.

133) Hier ist zu nennen Morgan Godwyn, der 1664 Virginien besuchte und im folgenden Jahre in der Westminster Abtei einen Vortrag hielt: Trade preferred before Religion and

Christ made to give place to Mammon, represented in a Sermon relating to Plantations". 1680 erschien in London von demselben: The Negros and Indians Advocate und 1681: A Supplement to the Negros and Indians Advocate. Ein Anhang der 1680 erschienenen Schrift, betitelt: „The State of Religion in Virginia represented in a letter to Sir W. B. then Governor thereof" hat auch für das Servant-System ein Interesse.

1673 schrieb in England Richard Baxter gegen den Sklavenhandel und gegen die Ausnutzung der Sklaven in den Plantagen; von den Quäkern des 17. Jahrhunderts sind als Gegner der Sklaverei zu nennen: Fox der Gründer der Gesellschaft (1671) und Edmundson (1675); vgl. Bettle a. a. O. S. 378 ff.

134) W. Penns Ansichten über die Sklaverei bei W. H. Dixon, History of William Penn, London 1872, S. 307 ff. und in den Memoirs of the private and public life W. Penn by Thomas Clarcson, London 1813. Der Gründer von Pennsylvanien sah sehr wohl ein, dass in seiner Zeit auf die gesetzliche Beseitigung der Sklaverei in den Kolonien nicht zu rechnen sei und war daher bemüht zuerst die sittliche Lage der Neger zu heben, die Sklaven zu erziehen. Die Gesetze, welche er über Ehe, Familie, Strafrecht der Assembly des Landes vorlegte, als er zum zweitenmale nach Amerika kam, wurden nicht angenommen. In Pennsbury hatte er selbst Sklaven, die er aber in seinem Testamente sämtlich freigab.

Die hervorragendsten Quäker des 18. Jahrhunderts als Gegner der Sklaverei waren in Nordamerika William Burling, der 1718 einige Abhandlungen über diesen Gegenstand herausgab; Ralph Sandiford der 1730 „The mystery of iniquity, in a brief examination of the practice of the times" veröffentlichte; Benjamin Lay, der 1737 „A treatise on the Slavekeeping" schrieb; besonders John Woolman und Anthony Benezet. The Works of John Woolman in two Parts, Philadelphia 1774; Serious Considerations on varions subjects of importance by John Woolman, London 1773. A journal of the life Gospel labours and christian experiences of that faithful minister of Jesus Christ John Woolman, Dublin 1776. Schriften von Benezet: An account of that part of Africa inhabited by the negroes, 1762, A caution and warning to Great Britain and her Colonies, Philadelphia 1766, Some historical account of Guinea, its situation etc. with an inquiry into the rise and progress of the slave trade, Philadelphia 1771, A short account of the religious society of friends commonly called quakers, 1780.

Über die Thätigkeit und das Leben dieser Leute finden sich eingehende Nachrichten in: Memoirs of the lives of Benjamin Lay and Ralph Sandiford by Roberts Vaux, Philadelphia 1815; John Woolman, a paper read at friends Institute Manchester by David Duncan, London 1871; Memoirs of the life of Anthony Benezet by Roberts Vaux, Philadelphia 1817; über denselben berichtet auch St. John de Crèvecoeur in den Lettres d'un Cultivateur americain, Paris 1787 und in seinen „Reisen in Ober-Pennsylvanien und im Staate New-York", deutsch Berlin 1802; History of the Rise, progress and accomplishment of the abolition of the african Slave trade by the british Parliament by Th. Clarcson, London 1808; Albert Hüne a. a. O. II., Wilson History of the rise and fall a. a. O. In den drei zuletzt genannten Werken finden sich auch eingehende Angaben über die Angehörigen anderer Glaubensrichtungen, welche gegen die Negersklaverei im 18. Jahrhundert auftreten: John Wesly, George Whitefield, Sewall etc. Vgl. auch über Massachusetts Moore a. a. O. und über die Methodisten The historical Magazine IX, S. 344.

135) Über die abolitonischen Gesellschaften des vorigen Jahrhunderts: Wilson a. a. O. S. 22, Brissot a. a. O. S. 259, Hüne a. a. O. II, 88 ff.

136) Woolman: Einige Betrachtungen über das Halten der Neger, 1784 zuerst in englischer Sprache gedruckt.

137) Über die Beseitigung der Sklaverei in Massachusetts besonders: Moore a. a. O. S. 112 ff., Hüne II, 110 ff., C. Hurd a. a. O. II, S. 28 ff., Wilson a. a. O. I, 21. Die Rechtssätze von Massachusetts waren auch in Maine anerkannt. Der entscheidende auf die Beseitigung der Sklaverei ausgelegte Satz in der Constitution lautet: „all men are born free and equal and have certain natural essential and inalienable rights".

138) Über New-Hampshire's Beendigung der Sklaverei: J. Belknap, The History of New Hampshire, Boston 1813. III, S. 211, Hüne a. a. O. II, 125, C. Hurd a. a. O., II. 35 ff. Ebeling a. a. O. I, 145, Magazine of American History XX, S. 235. Der Satz aus dem geschlossenen wurde, dass keine Sklaven mehr im Lande geboren werden können lautet: „All men are born equally free and independent.“ In Vermonts Constitution ist derselbe Wortlaut; vgl. über diesen Staat: C. Hurd a. a. O. II, 36, Ebeling a. a. O. II, 512, Wilson a. a. O. S. 20.

139) Die Gesetze betreffend die Aufhebung der Sklaverei in Rhode Island und Connecticut bei C. Hurd a. a. O. II, S. 41 ff. und 48 ff. Ausserdem vgl. The public Laws of the State Rhode Island and Providence Plantation, Providence 1798, Ebeling a. a. O. II, S. 218, Hüne II, S. 110, F. G. Mather a. a. O. S. 420.

140) Über die Sklavenbefreiung in Pennsylvanien: C. Hurd a. a. O. II, S. 67 ff.; Gesetze der Republik Pennsylvanien, Reading 1807, Brissot a. a. O. S. 241 ff., Pennsylvania Archives VII, 79, Ed. Bettle a. a. O., Ebeling a. a. O. IV, S. 221, Wilson a. a. O. I, S. 22.

141) Über die Beseitigung der Sklaverei in New-York: G. F. Mather a. a. O., C. Hurd a. a. O. II, S. 51 ff., Ebeling a. a. O. II, S. 743. — Über New-Jersey: C. Hurd II, 61 ff., F. G. Mather a. a. O., Brissot a. a. O. S. 241, Ebeling III, 432.

FSC
www.fsc.org
MIX
Papier | Fördert
gute Waldnutzung
FSC® C083411

Kolibri 360 GmbH
Ferdinand-Jühlke-Straße 7
99095 Erfurt, Deutschland
produktsicherheit@kolibri360.de